Claudia Rankers (Landesfrauenrat Rheinland-Pfalz)
Prof. Dr. Nadine Kammerlander (WHU – Otto Beisheim School of Management) (Hg.)

UNTERNEHMENSNACHFOLGE

Frauen schaffen Zukunft

Frankfurter Allgemeine Buch

„Es kommt nicht darauf an, die Zukunft vorauszusagen, sondern darauf, auf die Zukunft vorbereitet zu sein.“

Perikles

Frankfurter Allgemeine Buch

Frankfurter Allgemeine Buch
Pariser Straße 1
60486 Frankfurt am Main

Umschlag & Satz: Nina Hegemann
Druck: CPI books GmbH, Leck
Printed in Germany

1. Auflage
Frankfurt am Main 2023
ISBN 978-3-96251-172-2

Frankfurter Allgemeine Buch hat sich zu einer nachhaltigen Buchproduktion verpflichtet und erwirbt gemeinsam mit den Lieferanten Klimazertifikate zur Kompensation des CO_2-Ausstoßes.

Inhaltsverzeichnis

DIE HERAUSGEBERINNEN

Claudia Rankers

Claudia Rankers, Ehrenvorsitzende vom Landesfrauenrat Rheinland-Pfalz und Geschäftsführerin vom Rankers Family Office.

Seit 1994 engagiert sich die Diplom-Bankbetriebswirtin ehrenamtlich im Bereich „Frauen und Beruf". 2014 wird sie Vorstandsvorsitzende des Landesfrauenrats Rheinland-Pfalz. Ihr Erfolgsrezept: interdisziplinäre Zusammenarbeit mit Wirtschaft, Wissenschaft, Politik und Gesellschaft. Best Practices und aktives Netzwerken sind weitere Erfolgsfaktoren und liefern konkrete Ergebnisse. 2016 wird sie in die Gründungsallianz und 2022 in das Startup Board des Wirtschaftsministeriums Rheinland-Pfalz berufen. 2022 wurde sie zudem Netzwerkpartnerin der Transformationsagentur Rheinland-Pfalz. Als Ehrenvorsitzende vom Landesfrauenrat Rheinland-Pfalz kümmert sie sich um die Themen Finanzen, Wirtschaft, Nachhaltigkeit und Impact. So hat Claudia Rankers u. a. ein Unternehmerinnennetzwerk und einen Think Tank gegründet. Sie ist Initiatorin des bundesweiten Preises „Erfolgreiche Frauen im Mittelstand" der 2023 zum dritten Mal in Kooperation mit der WHU Otto Beisheim School of Management durchgeführt wird (www.frauen-im-mittelstand.de). Mit den Büchern „Nachhaltigkeit – Frauen schaffen Zukunft" in 2021 und „Gründen – Frauen schaffen Zukunft" in 2022 hat sie über 80 engagierte Wissenschaftlerinnen und Unternehmerinnen sichtbar gemacht. Im September 2023 erscheint das dritte Buch mit dem Thema „Unternehmensnachfolge – Frauen schaffen Zukunft" – wieder über 40 Best Practices. 2021 wurde Claudia Rankers für 27 Jahre Ehrenamt mit dem Landesverdienstorden Rheinland-Pfalz ausgezeichnet.

Seit 2003 ist Claudia Rankers Inhaberin vom Rankers Family Office, einem Multi Family und Unternehmer Office, das sich um alle finanziellen betrieblichen und privaten Belange seiner Mandant*innen kümmert. Sie und Kooperationspartner*innen schätzen Claudia Rankers als pragmatische Visionärin mit Einsatz, Kreativität und Qualität. Unternehmertum ist ihre Leidenschaft! Claudia Rankers ist Expertin für Vermögensstrukturierung, Kapitalanlagen, Immobilienkäufe und Finanzierungen, Unternehmensgründungen, Kapitalbeschaffung, Wachstumsstrategien sowie Unternehmensverkauf. Darüber hinaus ist sie EFA European Financial Advisor, Certified Financial Planner (CFP), Certified Generation Advisor (CGA) und Certified Foundation and Estate Planner (CFEP). Zuvor war sie Direktorin und Führungskraft bei der Schweizer Bank UBS und der Deutschen Bank.

Claudia Rankers ist Herausgeberin, Autorin, Beirätin, Mitglied verschiedener Jurys und regelmäßig als Referentin und Podiumsteilnehmerin sowie für Podcasts gefragt. Claudia Rankers ist Mitglied im Expert:innenbeirat vom CSR-Dialogforum und Global Advisory Council der G100 als Advisory Member for Sustainable Development Goals (SDG).

Prof. Dr. Nadine Kammerlander

Professor Dr. Nadine Kammerlander ist seit 2015 Professorin an der WHU – Otto Beisheim School of Management. Dort verantwortet sie zudem als Prorektorin die Bereiche Nachhaltigkeit und Diversität. Zuvor war sie als Assistenzprofessorin an der Universität St. Gallen tätig. Nadine Kammerlander ist diplomierte Physikerin (TU München) und promovierte Betriebswirtschaftswissenschaftlerin (Otto-Friedrich Universität Bamberg). Mehrere Jahre arbeitete sie bei McKinsey & Company und beriet internationale Unternehmen der Automobil- und Halbleiter-Branche in Produktentwicklungsprojekten, vor allem in den USA und Mexiko.

In Lehre und Forschung beschäftigt sie sich mit den Themen Transformation, Mitarbeiter und Governance in Familienunternehmen und Family Offices. Ihre wissenschaftlichen Beiträge sind in internationalen Fachzeitschriften veröffentlicht und mit renommierten Forschungspreisen ausgezeichnet worden. Sie ist Mit-Herausgeberin der internationalen Fachzeitschriften „Family Business Review“ und „Journal of Management“ und Mitglied mehrerer Gutachtergremien. Zudem arbeitet sie in unterschiedlichsten Projekten mit Familienunternehmen und internationalen Forscherinnen und Forschern zusammen.

Professor Kammerlander ist zudem selbst Gründerin – gemeinsam mit ihrem Mann hat sie im Jahr 2023 die Zebracorn GmbH gegründet. Sie ist zudem Mitglied des Innovation Advisory Committee des DESY in Hamburg und hat den Vorsitz im rheinland-pfälzischen Zukunftsrat für Nachhaltige Entwicklung inne.

Claudia Rankers
Ehrenvorsitzende vom Landesfrauenrat Rheinland-Pfalz und Geschäftsführerin vom Rankers Family Office

Prof. Dr. Nadine Kammerlander
Co-Direktorin des Instituts für Frauenunternehmen und Mittelstand an der WHU – Otto Beisheim School of Management

VORWORT

SARNA RÖSER
Bundesvorsitzende von DIE JUNGEN UNTERNEHMER

© Anne Großmann

Unternehmertum ist eine Leidenschaft. Es erfordert Mut und Risikobereitschaft, Disziplin, Zielstrebigkeit, Selbstreflexion und vor allem eins: Optimismus. Pessimistisch auf diese Welt zu schauen, passt für uns Unternehmer und Unternehmerinnen nicht. Wir wollen anpacken und uns einbringen. Wir wollen all den negativen Nachrichten entgegenstehen und Deutschland eine echte Perspektive als Wirtschaftsstandort der Zukunft geben.

Um die Nachfolge eines Unternehmens anzutreten, müssen wir positiv in die Zukunft blicken können. Ob Industrieunternehmen, Marketingagentur oder kleiner Metallbetrieb: Bis Ende 2026 streben rund 560.000 mittelständische Unternehmer und Unternehmerinnen eine Nachfolge an.[1] Um diesen Nachfolgerinnen und Nachfolgern jedoch eine positive Zukunft zu ermöglichen, müssen wir – die Gesellschaft und die Politik – jetzt etwas tun, denn sie kommt nicht von allein.

Wer sich für die Zukunft einsetzt, bekommt in der Gegenwart häufig wenig Applaus, denn die Früchte der Arbeit sind noch nicht sichtbar. So ist es sowohl in Unternehmen als auch in der Politik: Um langfristig und über Generationen erfolgreich zu bestehen, müssen Entscheidungen getroffen werden, deren Erfolg sich häufig erst in der Zukunft zeigt. Unternehmen investieren deshalb zum Beispiel in Klimaschutzmaßnahmen, in Konzepte, um ihre Mitarbeitenden zu fördern und zu halten und in innovative Technologien. Politiker und Parteien hingegen müssen demokratisch ihre Wählerschaft halten und ausbauen und auf zukunftsfähige Weichenstellungen setzen. Unternehmen und Parteien/Parteikoalitionen sind, wenn es um ihren langfristigen Erfolg geht, also eigentlich gar nicht so unterschiedlich: Um Erfolg zu haben, müssen beide fähig sein, sich selbst zu reflektieren, richtige und falsche Entscheidungen zu erkennen und Lösungen zu erarbeiten. Unser dringender Appell als Unternehmer an die Politik ist, nicht in Legislaturperioden, sondern in Generationen zu denken – so wie wir Familienunternehmer.

Umso wichtiger ist es deshalb, als Unternehmerin Mut zu machen, den Finger immer wieder in die Wunde zu legen und aufzuzeigen, wie es besser gemacht werden kann. Deutschland braucht eine langfristige Perspektive. Denn die Hausaufgaben, die wir heute nicht machen, fallen den kommenden Generationen gleich doppelt auf die Füße. Dafür müssen wir endlich aus der Defensive gehen und mit Energie, Kreativität und einem starken Willen voranschreiten.

Denn Deutschland hat eigentlich beste Voraussetzungen. Wir haben ein Weltklasse-Institutionensystem mit unabhängigen Gerichten und Rechtssicherheit, eine hohe innere Sicherheit und eine gute Infrastruktur. Mit dem deutschen Mittelstand haben wir eine starke wirtschaftliche Basis und ein krisenresilientes wirtschaftliches Rückgrat. Aber alles hat natürlich seine Grenzen. Ohne die richtige Strategie frisst Deutschland seine starke Substanz nach und nach auf.

Denn erfolgreich wirtschaften wird immer schwerer. Als Standort wird Deutschland zunehmend zu teuer, zu überreguliert und zu verkrustet. Wir schlittern von einer Krise in die nächste – und das meiste ist hausgemacht. Zu viel Staat, zu viel Bürokratie, zu viele Fehlentscheidungen und jede Menge ideologiegetriebene Debatten. Alles zusammengenommen ein ziemlicher Giftcocktail für unsere Volkswirtschaft. Und für alle, die in diesem Land etwas für Wohlstand und Wirtschaftskraft bewegen wollen.

Das darf so nicht weitergehen!

Mit Blick auf unsere Standortattraktivität haben wir international bereits einiges einbüßen müssen. Um wirtschaftlich nicht völlig abzurutschen, müssen wir deshalb einen neuen Kurs einschlagen.

Wir brauchen mehr Risikobereitschaft. Unternehmerisches Denken und Handeln muss gefördert werden. Statt nur zu verwalten, muss Deutschland endlich wieder anfangen zu gestalten. Was wir brauchen, ist mehr Eigenverantwortung und Wachstum statt Sozialromantik und Umverteilung. Wir brauchen den Detox bei den Staatsausgaben, denn wir haben definitiv kein Einnahmeproblem. Wir brauchen mehr Tempo bei der Digitalisierung, einen modernen Staat und eine moderne Verwaltung – warum kann man im Ausland Unternehmen mit einem Mausklick gründen, aber muss bei uns im Schnitt neun Amtsgänge erledigen? Und wir müssen Arbeit wieder attraktiv machen – anstatt immer höhere Abzüge vom Bruttogehalt in Kauf zu nehmen.

Diesem letzten wichtigen Punkt möchte ich besondere Aufmerksamkeit schenken. Gute Mitarbeitende zu finden, gehört zu den Hauptsorgen von Familienunternehmen in Deutschland. Wir spüren den Mangel an Fachkräften jetzt schon überall: Produktionen können nicht unter Volllast laufen, Aufträge müssen abgelehnt oder verschoben werden, und Mitarbeitende sind überlastet, weil Kollegen fehlen. Und der Fachkräftemangel spitzt sich weiter zu. Unsere Gesellschaft wird immer älter, mehr Leute gehen in Rente. Deswegen werden in den nächsten 15 Jahren fast fünf Millionen Arbeitskräfte fehlen. Das wird ein riesiges Problem für unseren Wirtschaftsstandort! Deswegen müssen wir alle etwas tun, die Probleme beim Namen nennen und anpacken.

Wir Familienunternehmer und Familienunternehmerinnen gehen voran. Wir schätzen und stärken unsere Mitarbeiter, sprechen mit ihnen direkt, bieten gute Löhne und moderne Arbeitsmodelle und achten auf eine gesunde Work-Life-Balance.

Die Politik hat aber auch einiges zu tun, zum Beispiel muss sie die Bildung in Naturwissenschaften und Technik stärken, Ältere länger auf dem Arbeitsmarkt halten, statt mit 63 in die Rente zu schicken, die Kinderbetreuung sicherstellen, mehr Arbeitskräfte aus dem Ausland anwerben und auf unserem Arbeitsmarkt alle Hebel in Bewegung setzen, dass jeder Arbeitssuchende Arbeit findet.

Hier spielt auch ganz entscheidend das Thema dieses Buchs mit hinein: Frauen schaffen Zukunft. Der Faktencheck verdeutlicht zwar, dass 74,5 Prozent der Frauen in Deutschland arbeiten, davon arbeitet allerdings jede Zweite in Teilzeit.[2] Der Weg geht also in die richtige Richtung, wir sind jedoch noch lange nicht am Ziel. Um den Fachkräftemangel ein Stück weit zu lösen, insbesondere im Tech-Bereich, müssten wir also hier etwas verändern. Der internationale Vergleich zeigt: In einigen Ländern läuft es besser. Vorbilder sind zum Beispiel die Schweiz oder auch Finnland, Norwegen und Schweden. Die Rückkehr von Frauen in die Vollzeitbeschäftigung nach der Schwangerschaft ist hier üblicher. Die Betreuungsinfrastruktur ist besser ausgebaut und häufig gibt es flexiblere Arbeitszeitmodelle. Doch auch das gesellschaftliche Verständnis von Männern und Frauen ist offener.

Meine persönliche Erfahrung zeigt mir, genderspezifische Debatten, Zahlen und Quoten bringen uns letztlich nicht weiter. Der Staat muss für alle – Männer und Frauen – gute Rahmenbedingungen, die passende Infrastruktur und Netzwerke schaffen. Dass sich Karriere und Familie nicht ausschließen, muss für beide Geschlechter möglich sein. Dafür brauchen wir eine angepasste Arbeits- und Führungskultur, mehr Sichtbarkeit und Vorbilder. In vielen Unternehmen, in der Start-up Szene, aber auch in den Medien hat bereits ein Bewusstseinswandel eingesetzt, der gut und wichtig für die Zukunft unseres Wirtschaftsstandorts ist.

Besonders in jüngeren Unternehmen stelle ich immer wieder fest, dass immer häufiger Frauen an der Spitze stehen. Das ist eine positive Entwicklung. Lasst uns also positiv die Herausforderungen anpacken, immer wieder den Finger in die Wunde legen und eine generationengerechte, starke Zukunft schaffen.

Ihre Sarna Röser

[1] https://www.kfw.de/PDF/Download-Center/Konzernthemen/Research/PDF-Dokumente-Fokus-Volkswirtschaft/Fokus-2023/Fokus-Nr.-424-Maerz-2023-Nachfolge.pdf

[2] Bundesagentur für Arbeit: „Die Arbeitsmarktsituation von Frauen und Männern 2021.", Blickpunkt Arbeitsmarkt, Juni 2022, Seite 9f.

VORWORT

© Katrin Limes

VANESSA WEBER

CEO, Werkzeug-Weber GmbH & Co. KG

Als Now-Gen in einem Familienunternehmen in der vierten Generation liegt mir das Thema Nachfolge besonders am Herzen. Denn aus eigener Erfahrung weiß ich, wie entscheidend eine gelungene Übergabe an die nächste Generation für die Zukunft eines Unternehmens ist. Ich bin mit 18 Jahren ins kalte Wasser gesprungen und kann heute mit Stolz sagen, dass es eine Erfolgsgeschichte ist.

Mir hat nie das theoretische Wissen geholfen, sondern immer der Austausch mit Gleichgesinnten und so entstand die Idee zu diesem Buch. In diesem Buch werden wir uns gemeinsam mit unseren Autorinnen mit den Herausforderungen und Chancen der Nachfolge beschäftigen. Dabei geht es um Fragen wie die Entscheidungsfindung für die Nachfolge, die Vorbereitung auf die Übernahme und den Umgang mit Konflikten in der Familie. Darüber hinaus beleuchten wir die Erfahrungen und Best Practices erfolgreicher Nachfolgerinnen, um dir wertvolle Anregungen und Orientierung zu geben.

Unser Ziel ist es, dich für das Thema Nachfolge zu sensibilisieren und vor allem zu motivieren. Denn nur wenn die nächste Generation die Verantwortung für Familienunternehmen übernimmt, werden diese langfristig erfolgreich sein und ihre wichtige Rolle in Wirtschaft und Gesellschaft weiterhin erfüllen.

Ich bin sicher, die spannenden Beiträge werden dich motivieren. Lass dich von unseren Erfahrungen und Erkenntnissen inspirieren und nimm wertvolle Impulse für deine eigene Nachfolgeplanung mit.

Ich wünsche dir viel Freude und Inspiration bei der Lektüre unseres Buches.

Herzliche Grüße
Vanessa Weber

EINFÜHRUNG

Nachfolge im Familienunternehmen – Herausforderung und Chance

In Deutschland gibt es mehrere hunderttausend aktive Unternehmen mit Mitarbeitenden, etwa 90 Prozent werden von Familieneigentümern geführt. Wenn man davon ausgeht, dass diese ihr Unternehmen jeweils für eine Generation, also 20 bis 30 Jahre, führen, dann ergibt sich eine fünfstellige Anzahl von Unternehmen, die jedes Jahr übergeben werden will. Das Institut für Mittelstandsforschung ifM berichtet beispielsweise von 190.000 Unternehmen, die im Zeitraum von 2022 bis 2026 zur Nachfolge anstehen. Ganz schön viele für ein Phänomen, das normalerweise eher im Verborgenen liegt. Oft – dem DIHK-Report Unternehmensnachfolge 2022 zufolge sogar in 46 Prozent der Fälle – berichten die Übergebenden dabei, dass es gar nicht so einfach sei, junge Menschen für die Nachfolge zu begeistern. Dies verwundert etwas, da der Fokus oft immer noch auf Nachfolgern liegt, während der Pool der Nachfolgerinnen nicht ganz ausgeschöpft scheint. Studien der Allbright Stiftung sowie des Medienportals „Die Deutsche Wirtschaft" zufolge liegt der Anteil von Frauen in Führungspositionen von Familienunternehmen immer noch bei unter 10 Prozent – doch leichte Besserung scheint in Sicht zu sein!

Fragt man Wissenschaftlerinnen, so werden diese bestätigen, dass Nachfolge eines der meistuntersuchten, da erfolgskritischsten, Familienunternehmens-Themen ist. Und jeder Unternehmer und jede Journalistin kennt eine Vielzahl an Anekdoten, bei denen die Nachfolge eben nicht erfolgreich gelaufen ist, sondern zum Scheitern verurteilt war.
Was aber macht die Nachfolge in Familienunternehmen so besonders und so herausfordernd? Zum einen ist das dem Überlappen mehrerer Systeme geschuldet. Das berühmte Drei-Kreise-Modell von John Davis beschreibt, dass in Familienunternehmen die drei Systeme Familie, Eigentum und Führung überlappen. Manche Individuen gehören allen drei Systemen an, wie die geschäftsführende Familiengesellschafterin. Manche gehören aber auch nur einem oder zweien der Systeme an, wie beispielsweise der Fremdmanager, oder aber die Next-Gen, die vielleicht noch gar keine Unternehmensanteile besitzt. Durch diese unter-

schiedlichen Positionen und ihre Dynamik über die Zeit können Konflikte entstehen. So fragen sich die Mitglieder des Systems „Familie“ oft schon in jungen Jahren: Was wird später von uns erwartet? Was können und dürfen wir? Wie wird mit den unterschiedlichen Bedürfnissen und Kompetenzen der Geschwister umgegangen? Aber auch im System „Management“ wirft die Nachfolge Fragen auf, und viele familienexterne Unternehmensmitglieder warten ungeduldig darauf, ob und wie die Nachfolge geklärt wird.

Als wäre das noch nicht genug, gibt es weitere Aspekte, die eine Nachfolge erschweren. Da sind zum einen die oft langen Zeiträume. Es ist wahrscheinlich, dass die letzte Unternehmensnachfolge bereits so lange zurückliegt, dass sich kaum noch jemand in Unternehmen und Familie daran erinnert. Und selbst wenn – die „Best Practices“ sind gegebenenfalls schon in die Jahre gekommen. Dass dann noch Führung und Eigentum oft gleichzeitig übergeben werden sollen, macht die Komplexität nicht geringer. Oft führt das zu einem Mangel an Planung. Gemäß einer Studie aus der Schweiz im Jahr 2013 nahmen sich weniger als die Hälfte der Familienunternehmer vor der Nachfolge ausreichend Zeit, um Kommunikations- und Trainingspläne zu erstellen.

Und dann sind da noch die emotionalen Faktoren. Man spricht vom „Prinz Charles“-Syndrom, wenn die Next-Gen schon in den Startlöchern steht, aber nicht zum Zug kommt, weil die Senioren auch 70-, 80, oder gar 90-jährig noch nicht an den Ruhestand denken. Von Seiten der Übernehmer kommen häufig die Fragen auf: Kann ich das eigentlich? Oder sind die Fußstapfen der Eltern zu groß? Und: Will ich das eigentlich? Oder liegt meine berufliche Passion doch ganz woanders?

Und ist man erstmal im Unternehmen, so kommt eine ganze Reihe weiterer Fragen für die „Neuen“ auf: Wie viel kann, soll und muss geändert werden? Was wird beendet? Aber was muss eventuell auch bleiben? Wie können Tradition und Innovation kombiniert werden? Wie viel soll man sich eigentlich noch von der Seniorgeneration sagen lassen – wann überwiegt der positive Effekt des Mentoring und wann der negative des Bremsens? Und wie kann man beispielsweise in einem Unternehmen, das von patriarchalischem Führungsstil geprägt ist, Agilität und New Work einbringen?

Doch trotz dieser vielfältigen Herausforderungen zeigt sich immer wieder: Nachfolge lohnt sich! Als Nachfolgerin ist man „Entrepreneur" im eigenen Unternehmen. Die Möglichkeiten zur Verwirklichung – oder neudeutsch zum Impact – sind vielfältig: Innovation durch Digitalisierung und Nachhaltigkeit sind nur einige Aspekte. Anders als beim Start-up kann man dabei auf bestehende Ressourcen, Infrastruktur, Kunden und ein funktionierendes Geschäftsmodell bauen. Statistiken zeigen, dass die Erfolgswahrscheinlichkeit bei der Übernahme eines bestehenden Unternehmens natürlich viel höher ist als die bei der Unternehmensgründung.

Aus diesem Grund ist Unternehmensnachfolge nicht nur für die Kinder der Seniorgeneration spannend – sondern auch für Familienexterne, die das Unternehmen als neue Eigentümer:innen übernehmen wollen. Dieses Modell – auch „Entrepreneurship through Acquisition" genannt – erfreut sich derzeit weltweit immer größerer Beliebtheit. Finanziert durch Darlehen oder sogenannte Search Funds steigen die jungen Übernehmer in Unternehmen ein, optimieren und wandeln das Geschäftsmodell – und erwerben im Erfolgsfall immer mehr Unternehmensanteile. So kann (fast) jede zur Familienunternehmerin werden.

Denn Nachfolge ist vielfältig: Manche Kinder steigen gleich nach der Ausbildung ins Unternehmen ein – andere erst nach einer langjährigen erfolgreichen Karriere außerhalb. Wieder andere entscheiden sich bewusst für eine Rolle als aktive Eigentümerin und beeinflussen dadurch die Geschicke ihres Unternehmens. In einigen Fällen rutscht die Nachfolgerin quasi ungeplant ins Unternehmen hinein und wird dort glücklich. In anderen Fällen jedoch scheitert die sorgsam geplante und ersehnte Nachfolge. Manche übernehmen allein, manche im Team, manche von den Großeltern und manche von anderen Familien.

Ziel dieses Buches ist es, die Nachfolge in möglichst all ihren Facetten abzubilden. Mit ihren Licht- und Schattenseiten. Durch die authentischen Berichte möchten wir die Abgebenden motivieren, die Nachfolge aktiv zu gestalten, einige Fehler zu vermeiden und Chancen zu nutzen. Wir wollen Lösungsmöglichkeiten aufzeigen und vor allem jungen Frauen Mut machen, ihren eigenen Weg im Unternehmen zu finden.

Lesen Sie über Probezeit und Probesterben, darüber, wie man aus seiner Kritikerin die beste Freundin macht und über Hürden, Leistungsdruck und Streben nach Perfektion, sowie darüber, wie die Nachfolge den Zusammenhalt in der Familie stärken kann. Auch der Platzhalter für die Nachfolge, Stolz und Freude, wie sich der Sprung ins kalte Wasser anfühlt, Transformationsprozesse, schlaflose Nächte und Mitarbeitende als Ass im Ärmel kommen nicht zu kurz.

Wir wünschen viel Spaß beim Lesen!
Claudia Rankers & Prof. Dr. Nadine Kammerlander

BRIGITTE BIFFAR

Geschäftsführung der Biffar GmbH & Co. KG

Was hat dich daran fasziniert, Nachfolgerin zu werden?
Das Unternehmen im Familienbesitz zu halten und aus der Insolvenz zu führen, war die größte Motivation. Aus meiner Zeit als Marketingleiterin bei Biffar, als ich noch angestellte Mitarbeiterin war und nicht die Schwiegertochter des Gründers Oskar Biffar, wusste ich um die Stärke der Marke, die USPs der Produkte und ich kannte viele der Mitarbeitenden. Darin sah ich eine große Chance.

Was hat dich darauf vorbereitet, Nachfolgerin zu werden?
Wir waren nicht vorbereitet auf diese Situation. Mit meiner Entscheidung zur Nachfolge war ich plötzlich die Chefin – auch die meines Mannes. Unseren vier Kindern, die zwischen sechs und elf Jahre alt waren, stand ein kompletter Schulwechsel bevor, an die einzige Ganztagsschule, eine internationale, englischsprachige Schule in Neustadt. Sonst hätte ich nicht den ganzen Tag in der Firma sein können. Das waren große Veränderungen für unsere Familie.

Am meisten hat mir geholfen, dass ich selbst aus einem mittelständischen, schwäbischen Familienunternehmen komme. Das Vorbild der Eltern und Großeltern prägt einen unbewusst. Wenn ich meinen Kindern heute zuhöre, bin ich manchmal überrascht. Man darf nicht unterschätzen, was Unternehmerkinder beim Gespräch am täglichen Abendbrottisch alles mitbekommen. Mein Vater hat mich sehr geprägt, in Entscheidungen auch mutig zu sein.

Welches Wissen, das du nun hast, hättest du gerne bereits vor der Nachfolge gehabt?
Ich hätte gerne noch mehr Seminare zum Thema Mitarbeiterführung und gute Kommunikation besucht. Manchmal werde ich gefragt, wie man sich als Frau in dieser „Männerwelt" Baubranche durchsetzt. Das war zum Glück in den seltensten Fällen notwendig. Ich habe sehr viel Umgang auf Augenhöhe erleben dürfen. Privat war mir erst später bewusst, dass solch gravierende Veränderungen auch immer eine Ehe gefährden. Das war mir in der angespannten Situation nicht bewusst. Mehr Achtsamkeit wäre gut gewesen.

Was ist deiner Meinung nach das Schwierigste bei der Nachfolge?
Für mich ist es der Übergang von Altem und Bewährtem beim Implementieren von Innovativem, das den Fortbestand des Unternehmens sichert. Das gilt für die Kommunikation mit der jungen 3. Generation, dem Umgang mit Mitarbeitenden wie auch für neue Produkte, die Digitalisierung und das Thema Nachhaltigkeit. Auch externe Beratung und Impulse helfen uns. Das wollen wir auch in der Zukunft noch stärker nutzen.

INS GELINGEN VERTRAUEN

Die Möglichkeit einer Nachfolge bei Biffar wurde mir überraschend im Juni 2006 angeboten.

Biffar war Anfang der 1960er-Jahre von meinem Schwiegervater gegründet worden. Das Unternehmen entwickelte sich sehr gut und wurde 1994 an seinen Sohn Albrecht übergeben. Ich kam 1991 als Marketingleiterin ins Unternehmen, nachdem ich ein BWL-Studium abgeschlossen und zwei Jahre in den USA gelebt und gearbeitet hatte. Die Aufgabe, das Marketing für den Direktvertrieb der Marke Biffar zu verantworten, begeisterte mich. Mein neuer Job war sehr interessant und enorm vielseitig, gleichzeitig auch sehr arbeitsintensiv.

Der Umgang mit der Geschäftsführung und der Mitarbeitenden untereinander war typisch für einen mittelständischen Betrieb und ähnelte der Führungsstruktur unseres eigenen Familienunternehmens. Der Seniorchef hatte noch großen Einfluss auf die Entscheidungen.

Albrecht war als Geschäftsführer auch für das Marketing verantwortlich und so lernten wir uns schnell besser kennen und schätzen. 1993 heirateten wir und Ende des Jahres kam unser erster Sohn Lukas auf die Welt. Es folgten eineinhalb Jahre später unsere Tochter Lilli, zwei Jahre später Ludwig und weitere zwei Jahre darauf Paul. In meiner Mutterrolle war ich glücklich, auch wenn ich gerne zumindest in Teilzeit gearbeitet hätte. Mit vier kleinen Kindern war das damals so gut wie unmöglich. Ich kümmerte mich um Haus und Kinder und hielt, wie es üblich war, meinem Mann den Rücken frei.

Anfang der 2000er-Jahre verschlechterte sich die finanzielle Lage des Unternehmens. Es wurden zwar Maßnahmen ergriffen, trotz allem musste man schließlich im Januar 2006 Insolvenz anmelden. Der Insolvenzverwalter beauftragte einen Sanierer für ein detailliertes Sanierungskonzept. Nachdem die Banken eine weitere Geschäftsführung meines Mannes nicht zuließen, kam die Frage auf, ob ich aufgrund meiner Qualifikation als Geschäftsführerin des Unternehmens fungieren könnte. Mit dieser neuen Situation hatte ich überhaupt nicht gerechnet. Zwar kannte ich das Unternehmen, doch jetzt in so kurzer Zeit Verantwortung zu übernehmen war ein Gedanke, an den ich mich erst gewöhnen musste. Die Stärken der Marke, die ausgereiften Produkte, die in der Branche immer noch marktführend in ihrer technischen Ausführung waren und die hohe Loyalität der Mitarbeitenden sprachen dafür, es zu wagen.

Wir diskutierten Abende lang und kamen schließlich zu dem Entschluss, dass ein Neustart erfolgreich sein könnte. Die Finanzierung schien zunächst einfach, da zum einen Verbindlichkeiten bei den Banken übernommen werden mussten und der Rest des Kaufpreises über einen 10-tägigen Einbehalt der Einnahmen auf dem Firmenkonto durch den Insolvenzverwalter geregelt wurde. Aus heutiger Sicht würde ich mich darauf nicht mehr einlassen. Die Verbindlichkeiten bei den Banken waren langfristig geregelt und steuerbar. Der Insolvenzverwalter aber hielt sich nicht an die Abmachung. Die Einnahmen durch Zahlungen unserer Kund:innen, die nach dem 10. Tag weiterhin auf dieses Konto eingingen, immerhin eine 6-stellige Summe, wurden erst nach eineinhalb Jahren übertragen. In dieser Zeit hatte ich zum Ende jedes Monats manche schlaflose Nacht. Mir wurde klar, wie Insolvenzverwalter einfach Fakten schaffen, sich nicht an Abmachungen halten, selbst wenn sie schriftlich fixiert wurden. Der Neustart hätte um einiges leichter sein können.

In den ersten drei Jahren der Nachfolge war viel Arbeit auf mich zugekommen. Eine Achterbahnfahrt aus Herausforderung und Zuversicht, Fehlern und richtigen Entscheidungen und vor allem Mitarbeitende, die mich sehr unterstützten. Die Arbeit machte Spaß, es ging voran im Unternehmen, die Stimmung war gut! Jeder Euro, der erwirtschaftet wurde, wurde reinvestiert in neue Maschinen, neue Entwicklungen, neue Märkte.

Das Team der Führungskräfte, das diese Zeit mit mir meisterte, unterstützte mein Vorhaben. Die große Verantwortung für meine und deren Familien war der Motor für alle Anstrengungen und die Motivation für mein Tun.

Die Anzahl der Mitarbeitenden, die in den Zeiten der Sanierung halbiert wurde, nahm langsam wieder zu, die Vertriebsteams in den 20 eigenen Ausstellungen, den Biffar-Studios, waren motiviert und erfolgreich im deutschen Markt. Ein kleiner schon bestehender Exportmarkt in Taiwan für große Türportale mit einer Oberfläche aus handgetriebenem Kupfer ermutigte mich, auch die ersten Schritte in den chinesischen Markt zu wagen.

Mithilfe einer Beratungsfirma aus München gelang es uns dann, den ersten Händler in Peking zu gewinnen. Mehrere andere Händler in Shanghai, Shenzhen, Souzhou und weiteren Millionenstädten kamen später hinzu, sodass ich bis zu sechs Mal im Jahr eine Woche in China unterwegs war. Es gab einige Wettbewerber, aber keiner der Eigentümer hatte den gleichen Familiennamen wie seine Firma. Ein unschätzbarer Vorteil für mich. Hinzu kam, dass Frauen in der chinesischen Kultur im Geschäftsleben gleichwertig anerkannt sind. Die Bauträger fühlten sich geehrt, wenn ich als Eigentümerin selbst zu den Verhandlungen mit unseren Händlern kam. Das macht bis heute einen großen Teil unseres Erfolges dort aus.

In den Wochen, in denen ich in Edenkoben arbeitete, versuchte ich bis 16.00 Uhr alles Wichtige zu erledigen. Danach holte ich die Kinder von der Schule ab und fuhr sie zum Hockey- und Fußballtraining. Auch die Wochenenden verbrachte ich überwiegend auf Sportplätzen und -hallen. Es blieb mir nur wenig Zeit für eigene Hobbys. Trotzdem würde ich alles genauso wieder machen. Gerade in der Zeit der Pubertät war ich froh, dass die Kinder feste soziale Bindungen in den Sportteams hatten und jedes Wochenende ein interessantes Sportprogramm mit ihren Freund:innen.

Das Thema Schule entwickelte sich auch sehr gut. Durch das eigenständige Lernen in der Internationalen Schule waren Schulthemen, Hausaufgabenkontrolle und das Lernen für Tests völlig vom Tisch. Wir haben irgendwann aufgehört uns auszurechnen, was wir in diese Schule investiert hatten, einfach weil es keine Alternative mit Ganztagsbetreuung zu dieser Zeit gab, weil wir sahen, wie selbstbewusst sich die Kinder auf dieser Schule entwickelten und wie selbstverständlich die englische Sprache für ihr Leben wurde. Auch diesen Schritt würde ich heute wieder so gehen. Im Vergleich zum deutschen Schulsystem, das ich vorher erleben durfte, hat mich das System der Internationalen Schule gelehrt, wie wichtig es ist, die positiven Seiten und Stärken jedes Kindes zu unterstützen, immer zu ihm zu stehen und es stark zu machen in allem, was es besonders gut kann.

Schwieriger gestaltete sich die Situation zwischen meinem Mann und mir, als er in die Verantwortung in Form einer Geschäftsführung zurück wollte. Da ich aus verschiedenen Gründen dem nicht zustimmen konnte, trennten wir uns 2011 beruflich und privat.

Inzwischen sind weitere zwölf Jahre vergangen, in denen ich mit großer Freude die Firma führe. Vor drei Jahren haben wir zusätzlich einen Fensterbetrieb mit 110 Mitarbeitenden erworben, der ganz in unserer Nähe zum Verkauf stand. Dort ist ein angestellter Geschäftsführer eingesetzt, mit dem die Zusammenarbeit sehr gut klappt. Dies war ein wichtiger Schritt in unserer Strategie, uns breiter aufzustellen.

Auch meinen eigenen Nachfolgeprozess haben wir letztes Jahr begonnen. Zwei der Kinder, unsere Tochter Lilli und der jüngste Sohn Paul, haben sich für ein Medizinstudium entschieden. Zwei der Jungs, Lukas und Ludwig, haben sich entschlossen, ins Unternehmen zu kommen. Über diese Entscheidung freue ich mich sehr, denn ich habe immer versucht, keinen Druck zu machen. Die Herausforderung, die neuen Ideen und die Energie der beiden zu integrieren und gleichzeitig Bewährtes zu wahren, ist manchmal ein schmaler Grat.

Über den Verband der Familienunternehmer bekamen wir verschiedene Empfehlungen für ein Coaching. Hier legen wir zum einen fest, wie wir emotional verletzungsfrei kommunizieren, gerade wenn wir unterschiedlicher Meinung sind. Wir lernen, Muster in der Kommunikation zu erkennen, um rechtzeitig gegenzusteuern. Besonders hilft es uns aber, feste Tage zu vereinbaren, an denen wir an unseren Ideen für die gemeinsame Zukunft arbeiten und wichtige Themen besprechen können.

Wir sind uns einig, dass beide Söhne langsam in die Gesamtverantwortung wachsen sollen. Lukas ist mit seinen 29 Jahren aktuell verantwortlich für den Vertrieb in unserem Showroom in München, verkauft selbst und führt dort drei Mitarbeitende im Team. Ludwig ist verantwortlich als Teamleiter in der Einführung unseres neuen ERP-Systems und hat hier mit allen Mitarbeitenden im Unternehmen zu tun. Die Verhandlung mit der IT-Firma führt er eigenständig, was für ihn mit seinen 26 Jahren auch eine große Herausforderung ist. Wichtig war uns, dass es eigenständige Bereiche sind, in denen sie wirken und die auch messbar sind.

Wenn ich heute zurückschaue, denke ich, es ist gut, dass man vorher nicht weiß, was auf einen zukommt. So kann man Schritt für Schritt seinen Weg gehen. Wichtiger noch als die richtige Ausbildung war für mich auf jeden Fall immer ein positives Mindset: ins Gelingen zu vertrauen. Dabei versuche ich meine Söhne mitzunehmen und ihnen vorzuleben, ruhig mutig zu sein, wenn das Bauchgefühl stimmt. Vielleicht ist das meine „Masterarbeit“, an der ich die nächsten Jahre arbeiten und lernen darf, um in ein paar Jahren mit gutem Gefühl unser Family Business loslassen zu können. Darauf freue ich mich von ganzem Herzen.

© Christian o Bruch/Laif

ANNEKE HINES

Partnerin Sollors & Co. (GmbH & Co. KG) – Corporate Finance – Asset Management

Was hat dich daran fasziniert, Nachfolgerin zu werden?

Als ich die Chance von den beiden geschäftsführenden Gesellschaftern in unserem Unternehmen erhielt, Teil des Gesellschafterkreises zu werden, musste ich nicht lange überlegen. Ich bin Partnerin und Gesellschafterin in einem Unternehmen geworden, in dem ich fast seit Gründung dabei bin und das ich mit aufgebaut habe. Ich bin Teil eines Partnerkreises, der sich lange kennt und arbeite in einer positiven Unternehmenskultur, zu der jede Kollegin und jeder Kollege beiträgt. Ich freue mich, die Zukunft des Unternehmens mitzugestalten. Für mich ist der Schritt ein Zeichen des Vertrauens und der Wertschätzung in beide Richtungen.

Wer war deine wichtigste Mentorin bzw. dein wichtigster Mentor?

Zu Beginn meiner Karriere war mein wichtigster Mentor mein erster Chef. Er hat mich immer gepusht, an mich und meine Fähigkeiten geglaubt und mich regelmäßig motiviert, meine Komfortzone zu verlassen. Ein weiterer wichtiger Mentor ist eine Person, die mir immer wieder Türen zu neuen Räumen aufgemacht hat und durch die ich Erfahrungen auch einmal rechts und links von meinem Pfad gemacht habe, die ich als sehr wertvoll und bereichernd ansehe.

Außerdem lebt er mir ständig die Energie davon vor, alles – gerade auch die eigenen Entscheidungen – immer wieder zu hinterfragen und nie den Status quo als gegeben anzunehmen.

Wenn auch kein Mentor, möchte ich eine Person erwähnen, da ich von ihm die Bedeutung von Kommunikation – in egal welcher zwischenmenschlichen Beziehung – gelernt habe.

Was ist deiner Meinung nach das Schwierigste bei der Nachfolge?
Aus meiner Sicht sind es zwei Themen, die beide mit Vertrauen zu tun haben. Das erste ist, die richtige Lösung oder die richtige Person bzw. die richtigen Personen frühzeitig für die Nachfolge zu identifizieren. Das zweite ist die Emotionalität entlang des Prozesses. Dies ist gerade in Familien mit der Vielschichtigkeit der unterschiedlichen Rollen der einzelnen Personen und dem potenziellen Auseinandergehen von Interessen der Generationen zentral.

NACHFOLGE DURCH EXIT – NUANCEN ZWISCHEN 0 PROZENT UND 100 PROZENT

2022 haben wir unseren Partnerkreis im Unternehmen von den bisher zwei geschäftsführenden Gesellschaftern zu nun fünf Personen erweitert. Der Schritt war das Resultat aus einem gemeinsamen Prozess, in dem wir die Grundsteine für unsere auf Langfristigkeit angelegte Rolle in dem Unternehmen gelegt haben. Die Erweiterung ist die Vorbereitung des Generationsübergangs und basiert auf dem Vertrauen zwischen Personen, die alle seit mittlerweile über einer Dekade zusammenarbeiten.

Während wir noch den ersten Generationswechsel in Angriff nehmen, möchte ich hier von einem Fall aus meiner Berufspraxis berichten, von einem Unternehmen, das bereits sehr weit entlang des Prozesses ist. Seit 19 Jahren berate ich bei Fusionen und Übernahmen, davon die letzten fast 14 Jahre mit Fokus auf Unternehmen im gehobenen deutschen Mittelstand. Hierbei spielt das Thema Nachfolge durch Exit eine wichtige Rolle.

Es gibt viele Fälle, bei denen weder in der Familie noch im Unternehmen selber die Nachfolge möglich ist. Hier kommt häufig ein Exit, also die Veräußerung des Unternehmens, infrage. Aber es muss nicht immer 100 Prozent oder 0 Prozent sein. Es gibt auch Nuancen dazwischen. In dem hier beschriebenen Fall geht es um das schöne Beispiel einer Familie, die sehr schlau ihre Rolle als Gesellschafter neu definiert hat.

Kernpunkte dabei waren die Diversifikation des Vermögens und eine gemeinsame Vision davon, wo man als Familie in der Zukunft gemeinsam neben der Gesellschaft unternehmerisch aktiv sein möchte. Im Ergebnis hat die Familie einen neuen Mitgesellschafter aufgenommen und parallel ein unternehmerisch investierendes Family Office mit einem Fokus auf Nachhaltigkeit aufgebaut. Entlang des Weges hat man gemeinsame Ziele entwickelt, mit denen sich die Familie identifiziert und alle entlang des Weges mitgenommen, während gleichzeitig viel Flexibilität für die Wünsche eines jeden Einzelnen gelassen wurde. Zudem ist es ein finanzwirtschaftlich spannendes Modell.

Die Ausgangslage

Die Familie ist Gesellschafter eines international agierenden Unternehmens mit ca. 30.000 Mitarbeitern in 4. Generation mit 16 Gesellschaftern. Das Management wurde zunächst durch familienexterne Personen ergänzt, seit der vorangegangenen Generation ist es vollständig extern besetzt. Die Familie ist im Beirat, u. a. über den Vorsitz, vertreten.

Strukturen und Governance anpassen

In einem intensiven gemeinsamen Prozess haben die Gesellschafter eine Familiensatzung mit einer klaren Rollendefinition innerhalb der Familie entwickelt. Hierbei wurde u. a. ein Sprecher, der ebenfalls Vorsitzender des Beirats des Unternehmens ist, gewählt.

In diesem Prozess hat sich die Familie auch mit ihrer Gesellschafterrolle und den gemeinsamen Zielen diese betreffend auseinandergesetzt. Dabei hat man sich klar für die langfristige aktive Rolle in der Steuerung als Gesellschafter sowie dem gemeinsamen Unternehmertum bekannt. Gleichzeitig hat man den Wunsch nach einer Diversifikation des Familienvermögens durch Freisetzung von Kapital für unternehmerische Investitionen formuliert. Es wurde entschieden, das erste Mal in der Unternehmensgeschichte einen externen Investor aufzunehmen. Es folgte ein Prozess mit zwei Strängen.

Strang 1: Aufnahme Mitgesellschafter und Weiterentwicklung des Wachstums-Cases

Nach der Entscheidung wurde der Auswahl des richtigen Partners viel Aufmerksamkeit geschenkt. Es wurde ein Mitgesellschafter mit einem signifikanten Anteil aufgenommen, ohne dass die Familie in eine Minderheitsposition rutscht und somit die Kontrolle aufgibt. Das Unternehmen profitiert von einer Kapitalinjektion zur Finanzierung von weiterem Wachstum in ausgewählten Märkten und davon, dass der neue Mitgesellschafter einen strategischen Mehrwert mitbringt. Mit dem Investor wurde vor Abschluss der Transaktion ein gemeinsamer Plan mit klar definierten Zielen entwickelt. In der neuen Struktur wird das Wachstum des Unternehmens aus Sicht der Familie gehebelt. Und damit auch der Wert des weiter bestehenden maßgeblichen Anteils.

Strang 2: Aufbau eines unternehmerischen Family Offices für gemeinsame Investitionen der Erlöse

Für die Zuflüsse an die Familie aus dem Verkauf der Anteile hat man gemeinsam in einem Parallelprojekt zu der Transaktion ein gemeinsames Investmentvehicle entwickelt. Es gab eine Einladung an alle Familienmitglieder, an der Ausgestaltung und Entwicklung mitzuwirken, der weitreichend gefolgt wurde. Jeder Einzelne konnte entscheiden, ob er sich beteiligt. Im Ergebnis hat ein Großteil der Familie die Erlöse aus dem Verkauf der Anteile wieder eingebracht und investiert weiter gemeinsam unternehmerisch.

Bei der Entwicklung wurden in einer Reihe von Workshops die Governance, der Investmentfokus und das Ziel definiert. Daneben liefen die steuerlichen und rechtlichen Vorbereitungen, bei denen die individuellen Bedürfnisse der einzelnen Personen berücksichtigt wurden.

Die Definition des Investmentfokus ist aus zwei Gründen wichtig. Zum einen leitet sie die Entscheidung bzgl. der Investition in individuelle Investmentopportunitäten für das Family Office. Zum anderen ermöglicht sie aber auch eine klare Positionierung am Markt. In einer Zeit, in der Kapital im Überfluss vorhanden ist, wird es immer wichtiger, sich als Investor gegenüber Kapitalsuchenden von anderen Marktteilnehmern zu differenzieren.

Die Erfahrungen aus der Branche sollten somit einen Mehrwert für ein Unternehmen geben, in das neu investiert wird. Auch wollte man sich entlang von Megatrends für die Zukunft ausrichten. Weiter identifiziert sich die Familie stark mit Nachhaltigkeitsthemen. Hieraus wurde der Investmentfokus abgeleitet, der heute die Investitionen bestimmt.

So hatte die Erarbeitung des Investmentfokus einen weiteren Effekt: die Identifikation der Gesellschafter mit dem Family Office und eine weitere

Quelle für den unternehmerischen Zusammenhalt innerhalb der Familie außerhalb des angestammten Unternehmens.

Perspektive mit Flexibilität

Die Perspektive für die Gesellschafter ist vielschichtig. Aus der Corporate-Finance-Sicht kann man sich mehrere Folgeschritte vorstellen.

Durch den Mitgesellschafter wird ein Hebel auf die Wertsteigerung des Unternehmens erzeugt und damit auf den Wert des Anteils der Familie in der Zukunft. Die Optionen für die Familie reichen von dem Rückkauf der Anteile, dem Erhalt des Status quo, über die Abgabe von weiteren Anteilen, einem Börsengang bis zu einem Komplettverkauf. Welche dieser Optionen in der Zukunft zum Tragen kommt, wird auch dann wieder mit Blick auf die Bedürfnisse der nachfolgenden Generation und gemeinsam entschieden werden.

Erfolgsfaktoren

Was waren wesentliche Erfolgsfaktoren?

Über die Nachfolge sollte frühzeitig nachgedacht werden, damit ohne Zeitdruck Strukturen angepasst und Rollen geschärft werden können. Das galt in diesem Fall auch für die Rolle der Familie als Gesellschafter. An den langfristigen Zielen ausgerichtet hat man ebenfalls die Governancestruktur definiert.

Für die Verhandlungen wurde ein Sprecher benannt, der ein klares Mandat von seinen Mitgesellschaftern erhalten hat. In Verhandlungssituationen mit mehreren Gesellschaftern kann auch eine Gesellschaftervereinbarung Klarheit bringen.

Von zentraler Bedeutung war trotz dieser Funktion das Mitnehmen aller Familienmitglieder entlang eines Prozesses mit wichtigen und auch für die zukünftigen Generationen mit getroffenen Entscheidungen. Eine Verantwortung, der sich alle bewusst waren und die von allen angenommen wurde.

Die Nachfolge bringt immer emotionale Elemente mit sich. Die Bedeutung für den Erfolg sollte man nicht unterschätzen und ihnen genügend Raum geben.

Auch in unserem Unternehmen haben wir bei der Erweiterung des Partnerkreises unsere Rollen definiert und damit auch bestimmte Zuständigkeiten, die z. T. schon implizit gelebt wurden, explizit gemacht. Dies hat zu mehr Verantwortungsgefühl und Identifikation geführt. Wichtige Entscheidungen treffen wir einstimmig. Wenn auch in einer anderen Größenordnung, so haben auch wir einen Grundstein für die Zukunft gelegt. Ich bin gespannt und freue mich auf das, was kommt.

DR. ANKE KLAS

Selbstständige Zahnärztin in Einzelpraxis (Inhaberin)

Welche Fragen hast du dir gestellt, um über die Nachfolge zu entscheiden?
Grundsätzlich ist es wichtig, dass das Unternehmen, in meinem Fall die Praxis, im Gesamtbild zur NachfolgerIn oder zum Nachfolger passt. Dazu zählen die fachliche Qualifikation, genügend Erfahrung im jeweiligen Bereich und soziale Kompetenz. In der heutigen Zeit ist ein zunehmendes Bewusstsein für Nachhaltigkeit und Corporate Social Responsibility von großer Bedeutung. Die gewisse Leidenschaft und Motivation, auch für Veränderungen, sind dann das i-Tüpfelchen bei der Entscheidungsfindung. Und natürlich letztendlich auch die finanzielle Fähigkeit, das notwendige Kapital aufzubringen.

Wer war deine wichtigste Mentorin bzw. dein wichtigster Mentor?
Ich mir selbst. Gerne sauge ich alle Informationen zum Thema auf, das meist aus Fachbüchern oder durch Erfahrungsberichte beim Networking. Ich analysiere und erstelle Tabellen mit Vor- und Nachteilen. Vorgehen und Entscheidungen im Prozess treffe ich selbst. Dabei hilft mir

auch meine langjährige Berufserfahrung und Menschenkenntnis. Das innere „Ich“ muss zufrieden sein. Die letzte Absprache findet immer mit meinem Lebenspartner statt.

Welches Wissen, das du nun hast, hättest du gerne bereits vor der Nachfolge gehabt?

Eigentlich schreibe ich aus der Sicht der Unternehmensabgeberin, aber ich kann mich nur zu gut an die Zeit meiner Nachfolge erinnern und da gab es ein signifikantes Thema: „Personal“, mit seinen Facetten Findung und Bindung sowie Personalmanagement. Diesen Bereich habe ich damals absolut unterschätzt. Ich musste mir eine Strategie aneignen, um sicherzustellen, dass die Angestellten motiviert und engagiert bleiben. Außerdem war ich anfangs völlig überfordert mit Konflikten zwischen Mitarbeiter:innen. Mittlerweile weiß ich, dass Kommunikation eine große Schlüsselrolle bei allen Problemen spielt.

Was ist deiner Meinung nach das Schwierigste bei der Nachfolge?

Es gibt meiner Meinung nach zwei Dinge. Zum einen den „passenden Deckel auf den Topf“ zu finden, d. h. die richtige Nachfolgerin oder den richtigen Nachfolger zu finden. Der Deckel symbolisiert die perfekte Passform und Komplementarität zwischen Abgeber:in und Nachfolger:in. Eine gute Projektbeschreibung ist hier hilfreich. Zum anderen die richtige Ausformulierung der Verträge. Das beinhaltet auch die Preisfindung. An dieser Stelle sollte professionelle Hilfe beauftragt werden.

DIE ZUKUNFT GEHÖRT DEN ZAHNÄRZT:INNEN

Bei meinen Überlegungen zur „Unternehmensnachfolge“ in der Zahnmedizin war ich zunächst leicht irritiert. Aber was verunsicherte mich? Zahnärzt:innen sind Freiberufler:innen, d. h. keine Gewerbetreibenden! Ist meine Praxis ein Unternehmen? Wir Zahnärztinnen und Zahnärzte unterliegen dem ärztlichen Ethos, welches sich auf moralische Grundsätze und Verhaltensweisen im Berufsalltag bezieht. Es beinhaltet Aspekte wie Patientenorientierung, Verantwortung, Vertraulichkeit, Integrität mit dem Ziel, eine hohe Qualität der medizinischen Versorgung zu gewährleisten, ohne wirtschaftlichen Fokus. Das heißt, wir Zahnärztinnen und Zahnärzte sind nicht profitorientiert und haben die Patienten im Blick. Doch wie passen Unternehmertum und Medizin zusammen, mit immer höher werdenden Praxis-Investitionskosten, steigendem Bürokratieaufwand und fehlendem Personal? Macht es eigentlich noch Sinn, in eine Praxis zu investieren? Finde ich überhaupt eine Nachfolgerin oder einen Nachfolger? Wie sieht die Zukunft aus? Dies beschäftigt nicht nur mich als potenzielle Praxisabgeberin, nein, auch die Nachfolger:innen.

In meiner fast 25-jährigen Selbstständigkeit habe ich viele Entwicklungen miterlebt. Doch die auffälligste war und ist die demografische Entwicklung sowie die damit einhergehende Feminisierung der Zahnmedizin. Heute sind zwei Drittel der Studienanfänger:innen im Fach Zahnmedizin weiblich, Tendenz weiter steigend. 2020 machte der Frauenanteil unter den zahnärztlich Berufstätigen in Deutschland 46,8 Prozent aus. In den Anfängen der 1950er-Jahre waren es lediglich ca. 13,5 Prozent. Das Berufsbild hat sich massiv verändert. Bundes- als auch landesweit prolongiert der Trend, dass der Anteil der angestellten Zahnärztinnen und Zahnärzte weiter wächst und die Zahl der Niederlassungen ortsabhängig stagniert bzw. sogar rückläufig ist. In den nächsten fünf Jahren werden viele Praxen abgegeben, wobei immer weniger Zahnärzt:innen bereit sind, diese zu übernehmen. Diese Entwicklung hat multiple Faktoren: die geänderte Einstellung zur Work-Life-Balance, die Angst vor der Selbstständigkeit und die vermeintliche Sicherheit des Angestelltenverhältnisses. Parallel zu dieser Entwicklung, die sich seit 2007 abzeichnet, tut sich zu wenig in der männlich dominierten Standespolitik. Zwar wurde das Vertragsrecht für mehr Flexibilität der Anstellung geändert, aber weitere berufspolitische Maßnahmen wären notwendig, um den damit verbundenen Veränderungen für den Berufsstand und des Gesundheitssystems zu begegnen. Aus ihrer Lebenssituation heraus haben Frauen völlig andere Ansprüche an die Gestaltung des Berufsfeldes, da sie Beruf und Familie in Einklang bringen müssen. Diese erschweren die Aufgabenerfüllung der Selbstverwaltung, z. B. der Sicherstellung der zahnärztlichen Versorgung. Jetzt kommen wir zu einem Punkt, der mich dazu gebracht hat, mich standespolitisch als Präsidentin im Verband der ZahnÄrztinnen plus e.V. zu engagieren. Dabei spielte das Thema Unternehmensnachfolge bzw. Praxisnachfolge eine große Rolle. Dies dient durchaus auch meinem eigenen Interesse, denn meine Praxis steht früher oder später zum Verkauf. Und die Frage steht im Raum: Wie finde ich eine Nachfolgerin oder einen Nachfolger und was sind deren Anforderungen und Ansprüche?

Ich habe festgestellt: Unsicherheit ist die größte Hürde für den Schritt in die Selbstständigkeit.

Aus meiner Sicht müssen Vorbilder her, die den potenziellen Unternehmensnachfolger:innen zeigen, wie es geht, Familie und Praxis positiv miteinander zu vereinbaren. Meine Lebensgestaltung könnte ein Vorbild sein. Ich habe fast 30 Jahre Berufserfahrung, davon ca. 25 Jahre selbstständig in eigener Praxis und vier Kinder.

In der Standespolitik stieß das Thema Repräsentation von Zahnärztinnen in Führungspositionen (Vorbilder) auf wenig Interesse. Daher habe ich mit patenten engagierten Mitstreiterinnen vor einigen Jahren einen eigenen Verband gegründet, der sich für mehr Sichtbarkeit von Zahnärztinnen einsetzt und dafür Sorge trägt, dass Vorbilder geschaffen werden. Unser Verband hat es sich zur ehrenamtlichen Aufgabe gemacht, die Bedenken junger potenzieller Nachfolger:innen zu eruieren und Hürden in die Selbstständigkeit zu reduzieren. Wir bauten ein Netzwerk auf und bildeten Foren auf Social Media, um im ständigen Austausch mit der Kollegenschaft zu stehen. Auf Webinaren erörtern wir berufspolitische Themen und sind im engen Kontakt mit der praktizierenden Basis. Durch Aufstellung eigener Wahllisten ist es uns endlich gelungen, in der Standespolitik weibliche Perspektiven und Anliegen hervorzuheben und Barrieren für den Weg in die Selbstständigkeit abzubauen. Es entstehen Anträge, die wir in Versammlungen zur Abstimmung bzw. zur Beschlussfassung einbringen. Im Vordergrund steht die Aufgabe, Ängste abzubauen, den Schritt in eine Nachfolge zu wagen und die junge Generation für eine selbstbestimmte Zukunft zu motivieren. Unser Ziel ist es, die Freude und Leidenschaft für die Selbstständigkeit wieder herzustellen.

Natürlich war der Berufsweg mit Familie nicht immer leicht. Das Thema Kinderbetreuung hat mich ständig begleitet. Vor dreißig Jahren gab es noch keinen Rechtsanspruch auf einen Kindergartenplatz oder gar eine Übermittagsbetreuung. Also mussten andere Lösungen her, Tagesmutter und Au-pair wurden gesucht. Noch heute hat unsere Familie Kontakt zu unserer ersten Tagesmutter, die ein fester Bestandteil der Familie geworden ist. Letztendlich hatte ich durch meine Selbstständigkeit viele Vorteile. Ich war mit meiner eigenen Praxis selbstbestimmt, flexibel und finanziell unabhängig. Unkompliziert konnten Patiententermine verlegt werden, wenn eine Veranstaltung in der Schule oder eine Kinderfeier anstand. Urlaubszeiten konnte ich individuell nach meinen eigenen Vorstellungen festlegen. Besonders wichtig war und ist mir, die Patientenversorgung nach den eigenen Werten und Prinzipien auszurichten. Auch das egalitäre Rollenverständnis innerhalb meiner Familie hat die Selbstständigkeit zum Erfolgsmodell werden lassen. Die Sorgearbeit haben mein Partner und ich uns gleichermaßen geteilt. Es war dem Vater der Kinder besonders wichtig, die gleichen Rechte und Pflichten zu haben. Meine Kinder sind zu starken Persönlichkeiten herangewachsen und allesamt favorisieren sie in ihrer Lebens- und Karriereplanung eine berufliche Unabhängigkeit. Allerdings ist es auch bedeutsam, sich Zeit für sich zu nehmen und Entspannungsphasen einzulegen. Eine längere Auszeit mit der ganzen Familie in Neuseeland hat dazu beigetragen, den Kopf freizubekommen. Die Kinder gingen dort zur Schule, schwammen mit Delfinen und lernten den Maori-Tanz. Mit meiner kleinen überschaubaren Praxis war das leicht möglich im Gegensatz zu einer Praxis mit hohen Investitionskosten. Damals war ein Praxisvertreter schnell gefunden.

Eine beliebte Alternative zur Selbstständigkeit ist die Anstellung. So stehen die großen Zahnarztpraxen und Kliniken in steigender Konkurrenz zur Einzelpraxis. Diese Praxen haben oft größere finanzielle Ressourcen, können daher attraktivere Angebote und bessere technische Ausstattungen sowie flexible Arbeitszeiten mit geringer Verantwortung anbieten und gewinnen somit den Nachwuchs. Allerdings eben nicht selbstbestimmt. Außerdem sind zahnärztliche Großstrukturen häufig auf Effizienz und Kosteneinsparung ausgelegt, die eine individuelle ärztliche Entwicklung und Patientenbehandlung behindern können. Für mich kam eine längerfristige Anstellung zu keinem Zeitpunkt infrage.

Durch die Verbandsarbeit lernte ich die Bedürfnisse junger Kolleg:innen in Bezug auf eine eigene Praxis kennen. In der Regel sollte eine Praxis mindestens vier Behandlungszimmer haben, um die Möglichkeiten des Praxis-Sharings mit einer Kollegin oder Kolleg:innen zu gewährleisten. Zudem sollten die Kosten gering sowie die Praxisstruktur bestens organisiert und möglichst digitalisiert sein, um so die Arbeitsverdichtung durch Bürokratie minimal zu halten. In vielen alten Praxen tut man sich bekanntermaßen mit Veränderung schwer. Es hat sich eine gewisse wirtschaftliche Betriebsblindheit eingeschlichen. Jedoch werden sich die Praxisabgeber:innen diesen Anforderungen stellen müssen. So wie ich auch. Ich habe mich für eine Praxisanalyse entschieden. Gemeinsam mit Praxisberatern arbeite ich seither daran, die Praxiskonzepte und Abläufe zu professionalisieren. Darüber hinaus ist es wichtig, Formalia und Bedingungen zusammenzutragen, die einen reibungslosen Übergang gewährleisten. Ich habe mir ein digitales Notizbuch angelegt und sammele alles Wissenswerte, was ich mir in Webinaren, Büchern, Gesprächen und Fortbildungen zur Praxisabgabe angeeignet habe. Dort sind wichtige Punkte wie Praxiswertermittlung, ideeller/materieller Wert, Inventarliste, Mietvertrag und Praxis-Übernahmevertrag zusammengetragen. So bin ich gewappnet, wenn die endgültige Entscheidung ansteht.

Zusammenfassend ist festzustellen: Frauen werden die zahnärztliche Zukunft gestalten. Der Fokus der berufstätigen Zahnärztinnen wird darauf liegen, Beruf und Familie bestmöglich zu vereinbaren. Durch Information, Austausch (Networking) und Diskussion, wie wir es mit unserer Verbandsarbeit leisten, können Vorbehalte in großen Teilen ausgeräumt werden. Ich werde meine Praxis zukunftsfähig umgestalten und weiterhin daran arbeiten, dass Frauen sich nicht zwischen Familie oder Praxis entscheiden müssen. Beides sollte selbstverständlich gelebt werden können. Für mich war die Selbstständigkeit in einer Einzelpraxis, also ein eher kleines Unternehmen, das beste Konstrukt. Die Verantwortung, der Arbeitsaufwand und ein bewusstes Kostenmanagement sind überschaubar. Vor ein paar Wochen standen Überlegungen für einen neuen Vortrag an und eine Kollegin meinte zu mir, ich könne doch darüber referieren, was ich im Nachhinein anders machen würde. Nach intensiven Überlegungen ist mir nichts eingefallen, ich würde alles wieder so machen.

DR. ALEXANDRA KOHLMANN

Geschäftsführerin der ROWE MINERALÖLWERK GmbH

Was hat dich daran fasziniert, Nachfolgerin zu werden?

Die inhärente Aufgabe eines Familienunternehmens ist es, die Unabhängigkeit über Generationen hinweg zu erhalten und eine transgenerationale Weitergabe sicherzustellen. Als einziges Kind meines Vaters, der das Unternehmen vor fast 30 Jahren gegründet hat, wurde mir diese Aufgabe alleinig zuteil. Dies erfüllte mich nicht nur mit Stolz, sondern auch mit großer Ehrfurcht. Denn mir obliegt es nun, das Unternehmen unabhängig zu erhalten, erfolgreich und solide sowie zukunftsfähig aufzustellen und damit nicht nur den Übergang auf die nächste Generation zu sichern, sondern auch Arbeitsplätze für unsere Mitarbeiterinnen und Mitarbeiter zu erhalten und ihnen ein Arbeitsumfeld zu bieten, das sie erfüllt. Meine eigene Note einzubringen, reizt mich, die theoretisch auf Unendlichkeit angelegte Substanz eines Familienunternehmens fasziniert mich.

Was hat dich darauf vorbereitet, Nachfolgerin zu werden?

Meine Doktorarbeit schrieb ich über Unternehmensnachfolge, weshalb ich mich in den theoretischen Grundlagen, Modellen und Phasen des Übergangs gut auskenne. Auf die eigene Nachfolge konnte mich hingegen niemand vorbereiten. Theorie ist eben Theorie, in der Praxis treffen aber Menschen aufeinander, mit ihren individuellen Vorprägungen, Bedürfnissen, Wertesystemen. Da hilft kein Lehrbuch, sondern nur Kommunikation, Ausbalancieren, Austarieren, Kompromisse finden und ein eiserner Wille, der am Ende zählt. Denn auch wenn man meint, selbst die nötige Kompromissbereitschaft mitzubringen, kann man immer nur für sich selbst sprechen und nie für das Gegenüber. Für mich war klar, dass ich den Schritt nur dann gehen könnte, wenn ich an der Vater-Tochter-Beziehung permanent aus meiner Sicht arbeite, denn Töchter neigen dazu, ihre Väter als große Vorbilder und starke Persönlichkeiten zu idealisieren. Eine Nachfolge hingegen funktioniert nur auf Augenhöhe und das Ablegen der familiären Rollen halte ich im Unternehmenskontext für unabdingbar.

Was ist deiner Meinung nach das Schwierigste bei der Nachfolge?
Für viele Übergeberinnen und Übergeber gehört das Loslassen zum schwierigsten Teil in der Nachfolge. Ohne das konsequente Abgeben, dem Auseinandersetzen mit der eigenen Identität, auch außerhalb des Kosmos „Unternehmen", scheitert aber eine Nachfolge. Erst das Loslassen gibt den Nachfolgenden den Freiraum zu handeln. Diesen Spielraum benötigen wir, um Veränderungsprozesse in Gang zu setzen. Denn das ist die Aufgabe der „Next Generation", in komplexer gewordenen Umweltsystemen das Unternehmen mit den oftmals eingefahrenen Prozessen und Strukturen auf Herz und Nieren zu überprüfen und Raum für neue Strukturen (z. B. digitale und nachhaltige Geschäftsmodelle) zu schaffen. Alte Zöpfe abzuschneiden gelingt uns aber nur, wenn die Vorgängergeneration uns lässt. Hierzu gehören eine große Portion Vertrauen(svorschuss), Selbstreflexion der Übergebenden sowie das Hintanstellen ihrer eigenen Lebens- und Berufserfahrung. Zum einen, weil in der heutigen Welt manche Erfahrung keine Gültigkeit mehr hat und es nicht mehr darum geht, wie früher die Spielregeln waren, sondern wie wir unsere eigenen machen. Zum anderen, weil Nachfolgerinnen und Nachfolger auch eigene Erfahrungen und Fehler machen müssen. Am Ende helfen nur Dialog und beiderseitiges Entgegenkommen.

ICH BIN MEHR ALS MEIN UNTERNEHMEN

Aus einem Buch, das ich schon vor etwas längerer Zeit gelesen habe, ist mir eine kleine Anekdote hängen geblieben. Es ging um die charakterliche Identität und den Differenzierungsgrad der eigenen Persönlichkeit am Beispiel der Sitzordnung am Familientisch zu Hause. Wer dies einmal für sich selbst rekapituliert, wird feststellen, dass diese vermutlich ziemlich festgefahren ist. Bei uns zu Hause war das zumindest immer so. Ich hatte meinen festen Sitz, der Vater hatte seinen angestammten Platz, die Mutter, die Oma, der Opa usw. Als Opa starb, nahm das nächste Familienoberhaupt den Stuhl am Kopfende ein.

Sicherlich hängt das viel mit der eigenen Gewohnheit zusammen, man fühlt sich eben irgendwann wohl an diesem einen Sitz, aber so wirklich wohl habe ich mich irgendwie mit diesem Konzept nie gefühlt und verstanden habe ich es erst recht nicht. Für mich ist es spannend, einfach mal den eigenen Platz und damit die Perspektive zu wechseln. In meiner eigenen Familie handhaben wir das lustigerweise anders. Wir wechseln regelmäßig durch. Was unsere Kinder sogar mittlerweile gut finden, weil sie so mehr Abwechslung haben.

Was hat das nun mit Nachfolge zu tun? Als ich vor mehr als sieben Jahren in das Familienunternehmen eingetreten bin, hatte ich außerhalb dieses Kosmos im Prinzip noch nicht wirklich etwas anderes gesehen. Ich wollte unbedingt in die Fußstapfen meines Vaters treten, wollte vielleicht andere Wege gehen, aber unbedingt Spuren hinterlassen. Es war für mich ein großes Privileg, aber natürlich war auch mein Verantwortungsbewusstsein geweckt, denn ich wollte das „Geschäft“ ordentlich kennenlernen, führen, verändern, etwas bewirken. Aus Angst, den Zeitpunkt zu verpassen, bin ich direkt nach Ende der akademischen Zeit eingestiegen. Es war unvorstellbar für mich, etwas anderes zu machen.

Zum ersten Mal über „meinen Platz“ nachgedacht habe ich, als ich meine Coaching-Ausbildung beendet hatte. Viele der anderen Absolventinnen und Absolventen stellten sich die Frage, ob sie sich selbstständig machen sollten. Ich wusste nicht wirklich, wie ich mir neben meinem

„Hauptjob" noch ein weiteres Standbein hätte aufbauen sollen. Und auch wenn ich Ideen dafür hatte, wie so etwas hätte aussehen können, habe ich sie sehr schnell wieder verworfen.

Auf einmal plagten mich Gewissensbisse – ich konnte doch nicht einfach noch etwas anderes machen? Wie würde das in meinem Umfeld wohl wahrgenommen werden? Würde ich noch ernst genommen werden, wenn ich neben meiner Tätigkeit als Geschäftsführerin auf einmal noch in anderer Sache tätig wäre? Dann würde ich meinen Job nur noch in Teilzeit ausüben. Das konnte ich unmöglich machen. Womöglich würden manche denken, ich hätte keinen Spaß mehr am Familienunternehmen oder würde mir andere Optionen offenhalten.

Irgendwann aber sickerte bei mir durch, dass diese Vorstellung meines Nachfolgerinnen-Lebens mehr von externen Erwartungen geprägt war als von meinen eigenen. Und ich habe nach sehr vielem Nachdenken erkannt, dass das eine das andere nicht ausschließt. Natürlich bin ich als Kind in meiner Familie mit dem Unternehmen aufgewachsen, die Firma saß immer mit am Tisch, egal ob beim Mittagessen oder beim Abendbrot. Selbst später, als ich studierte und am Wochenende zu Besuch kam, war das Unternehmen mit den Herausforderungen, den Schwierigkeiten und den Erfolgen immer Thema. Selbst wenn etwas weiter entfernte Familienmitglieder zu Besuch waren, ging es immer nur um das eine. Irgendwann hat mich das einfach wahnsinnig angestrengt. Ich konnte nicht verstehen, dass die Identifikation mit einer Sache zu etwas so Dominantem im Leben werden kann. Und in dem Moment sagte ich mir, dass ich das einmal nicht so handhaben möchte. Wenn ich also abends nach Hause komme, versuche ich mit meiner Familie über andere Dinge zu sprechen, natürlich auch, weil unsere Kinder noch sehr klein sind. Ich möchte aber nicht, dass das Unternehmen zu einem alles dominierenden Familienthema wird. Genauso möchte ich nicht, dass die Firma auf einem unsichtbaren Stuhl immer mit am Tisch sitzt. Natürlich gibt es Ausnahmen, wenn Dinge einmal ausgesprochen werden müssen, belasten, dringend sind oder auch positiv und erheiternd. Aber grundsätzlich gilt: Unser Dasein als Familie darf nicht von einer anderen Sache beherrscht werden.

Im Prinzip war das schon einmal ein guter Anfang, aber ich wunderte mich natürlich trotzdem, warum es mir so schwerfiel, auch andere Interessen neben dem Familienunternehmen zuzulassen, ohne dass es sich wie ein Verrat anfühlte. Das ist natürlich ein großes Wort, aber ich tat mich tatsächlich sehr schwer. Der Durchbruch und die Erkenntnis kamen während einer Reise ohne Internet, Handyverbindung und abseits der Zivilisation. Eine Reise mit mir selbst und zu mir selbst. Ich war in einem Yoga-Retreat in der Wüste Marokkos und zu Beginn konnte ich nicht wissen, welche einschneidenden Veränderungen es in mir hervorrufen würde. Es war eine sehr tiefe spirituelle Erfahrung, für die ich sehr dankbar bin, und ich durfte auch durch die Begegnung mit anderen wundervollen Menschen erkennen, welche Vielseitigkeit mir eigentlich in die Wiege gelegt wurde. Ich hatte nur bislang keinen Hebel gefunden, diese Vielseitigkeit zu nähren und auszuleben.

Ich begann zu malen, auch wenn ich immer der Überzeugung war, dass ich eigentlich nicht malen konnte. Ich praktizierte regelmäßig Yoga und stärkte somit meine innere Resilienz. Ich erkannte, was ich wollte, was ich nicht wollte, was ich noch bereit war auszuhalten und was nicht. Ich erkannte, dass ich mich bislang nicht an eines meiner wichtigsten Prinzipien – die eigene Unabhängigkeit – gehalten hatte. Denn natürlich ist man auch immer ein Stück weit dem Familienunternehmen verhaftet, ob man will oder nicht. Ich begann damit, intensiv über meine Rolle im Familienunternehmen nachzudenken, die ich bislang hatte und die ich zukünftig auch begleiten wollte. Ich tauchte ein in die innere Reise zu meiner persönlichen Identität. Denn im Prinzip geht es ja am Ende darum, eine Passung zu finden zwischen dem, was das Familienunternehmen in der momentanen Lebensphase braucht, was man selbst geben kann, z. B. aufgrund seiner Kompetenzen, Erfahrungen und persönlicher Expertise, und was man zu geben bereit ist.

Für mich stand auf einmal fest, dass es überhaupt nicht abwegig sein muss, neben der aktuellen Rolle auch noch andere Dinge zu machen. Vielmehr empfand ich es plötzlich als absolut legitim, dies zu tun, weil ich merkte: Wenn ich anderen Interessen und Bedürfnissen keinen Raum geben würde, würde ich nicht glücklich enden.

Natürlich diente mir als Vorbild immer mein Vater, der gleichzeitig auch Gründer des Unternehmens ist. Aber ich war immer ambivalent in der Beurteilung, ob ich das völlige Aufgehen in seiner Rolle als Gründer beeindruckend oder beängstigend fand. Und was für ihn sicherlich richtig war und ist, muss für mich nicht in gleichem Maß richtig sein. Ein Nacheifern an dieser Stelle würde für mich vermutlich nicht funktionieren und vermutlich wäre es auch nicht glaubwürdig, weil ich selbst nicht die Gründerin bin. Dies musste ich erst einmal annehmen lernen, damit ich meinen eigenen Weg gehen konnte.

So habe ich für meinen Teil erkannt, dass ich meine persönliche Identität nicht ausschließlich im Familienunternehmen verankert sehen möchte. Meine Identität besteht aus vielen verschiedenen Rollen, die mein Leben bereichern, und das Familienunternehmen ist sicher eine (sehr wichtige!) davon. Aber neben meiner Tätigkeit als Geschäftsführerin bin ich auch Mutter, Ehefrau, Tochter, Gesellschafterin, Kreative, Yogi, Reisende, Ehrenamtliche, Coach, Beirätin, Speakerin. Die Liste ließe sich fortführen an Hobbys und Dingen, die ich gerne mache.

Und vielleicht mache ich manches davon auch irgendwann zum Beruf, indem ich etwas Eigenes gründe. Vielleicht verschieben sich irgendwann die Kräfte- und Zeitverhältnisse und ich möchte mich manchen Dingen intensiver widmen, als ich es jetzt tue. Vielleicht schaffe ich es irgendwann, meinen Lebenstraum umzusetzen und eröffne ein eigenes Yogastudio – vorher möchte ich eine Yoga-Ausbildung machen. Vielleicht werde ich auch irgendwann meine Rolle im Familienunternehmen verändern, wenn die Zeit richtig dafür ist. Wer sagt, dass ich ewig das machen sollte und muss, was ich heute tue? Wer sagt, dass das gut fürs Familienunternehmen ist? Womit wir wieder beim „Fit" wären. Vielleicht erfordert eine neue Lebensphase des Unternehmens irgendwann eine andere Expertise und Kompetenz als die, die ich aktuell mitbringe. Und dann wechsele ich in eine andere Rolle, damit das Unternehmen von anderen gut begleitet und weiterentwickelt wird. Ich unterstütze natürlich auch – aber eben aus einer anderen Perspektive.

Um zurückzukommen zu der Anfangsgeschichte: Die persönliche Identität ist vielseitig und bunt. Am liebsten würde ich jeden Tag den Platz wechseln, neue Perspektiven kennenlernen und abwechslungsreiche Erfahrungen machen. Ich habe gelernt, wenn ich selbst nach links und rechts schaue, offen und neugierig bin, bringt mich das nicht nur selbst weiter, sondern auch das Unternehmen kann dadurch wachsen. Ganz sicher möchte ich nicht jeden Tag am gleichen Platz sitzen.

Für mich ist alles im Fluss, das ganze Leben, und wenn ich eines verstanden habe, dann ist es, dass das Familienunternehmen immer ein Teil von meiner Identität sein wird, aber ich selbst nicht das Unternehmen bin. Mit dieser wichtigen Erkenntnis im Gepäck ist es mir gelungen, meine eigene Persönlichkeit neben meiner aktiven Rolle im Unternehmen permanent weiterzuentwickeln und im Einklang mit mir selbst meiner Vielseitigkeit Ausdruck zu geben. Ich bin sicher, dass dies mich noch auf ganz viele spannende Wege führen wird. Meine Intuition wird entscheiden, welcher Weg davon richtig für mich ist.

CLAUDIA RANKERS

Ehrenvorsitzende vom Landesfrauenrat RLP, Geschäftsführerin Rankers Family Office

Was hat dich daran fasziniert, Nachfolgerin zu werden?

Ich bin keine Nachfolgerin, berate aber seit über 30 Jahren Unternehmen und Unternehmer:innen. Ich liebe Unternehmertum! Hier kann man etwas gestalten, Innovationen entwickeln, mit Mehrwerten seine Kund:innen überzeugen, Wachstum generieren und vor allem interessante Arbeitsplätze schaffen.

Es ist mir eine Freude dabei zu sein, wenn Unternehmer:innen mit Impact und großen Schritten als Start-up beginnen, sie mit vielen Ideen und Know-how beim Wachstum zu begleiten und die Unternehmensnachfolge bzw. den Unternehmensverkauf vorzubereiten – das oft über mehrere Jahre. Und wenn es gelingt, profitiere ich emotional ein zweites Mal, weil die Unternehmensinhaber:innen zur Regelung der Vermögensnachfolge aus steuerlichen Gründen oft eine gemeinnützige Stiftung einsetzen.

Ich habe einen besonderen Blick auf die Unternehmerinnen und Nachfolgerinnen. Obwohl Frauen über 50 Prozent der Bevölkerung ausmachen, werden sie nur bei jeder vierten Übernahme ausgewählt. Hier gibt es noch viel „Luft nach oben". Die Frauen von heute sind so gut ausgebildet wie nie zuvor. Ihr Anteil betrug 2021 bei Studienabschlüssen 52,9 Prozent, bei Promotionen 45 Prozent und bei Habilitationen fast 34 Prozent.

Mich faszinieren auch die unterschiedlichen Möglichkeiten der Nachfolge durch die Familie, Beschäftigte, Mitbewerber, strategische Investoren sowie Venture-Capital oder Private Equity Gesellschaften – und die Unternehmen für diese Gruppen attraktiv aufzustellen.

Wer war deine wichtigste Mentorin bzw. dein wichtigster Mentor?
Meine Mentor:innen waren aktive und integre Menschen, die immer etwas bewegt haben und von denen ich lernen konnte. In den Anfangszeiten meiner Karriere waren das meine Vorgesetzten. Während einer Zugfahrt 1994 wurde ich auf meine atypische Karriere als 17-jährige Mutter aufmerksam gemacht, wie z. B. die Übernahme einer Führungsposition mit 28 Jahren bei einer internationalen Großbank. Deshalb entschloss ich mich, meine Energie und Erfahrung für andere einzusetzen und übernehme seitdem Vorstandsfunktionen im Ehrenamt zur Förderung von Frauen in der Wirtschaft. Als Mentorin habe ich begonnen, Frauen gezielt in Unternehmen zu fördern. Mir wurde oft gesagt, dass Mentees eine intrinsische Motivation für eine Karriere haben müssen. Ich habe andere Erfahrungen gemacht und viele Frauen zu einer Karriere ermutigt.

Was ist deiner Meinung nach das Schwierigste bei der Nachfolge?
Es ist ein Problem, wenn die Prozessbeteiligten nicht wertschätzend und offen miteinander kommunizieren. Übergebende setzen oft zu viel voraus, z. B. dass die Kinder oder mindestens eines selbstverständlich das Unternehmen weiterführen möchten. Wenn die Nachfolge misslingt, fehlt es auf ihrer Seite an klaren Zielen und der Einbeziehung der Nachfolgenden. Die Rollen sind nicht klar und nicht abgegrenzt.

Wenn der Plan fehlt, ist unklar, wann die Nachfolgenden in die Chef:inrolle kommen. Das kann frustrieren und dazu führen, dass die Kinder außerhalb des Unternehmens andere Aufgaben übernehmen.

Den Abgebenden fällt es oft schwer, loszulassen – zu lange haben sie erfolgreich Entscheidungen getroffen und waren der oder die wichtigste Ansprechpartner:in für alle Stakeholder.

Frauen haben einen schlechteren Zugang zu Finanzierungsmitteln, was eine Nachfolge durch Kauf des Unternehmens sehr erschwert. Das wollen wir verändern!

DOS & DON´TS BEI DER UNTERNEHMENSNACHFOLGE

Die Unternehmensnachfolge ist eines der wichtigsten strategischen Themen und auch eines der komplexesten. Gilt es doch das Lebenswerk der Vorgänger:in zu wahren und in die Zukunft zu führen. Dabei gibt es viele Maßnahmen, die hilfreich sind, und Fehler, die man unbedingt vermeiden sollte. Hier eine kleine Auswahl:

Warum sollten Sie sich jetzt mit der Unternehmensnachfolge beschäftigen?

Was wäre passiert, wenn Sie vor drei Monaten einen Unfall gehabt hätten? Viele Unternehmer:innen engagieren sich enorm für ihren Betrieb bei neuen Produkten, Märkten, Innovationen, der Digitalisierung und Nachhaltigkeit und der Gewinnung von neuen Mitarbeitenden und Bindung ihrer Beschäftigten. Was sie gern in den Hintergrund drängen, ist, dass die Unternehmensnachfolge sehr plötzlich eintreten kann oder die aktive Geschäftsführung der Inhaber:innen aufgrund einer Krankheit nicht möglich ist. Notwendige Zahlungen, Bestellungen und wichtige Verträge können mangels Vollmachten nicht abgeschlossen werden. Das kann zu existenzgefährdenden Krisen für das Unternehmen führen. Es sollte immer mindestens eine Person geben, die neben den Inhaber:innen qualifiziert und informiert ist und für das Unternehmen handeln kann. Im Rahmen eines Verkaufsprozesses ist das besonders wichtig, da er sonst zu scheitern droht.

Dos: Erstellen Sie ein Notfallhandbuch, sorgen Sie für die richtigen Vollmachten, sodass das Unternehmen weitergeführt und für Ihr privates Vermögen gehandelt werden kann. Und treffen Sie harmonisierte Regelungen für die Vermögensnachfolge, Gesellschaftsverträge sowie den Ehevertrag.

Don’ts: Vergessen Sie bei den Regelungen nicht, wie Sie mit Kindern umgehen wollen. Gerade bei minderjährigen Kindern, die ohne Regelung automatisch Miterben werden, kann die Unternehmensführung anschließend durch notwendige Zustimmungen des Vormundschaftsgerichts erschwert werden.

Gestalten Sie Ihre Nachfolge!

In meiner langen Beratungszeit haben sich viele Unternehmer:innen nicht mit ihrem Ableben auseinandersetzen wollen. Das kann dazu führen, dass die Unternehmensnachfolge nicht gelingt und vor allem nicht rechtlich und steuerlich optimiert ist. Neben dem Schmerz für die Familie und die Beschäftigten können dann Liquiditätsprobleme, vermeidbare Steuern und Streit auf die Familie zukommen.

Dos: Setzen Sie sich mit der plötzlichen Nachfolge auseinander und planen Sie Ihre mit Ende 40. Gestalten Sie diese! Definieren Sie für sich als Abgebende, wie Sie sich die Unternehmensnachfolge vorstellen. Dazu gehören Fragen, wie lange Sie noch das Unternehmen leiten und was Sie noch für das Unternehmen erreichen wollen. Was ist mit dem Firmennamen? Was wünschen Sie sich für Ihre Beschäftigten? Für welche Käufergruppe ist mein Unternehmen geeignet? Wer soll die Nachfolge antreten und möchte diese Person das auch? Dazu gehört auch die Frage, welches Vermögen Sie zum Abgabetermin erwirtschaftet haben wollen und was Sie sich anschließend leisten können. Welchen Teil muss ggf. der (Teil-)-Unternehmensverkauf dazu beisteuern? Müssen noch Finanzierungen und andere Verbindlichkeiten geregelt werden? Genauso wichtig ist zu planen, was Sie anschließend machen wollen – reisen, Hobbys pflegen, sich ehrenamtlich engagieren oder ggf. als Business Angel Start-ups unterstützen. Wie sieht Ihr Traum aus?

Dos: Beziehen Sie in Ihre Planungen die Nachfolger:innen und relevante Beschäftigte mit ein. Das generiert mehr Optionen im Prozess und reduziert Ängste bei allen Beteiligten.

Dos: Da Sie Ihr Unternehmen in der Regel nur einmal im Leben übergeben oder verkaufen, empfehle ich die Einbeziehung der richtigen Experten wie u. a. Unternehmens- und M & A-Beratende sowie Steuer- und Rechtsberatende.

Ist Ihr Unternehmen übergabefähig?

Ich habe diverse Male erlebt, dass die Inhaber:innen bei der Übergabeplanung noch einmal viel über ihr Unternehmen lernen: Wie aktuell ist das Geschäftsmodell? Wurde digitalisiert und vor Cyberkriminalität geschützt? Wie gefestigt sind die Kundenbeziehungen? Wo gibt es innovative und zukunftsfähige Produkte, Dienstleistungen und vor allem in welchen Märkten? Wie ist das Unternehmen im Wettbewerb aufgestellt und welche Marktmacht bringt der USP? Wo liegen Risiken und Chancen? Und wie sind die Schlüsselpositionen besetzt und ans Unternehmen gebunden?

Dos: Nutzen Sie alle Optimierungsmöglichkeiten und nehmen Sie sich Zeit dafür. Zur Optimierung der rechtlichen und steuerlichen Bedingungen kann eine Übergabe über acht Jahre dauern. Die Transaktionsstruktur muss vorbereitet werden. Auch die Optimierung der Ressourcen, Kosten und Prozesse braucht Zeit, ganz zu schweigen von Innovationen, der Steigerung der Ertragskraft und der Umsetzung von Wachstumsstrategien. Auch in dieser Phase ist die Unterstützung von kompetenten Expert:innen hilfreich und steigert die Attraktivität Ihres Unternehmens sowie Ihren Unternehmenswert. Das ist besonders wichtig, wenn ein bestimmter Kaufpreis zur Sicherung Ihres nächsten Lebensabschnitts erzielt werden muss. Es ist ein Unterschied, ob Sie Ihr Unternehmen kurzfristig an das Management für 3 Mio. € oder in acht Jahren für 50 Mio. € an einen Investor verkaufen.

Dos: Sichern Sie die Vertraulichkeit im Nachfolgeprozess und definieren Sie die Kommunikationsstrategie.

Wie kann Ihnen Nachhaltigkeit dabei helfen?

Eine vernetzte Nachhaltigkeitsstrategie und deren Umsetzung machen Ihr Unternehmen resilienter. Entlang der Wertschöpfungskette müssen Sie früher oder später Ihren Geschäftspartner:innen Daten liefern. Konsument:innen und Investor:innen erwarten und belohnen Nachhaltigkeit mit Kundentreue. Sie werden als attraktiver Arbeitgeber wahrgenommen, erhalten bessere Finanzierungskonditionen und sind investierbar.

Dos: Transformieren Sie Ihr Unternehmen und übernehmen Sie die Verantwortung dafür.

Welche Fehler sollten Sie unbedingt vermeiden?

Don'ts: Sie formulieren Ihre Ziele nicht konkret und schätzen den Zeitaufwand für die Vorbereitung der Übergabe oder des Verkaufs zu gering ein.

Don'ts: Sie verkaufen zum falschen Zeitpunkt und achten beim Prozess nicht auf Diskretion. Die Kommunikation nach innen und außen stimmt nicht.

Don'ts: Es fehlen die notwendigen Zahlen und Unterlagen für die Käufer:innen und Ihre Planzahlen für die nächsten drei Jahre können nicht durch Fakten und Konzepte untermauert werden.

Don'ts: Sie lassen nicht los. Natürlich sind Sie für die Beschäftigten und Geschäftspartner:innen der wichtigste Ansprechpartner und Entscheider. Auf Ihren Schultern lag lange die Verantwortung für das Wohlergehen der Familie und Beschäftigten, aber auch die Freude, mit Ihrer Gestaltung Erfolg gehabt zu haben. Sie wollen die Nachfolge und haben die richtige Person dafür gefunden. Dann ist es in der Regel nachteilig, wenn es keinen festen Übergabeplan gibt und keinen konkreten Termin, an dem Sie an die Nachfolger:in übergeben wollen.

Wie profitiert Ihr Unternehmen von einer Nachfolgerin?

Wir haben über 50 Prozent Frauen in Deutschland, aber nur in 25 Prozent der Übergaben übernehmen Frauen. Das wollen wir ändern und damit das Unternehmertum gesamtgesellschaftlich stärken. Dazu gehört zum einen, das Selbstbewusstsein der Töchter zu stärken und sie zu motivieren, mutig zu sein und die Nachfolge anzutreten. Dazu gehört aber auch, den Abgebenden den Blick auf ihre Töchter und deren Po-

tenziale zu öffnen und ihnen die Angst zu nehmen, mit der Übergabe an die Tochter einen Fehler zu machen. Nie waren die Frauen so gut ausgebildet wie heute.
Das Unternehmen profitiert davon. Es bleibt in der Familie. Zudem führen Frauen tendenziell anders, was eine positive Unternehmenskultur als Basis des nachhaltigen Erfolgs fördert. Viele Studien belegen, dass Unternehmen mit einer Frau an der Spitze langfristig erfolgreicher sind. Um hier nur eine zu nennen: Gemäß einer Untersuchung vom Forschungsinstitut von Johannisburg mit 2.300 Unternehmen mit Frauen an der Spitze und einem Eigenkapital über 10 Billionen Dollar erzielten diese einen bis zu 26 Prozent höheren wirtschaftlichen Erfolg. Männer erwirtschafteten durchschnittlich einen jährlichen Nettogewinn in Höhe von 10 Prozent, Frauen von 14 Prozent.

Folgende weibliche Eigenschaften sind dafür u. a. verantwortlich: Teamfähigkeit, positive Grundstimmung, Kreativität, Innovationskraft und Ideenreichtum, Realitätssinn gepaart mit hohem Risikobewusstsein sowie eine höhere Stress-Resilienz. Diese Eigenschaften finden wir auch bei Männern, in der Regel aber weniger ausgeprägt. Da die Frauen meistens männliche Kollegen haben, übernehmen sie deren Eigenschaften und verfügen so über ein breiteres Führungsinstrumentarium. Die Unternehmen profitieren so von der Diversität in allen Führungsebenen.
Dos: Liebe Frauen und Töchter, trauen Sie sich! Definieren Sie für sich, was Sie für eine erfolgreiche Übernahme benötigen und besprechen Sie das mit den Abgebenden.

Dos: Liebe Unternehmer:innen, vermitteln Sie Ihren Kindern schon in der Schulzeit ein gesundes Verhältnis zum Unternehmen, entwickeln Sie klare Ausbildungskriterien und definieren Sie frühzeitig die Einstiegsszenarien. Ihre Tochter braucht eine klare Aufstiegsperspektive – schon bei Eintritt ins Unternehmen. Und geben Sie Gestaltungsspielräume, damit sie in die Verantwortung hineinwachsen kann. Die gemeinsame Zeit ist bei vielen eine sehr produktive und wertschätzende Zeit und hat den Familiensinn gestärkt.

Freuen Sie sich auf den nächsten Lebensabschnitt

Blicken Sie auf das, was Sie mit und für Ihr Unternehmen erreicht haben. Sie werden dafür von der Familie, den Beschäftigten und Geschäftspartner:innen schon viel Lob gehört haben. Genießen Sie das! Und denken Sie daran: Wir brauchen Nachfolgerinnen, und Nachfolge macht Spaß!

KERSTIN ALTGASSEN

Geschäftsführende Gesellschafterin der JENconcept KG

Was hat dich daran fasziniert, Nachfolgerin zu werden?

Vielleicht spricht man besser von Stolz als von Faszination, was über 25 Jahre gewachsen ist, weiterführen zu können. Wir sind eine typische „Nachwende-Gründung". Viele der damaligen Gründungen im Osten wurden einfach gemacht mit echtem Unternehmergeist, ohne Netz und doppelten Boden, und haben sich großartig entwickelt. Im Jahr 2022 gab es fast wöchentlich 30-jährige Firmenjubiläen. Mittlerweile ist oft auch die Nachfolge geplant oder bereits im Gang, so wie bei uns. Viele unserer Geschäftspartner:innen geben an die nächste Generation weiter und so entsteht auch bei uns „Jungen" ein Gefühl von Gemeinsamkeit, sich mit den gleichen Themen auseinandersetzen zu müssen. Da ein Großteil unserer Kundschaft Mittelständler sind und unsere Geschäftsbeziehung oft über viele Jahre gewachsen ist, sind Netzwerke entstanden, die eine Plattform für Austausch und innovative Projekte bilden.

Wer war deine wichtigste Mentorin bzw. dein wichtigster Mentor?

Die wichtigste Mentorin war und ist für mich meine Mutter, von der ich das Unternehmen übernommen habe. Da wir viele Jahre gemeinsam in der Firma gearbeitet haben, konnte ich sehr viel von ihr lernen, sowohl fachlich als auch im Umgang mit Kund:innen, Partner:innen und Mitarbeitenden.

Außerdem hat mir einer meiner ersten Kunden, der um einiges älter war als ich, mit seinen Erfahrungen sehr lange zur Seite gestanden. Da gab es oft freundschaftlichen Rat.

Was ist deiner Meinung nach das Schwierigste bei der Nachfolge?
In der Nachfolge innerhalb der Familie ist die Abgrenzung von Privatleben und Arbeit für mich die größte Herausforderung gewesen. Meinungsverschiedenheiten, die man in geschäftlicher Hinsicht hat, nicht auf das Klima innerhalb der Familie zu übertragen, ist manchmal nicht so ganz einfach. Das Bewusstsein verschiedener Rollen, die man in sich vereint, hat mir dabei aber sehr geholfen.

Wenn du keine Nachfolgerin geworden wärst – welchen Beruf hättest du dann heute?
Vor meinem Design- und Grafik Studium habe ich eine Berufsausbildung zum Formgestalter für Porzellan absolviert.

Das gestalterische Talent, aber auch das Gespür für Handwerkliches und technische Erfordernisse konnte ich dann in die Firma einbringen. Heute haben sich meine Aufgaben in Richtung Management und Präsentation verlagert.

Hätte ich die Nachfolge bei JENconcept nicht angetreten, würde ich auf jeden Fall etwas Kreatives machen.

ZWISCHEN BEWÄHRTEM UND NEUAUSRICHTUNG – FINDE DEINE EIGENEN STÄRKEN

Unternehmerin mit Leidenschaft werden

JENconcept ist der Ort, wo ich so vieles machen kann, was mir wichtig ist. Persönliche Stärken einbringen und entwickeln, fachliche Kenntnisse in praktikable Kundenlösungen umsetzen, Menschen begeistern und unternehmerisch wirken. Die Arbeit einer Agentur für Marketingkommunikation und Werbung hat viele Facetten. Das fasziniert mich. Wir betrachten jedes Projekt als neue spannende Herausforderung: Die Markenentwicklung für einen Hersteller technischer Geräte, das Kommunikationskonzept einer Einrichtung oder die Begleitung eines Innovations-Clusters. Immer wieder neue Themenbereiche, Blickwinkel und Strategieansätze machen stetige Weiterbildung und Flexibilität im Denken zum integrativen Bestandteil der Arbeit.

Mit der Frage nach der Unternehmensnachfolge habe ich mich schon sehr früh auseinandergesetzt. Ein halbes Jahr nach Beendigung meines Studiums stand ein längerer Auslandsaufenthalt meiner Mutter an. Also bin ich ins kalte Wasser gesprungen und habe sie als Geschäftsführerin vertreten, wobei sie mir nur aus der Ferne zur Seite stehen konnte. Rückblickend bin ich daran gewachsen und habe gelernt, mir etwas zuzutrauen, auch wenn das damals eine ganz schön große Aufgabe war. Und es hat Spaß gemacht, das war entscheidend.

Was ich dadurch verpasst habe, war das Sammeln von Erfahrungen in anderen Unternehmen.

Zu diesem Zeitpunkt bin ich glücklicherweise auf die Wirtschaftsjunioren gestoßen, ein Verband Junger Unternehmer und Führungskräfte in Deutschland. Hier konnte ich viel Wissen aufnehmen und unter Gleichgesinnten Erfahrungen teilen, aber eben auch Fragen stellen. Dabei sind viele Geschäftspartnerschaften entstanden, die bis heute anhalten – ein festes Netzwerk mit viel Inspiration.

Nach der Rückkehr meiner Mutter erfolgte eine Umstrukturierung der Firma, in der ich eigene Verantwortungsbereiche übernahm. So haben wir über Jahre parallel gearbeitet und den Übergang fließend gestaltet. Nach und nach habe ich immer mehr Aufgaben übernommen und konnte in alles hineinwachsen. Es ist nun in meiner Verantwortung, das Geschaffene weiterzuführen und mit Aspekten eines Change-Management-Prozesses fit für die Zukunft zu halten und zu gestalten.

Zwischen Firma und Familie – Prioritäten setzen und Kompromisse finden

Die Frauen in meiner Familie sind echte Macherinnen und meine Vorbilder. Angefangen von meiner Urgroßmutter und Großmutter, die ein Handwerksunternehmen führten, bis zu meiner Mutter, die JENconcept gründete. Selbstständiges Arbeiten und unternehmerische Verantwortung wurden mir also schon immer vorgelebt und so auch die Vereinbarkeit von Beruf und Familie. In einem Familienbetrieb läuft es wie in einer großen Maschine, in der alles zusammen funktioniert. Der Führungsstil vereint vieles, was auch jeder Gesellschaft förderlich ist: Teamorientiertheit, Schwächen jedes Einzelnen annehmen und Stärken an der richtigen Stelle nutzen, lösungsorientiertes Arbeiten, Konsequenz und Empathie. Führung bedeutet auch Vertrauen haben. Vertrauen in die Fähigkeit guter Mitarbeiter und Vertrauen auf den Rückhalt in der Familie. Und dieses Vertrauen schafft auch Leistungsbereitschaft. Viele Aufgaben müssen zeitlich untergebracht und koordiniert werden. Aber genau das bietet auch Flexibilität. Ich habe mit meinen drei Kindern sehr von dieser Flexibilität profitiert. Gerade mit diesem Bewusstsein haben wir auch versucht, für unsere Mitarbeitenden passende Lösungen zu finden.

Fähigkeiten wie Lernbereitschaft, Eigenreflexion, Organisationstalent und Delegieren von Aufgaben konnte ich in der Familie genauso gut einsetzen wie in meiner Firma.

Kind bleiben und Chef sein – eine Herausforderung in familiengeführten Unternehmen?

Die größte Herausforderung ist aus meiner Sicht, das Geschaffene zu bewahren und trotzdem das Unternehmen nach eigenen Vorstellungen auszurichten. Dabei habe ich auf meine Intuition gehört und aktuelle Markterfordernisse einbezogen. Mit Leidenschaft habe ich an meiner Unternehmensvision gearbeitet und sie Schritt für Schritt vorangebracht. Authentisch und zu mir passend.

Vielleicht ist es einfacher, nicht in der Familiennachfolge zu stehen, denn die Effekte von unternehmerischen Entscheidungen oder Meinungsverschiedenheiten können auch Auswirkungen auf die Familie haben. Die Trennung ist manchmal schwierig. Wichtig ist der Wille des Übergebenden loszulassen und Neues als Bereicherung zu empfinden. Das Verständnis, dass beide Seiten das gleiche Ziel haben, aber unterschiedliche Herangehensweisen, ist dabei hilfreich. Bei uns hat das gut geklappt.

Sich aus der kindlichen Rolle zu lösen ist ein Prozess, für den Erfolg des Unternehmens aber unabdingbar. Das schließt nicht aus, auch als neuer Chef noch von den Erfahrungen der Vorgängerin zu profitieren und sie als Consultant zu schätzen.

JENconcept und der Blick in die Zukunft

Als Agentur für Marketingkommunikation ist unsere Arbeit fokussiert auf die Themen Markenaufbau, die Entwicklung von Kommunikationsstrategien und deren Umsetzung mithilfe verschiedener Produkte in diversen Kommunikationskanälen. Das ist im Kern gleichbleibend. Doch die Schwerpunkte haben sich verändert. Verstärkt sind Beratung, Konzeptentwicklung, Netzwerkmanagement, Imageaufbau und Anpassung von Corporate Identity gefragt. Auch Themen wie Verankerung von Nachhaltigkeit und Mitarbeitergesundheit im Leitbild rücken mehr in den Fokus. Das ist nicht nur bei unseren Kund:innen Thema, sondern auch bei uns selbst.

Die Arbeitswelt verändert sich und diesen Prozess nehme ich auf. Nicht Präsenz im Büro, sondern Ergebnisse zählen. Homeoffice und flexible Arbeitsmodelle sind etabliert. Mit agilen Methoden werden unsere Projekte unter Zuhilfenahme der technischen Möglichkeiten bearbeitet. Das setzt Vertrauen und Disziplin voraus. Für kreative Prozesse sind Präsenzmeetings trotz allem unverzichtbar, aber auch hier findet Veränderung statt in Bezug auf Format und Ort.

Momentan ist auch im Marketing das große Thema KI. Teilweise ist unsere Branche Vorreiter in der Nutzung, beispielsweise in der Ausspielung personalisierter Angebote. Was sind sinnvolle Anwendungen und wie weit treiben wir die Implementierung? Welche Möglichkeiten gibt es zukünftig? Damit setze ich mich derzeit auseinander, um Vorteile für JENconcept und für unsere Kund:innen zu generieren.

Was ich anderen weitergeben würde?

Die Chance auf reges Handeln, freie Entscheidungen und Gestaltungsspielraum haben mich begeistert, Unternehmerin zu werden.

Vorbilder und klare Ziele sind wichtig zur Motivation.

Im Laufe der Zeit habe ich gelernt, schneller Entscheidungen zu treffen und mir nicht selbst im Wege zu stehen durch Streben nach Perfektion.

Um als Nachfolger:in Erfolg zu haben, muss man an sich glauben, authentisch sein und eigene Vorstellungen umsetzen.

Unternehmerische Verantwortung heißt für mich auch gesellschaftliches Engagement

Unternehmensgründungen in innovativen Bereichen und Schlüsseltechnologien sind wesentlich für die Entwicklung des Wirtschaftsstandortes Deutschland. Deshalb engagiere ich mich seit einiger Zeit im Thüringer Zentrum für Existenzgründung und Unternehmertum im Bereich Mentoring. Hier vernetze ich Gründer mit erfahrenen Unternehmern, die gern ihr Wissen weitergeben.

Außerdem bin ich als Vizepräsidentin der Vollversammlung in der IHK Ostthüringen ehrenamtlich tätig. Mir ist es wichtig, mit meiner Stimme Einfluss zu nehmen und an strategischen Entscheidungen mitzuwirken.

Das Thema der Unternehmensnachfolge ist auch in unserem Kammerbezirk von Bedeutung. Immer mehr Unternehmensinhaber:innen, die in den nächsten Jahren in den Ruhestand gehen, finden keine Nachfolger:innen. Diese Unternehmen schließen und somit gehen Arbeitsplätze und Wertschöpfung verloren – ein Faktor, der für Wirtschaft und Gesellschaft nicht zu vernachlässigen ist, denn gerade mittelständische Betriebe tun viel für das Umfeld mit finanziellem und sozialem Engagement.

Daher möchte ich an dieser Stelle auch ermuntern, Mut zu haben, Beratung anzunehmen und Lösungen zu finden.

ASTRID SCHULTE

Vorstandsvorsitzende und Gesellschafterin der Berendsohn AG

Welche Fragen hast du dir gestellt, um über die Nachfolge zu entscheiden?

Die 190 Jahre alte Berendsohn AG war 2017 finanziell in angespannter Lage, machte aber um die 65 Mio. Euro Umsatz v. a. mit Werbeartikeln im Direktvertrieb für Kleinstunternehmen. Ich hatte viel Management-Erfahrung, kannte aber die Branche nicht und hatte noch nie einen so großen Vertrieb geführt. Aber ich war fasziniert von mehreren hundert Vertriebsberatern in Europa mit direktem Zugang zu mehr als 150.000 Kunden. Ich habe mit meinen Freunden Dr. Peter Dill und Egbert Miebach überlegt, was aus diesen wertvollen Assets zu machen sei; so sind die ersten Ideen für unser neues Businessmodell entstanden. Zusammen haben wir dann 51 Prozent der Berendsohn AG gekauft. Die Fragen, die ich mir 2017 gestellt und vor der Nachfolge mit „Ja" beantwortet habe, waren konkret: Erlaubt das Unternehmen die notwendige Transformation, oder ist Erneuerung von vornherein ausgeschlossen? Kann ich als familien- und branchenfremde CEO die notwendigen Impulse geben, um das Unternehmen zukunftsfähig zu machen? Erlaubt und ermöglicht mir das Unternehmen meine persönliche Weiterentwicklung in Einklang mit meinen Werten, die unverhandelbar sind?

Was fandest du vor der Übernahme am Unternehmen gut, was wolltest du unbedingt ändern?
Wir fanden ein Familienunternehmen vor mit sehr vielen langjährigen Mitarbeitenden, die werteorientiert und loyal ihrer Arbeit nachgingen. In meiner ersten Arbeitswoche feierte ich das 45-jährige Betriebsjubiläum eines unserer Mitarbeiter. Das ist ein richtiges Pfund. Der familiäre Geist im Unternehmen, getragen auch von der Familie Berendsohn als Gesellschafter, hat mich von Anfang an begeistert. Gleichzeitig hatte das Unternehmen seit einigen Jahren keine Innovationskraft mehr und es gab keine Ideen, wie zukunftsorientiert wieder Profitabilität erreicht werden könnte. Die Prozesse waren schwerfällig, so gut wie nichts war digitalisiert, das Frustrationslevel der Mitarbeitenden war aufgrund der mangelnden Profitabilität und weil „nichts voranging" teilweise hoch. Es brauchte eine neue Vision, eine klare Strategie und neuen Spirit für die Umsetzung.

Wie lief die Zusammenarbeit mit der Familie?
Die Zusammenarbeit mit der Familie war von Anfang an sehr gut. Ich kam über den Aufsichtsrat zu Berendsohn und zufällig war ein Familienmitglied einige Jahre zuvor der Vermieter unseres Büros bei „bellybutton" gewesen. Schon in dieser Zeit wurde also Vertrauen aufgebaut, das sich dann während der Zusammenarbeit bei der Berendsohn AG verstärkte. Das Vertrauen der Familie ist für mich von zentraler Wichtigkeit. Wir sehen uns regelmäßig in Gesellschafterversammlungen, tauschen uns über Strategien aus, haben dabei eine sehr klare Governance, die bereits fester Bestandteil unserer Verhandlungen im Jahr 2017 war. Die Coronapandemie, die natürlich einen gravierenden Effekt für uns als Direktvertrieb hatte, war der Lackmustest für unsere Gesellschafterstruktur und die Regeln, die wir uns für die Zusammenarbeit gesetzt hatten: Durch sehr viel Vertrauen, intensive Kommunikation und Verbundenheit haben wir die Chancen dieser Krise sehen und unsere Transformation weiterführen können. Das gibt uns nun ein Gefühl der Sicherheit und Zuversicht für die Zukunft.

TRANSFORMATION IST MENSCHEN BEWEGEN

Ich bin familienexterne Nachfolgerin als CEO in einem Familienunternehmen. Dass ein Familienmitglied die Berendsohn AG geführt hat, ist allerdings schon über 30 Jahre her, das Unternehmen ist also gewöhnt an externe Vorstände.

Vor meinem Start bei Berendsohn war ich schon seit 15 Jahren Unternehmerin (bellybutton GmbH), was meine größte Leidenschaft und Freude ist. Davor, in meinen ersten zwölf Karrierejahren in der Corporate- und Beratungswelt, hatte ich genügend Erfahrungen gesammelt, um genau zu wissen, wie ich ein Unternehmen verantwortlich führen möchte – und natürlich auch, wie nicht. Mir war klar, was ich beitragen kann zur Gestaltung von innerem und äußerem Wachstum eines Unternehmens und dessen Mitarbeitenden. Ich bin auf die Unternehmerseite gegangen, um dieses Wachstum in all seinen Facetten zu gestalten.

Für viele Familien ist es schwer, Nicht-Familienmitglieder in der Führung des eigenen Unternehmens mit oft langer Tradition von Familienmanagern zu tolerieren. Es ist die Rede von Familienwerten, von DNA, einer gemeinsamen Kultur, von gemeinsamen, langjährigen familiären Erfahrungen im Unternehmen etc. Und ja, es ist für die Familie oft eine Überwindung und ein gewagter Schritt, der umgesetzt werden muss, weil vielleicht Kompetenz oder Erfahrung in der Nachfolgegeneration fehlen, oder einfach niemand aus der Familie nachfolgen will. Wenn aber bestimmte Voraussetzungen erfüllt und klar vereinbart sind, kann die Nachfolge von extern zum Erfolgsmodell werden.

Für Familienunternehmen, die strukturell langfristig und „enkelfähig" denken, ist es von besonderer Bedeutung, Kontinuität im Management zu erreichen. Ich habe einige Familienunternehmen gesehen, die insb. durch ständige CEO-Wechsel ihr Fundament und ihre Identität verloren haben. Meine eigene Verpflichtung dem Unternehmen gegenüber zeigt sich auch dadurch, dass ich Anteile an der Berendsohn AG erworben habe. Besser kann ich kaum ans Unternehmen gebunden und incentiviert sein, als Unternehmerin effektiv zu agieren. Aber auch wenn keine Anteile abgegeben werden sollen, braucht es ein Modell für Manager, am Wachstum des Unternehmens partizipieren zu können. In allen Profilen für CEO von Familienunternehmen wird das „unternehmerische Denken" mit der notwendigen Verbindlichkeit erwartet. Wie soll das passieren, wenn es keine Teilhabe gibt? Ein weiterer sehr wichtiger Meilenstein, besonders wenn der CEO „von außen" kommt, ist die Vereinbarung der o.g. klaren Governance. Bei der Berendsohn AG haben wir schon bei der Vertragsverhandlung im Jahr 2017 festgelegt, wie wir in den unterschiedlichen Rollen zusammenarbeiten wollen und wer welche Entscheidungen trifft. Diese eindeutige Vereinbarung trägt bis heute und ist ein Erfolgsfaktor unserer Konstellation.

Eine dritte „Achillesferse" ist die Wertekongruenz zwischen der Familie und dem CEO. Ein neuer CEO bringt immer auch neue Werte ein, die unbedingt zum Familienunternehmen passen müssen. Wir haben also schon vor der Entscheidung zur Zusammenarbeit über Werte gesprochen; glücklicherweise passten diese gut zusammen.

Wenn unternehmerische Teilhabe, Governance und Wertekongruenz geschaffen sind, geht es an die Umsetzung.

Jede neue Geschäftsleitung, egal ob die nächste Familiengeneration oder ein externer Manager, muss einen eigenen Weg finden, um das Unternehmen zu prägen. Ein CEO ist gerade in Familienunternehmen eine Leitfigur. Die muss „echt" sein, ein neuer „Leuchtturm" als Orientierung für das Familienunternehmen. Deshalb macht ein Nachahmen – z. B. vom ehemaligen Patriarchen – überhaupt keinen Sinn.

Zu diesem eigenen Weg gehören die inhaltliche Ausrichtung des Unternehmens genauso wie die innere, kulturelle Prägung.

Die Berendsohn AG brauchte 2017 einen kompletten Neustart. Das war allen Stakeholdern klar. Der reine Direktvertrieb von Werbegeschenken war kein zukunftsfähiges Geschäftsmodell mehr. In den ersten 100 Tagen habe ich 100 Gespräche mit Mitarbeitenden an allen Standorten in Europa geführt, um die Situation und die Menschen besser zu verstehen. Der Inhalt dieser Gespräche waren die Ideen jedes Einzelnen zu Verbesserungen bei uns und die Frage: Was braucht die Berendsohn AG unmittelbar, um wieder erfolgreich zu sein? Die Gespräche fanden persönlich statt. Das war eine sehr wichtige Grundlage zum Aufbau gegenseitigen Vertrauens und damit Voraussetzung für die zukünftige Aufstellung der Organisation. Für mich waren diese persönlichen Gespräche wichtig, um das Team kennenzulernen und nach den jeweiligen Stärken zu führen. Ich habe mir also Zeit gelassen, um zu lernen und Vertrauen aufzubauen. Das ist nur in Familienunternehmen so möglich. Es war aber eine wichtige Voraussetzung, um die große Transformation, die anstand, richtig zu kommunizieren und dann erfolgreich umzusetzen.

Die Menschen bei Berendsohn waren mehrheitlich offen für Veränderungen. Zwischen Überzeugung und aktiver Teilhabe an der Umsetzung gab es allerdings erwartbar große Unterschiede – bei über 500 Mitarbeitenden kann es nicht anders sein. Ich habe leider einige Personen, die auch nach vielen Gesprächen nicht transformationsbereit waren, entlassen müssen. Bei den anderen habe ich mich auf deren Stärken konzentriert, und versucht, sie danach zu entwickeln und so wachsen zu lassen.

Wir sind nun in Jahr sechs in dem Marathonlauf der Komplettransformation und sind erfolgreich. Das Unternehmen ist wieder operativ profitabel, das Businessmodell ist zukunftsfähig ausgerichtet, die Kultur und das Füreinander sind positiv und ausgerichtet auf einen nachhaltigen Wandel. Die Mitarbeitenden sind stolz auf sich und darauf, aktiver Teil unseres Teams zu sein.

Was waren die wichtigsten Pfeiler dieser bisherigen Transformation?

Erstens: Eine klar formulierte und kommunizierte Vision als Voraussetzung für ein „gemeinsames Boot“. Wo wollen wir hin? Diese Vision setzt den eindeutigen Rahmen für Entscheidungen auf allen Ebenen.

Sie muss unmittelbar verständlich sein und motiviert dann das Team dazu, Hindernisse auf dem gemeinsamen Weg wegzuräumen.

Die Vision der Berendsohn AG ist es, Kleinstunternehmen, die das Rückgrat unserer Wirtschaft sind, durch analoge und digitale Sichtbarkeit nachhaltig erfolgreich zu machen.

Zweitens: Eine klare Strategie, die maximal auf die Kunden ausgerichtet ist und der Erreichung der Vision dient.

Die Strategie der Berendsohn AG ist der Aufbau eines hybriden „digital-analogen" Vertriebs mit dem Direktvertrieb als Speerspitze. Der Direktvertrieb berät vor Ort Kleinunternehmen zu Marketinglösungen für analoge und digitale Sichtbarkeit und setzt die gemeinsam identifizierten Maßnahmen dann um. Wir haben also neben hochwertigen und nachhaltigen Werbegeschenken auch digitale Angebote wie Websites, SEA, local listing uvm. in unser Sortiment aufgenommen.

Drittens und oft vergessen bei Transformationen: ein Kooperationsmodell als verbindliche Grundlage für alle Schritte der Veränderung. Dazu gehören Organisations- und Führungsprozesse, die „offene Räume" geben und neue Impulse fördern. Diese sind wiederum unerlässlich für die Weiterentwicklung jedes Einzelnen und des Unternehmens. Wir haben Hierarchien reduziert und viele agile Arbeitsmethoden eingeführt, wie z. B. horizontale Teams sowie Objectives and Key Results (OKR).

Viertens: Nahe und individuelle Führung, damit jede:r erkannt wird und gefördert werden kann. Auch ich zeige mich selbst persönlich und ermutige so dazu, dass jede:r „sie/er selbst" sein kann. Sich zu verstellen, bringt Stress. Wenn das Arbeitsumfeld nicht zulässt, ehrlich und authentisch zu sein, ist innere Kündigung vorprogrammiert

Wir führen z. B. Stärkengespräche mit den Mitarbeitenden, um deren Entfaltung und bestmöglichen Einsatz bei uns zu unterstützen. Dies setzt gegenseitiges Vertrauen voraus und erfordert auch Mut zur

Offenheit. Die Voraussetzungen für eine solche Vertrauenskultur zu schaffen, ist eine meiner wichtigsten Aufgaben als CEO.

Fünftens: Keine Führung ohne Selbstführung. Führende müssen ihr Ego zurücknehmen, andere nicht dominieren, ihre Impulse kontrollieren und auch dann noch Zuversicht und Resilienz ausstrahlen, wenn es schwierig wird. Und das wird es regelmäßig in einer großen Transformation.
Unsere Führungskräfte bekommen Coachings, um sich und ihre Führungskompetenz weiterentwickeln zu können. Egoverhalten wird angesprochen und so weit wie möglich korrigiert.

Die innere Transformation in einem Unternehmen braucht vor allem Beharrlichkeit. Anfangs gibt es ein paar Befürworter und viele Abwartende sowie einige Gegner von Veränderung; das Verhältnis dreht sich sukzessive auf dem Weg, wenn er erfolgreich ist.

Konsistenz und Kontinuität in den handelnden Personen, in der Vision und der Strategie sowie in der Art und den Werten der Zusammenarbeit sind ein sicherer Grundstock für unser Unternehmen; darauf wächst jetzt viel Gutes. Transformation ist also kein Selbstzweck, sondern Voraussetzung unserer Zukunftsfähigkeit.

Vor ein paar Monaten sagte eine Mitarbeitende: „Irgendwann haben wir gemerkt: Sie meint das ernst und geht einfach nicht weg.“ Ich habe das mal als Kompliment für mich interpretiert.

CATHARINA PRYM

Geschäftsführerin der INTES Akademie für Familienunternehmen

Welche Fragen hast du dir gestellt, um über die Nachfolge zu entscheiden?

Bei der Entscheidung für oder gegen eine Nachfolge handelt es sich nicht um eine plötzliche Eingebung, sondern um einen oft jahrelangen Prozess. So war das auch bei mir. Ich habe das mich umgebende System ziemlich genau beobachtet und mich gefragt: Wie gesund ist das, was dort passiert? Können die Familienmitglieder, die dort aktiv sind, wirksam sein? Welchen Verhaltensmustern folgt diese Familie? Welche Rolle spielt Politik? Wie geht diese Familie mit Angst und Unsicherheit um? Wie mit Erfolg? Wie mit Frauen? Wie schütze ich meine Geschwister und mich? Welchen Auftrag habe ich als 15. Generation in Anbetracht meiner Talente? Mit den Dynamiken unserer Vorgeneration und der wirtschaftlichen Lage des Unternehmens war dann beides klar: dass es wohl klüger ist, kein Familienmitglied in der operativen Nachfolge zu haben. Und dass es gleichzeitig jemanden braucht, der sich unternehmerisch einsetzt.

Wenn du keine Nachfolgerin geworden wärst – welchen Beruf hättest du dann heute?
Eine operative Nachfolgerin bin ich nicht geworden. Ich hatte für eine Restrukturierungsphase als Erste meiner Generation - und damals als einzige Frau und Nachfolgerin meiner Mutter - ein Mandat bei uns im Gesellschafterausschuss. Dieses Mandat habe ich vor vielen Jahren an meinen Bruder abgegeben, um nach Afrika gehen zu können und mich dort wieder auf meinen Beruf als Begleiterin von Unternehmerfamilien zu konzentrieren und etwas Neues aufzubauen. Aus dieser Rolle heraus habe ich heute den Luxus und das Geschenk, andere Familien und Nachfolgen begleiten zu dürfen und dabei auch sehr unpopuläre Positionen vertreten zu können.

Wer war deine wichtigste Mentorin bzw. dein wichtigster Mentor?
Ich hatte das Glück, dass mich über die Jahre viele kluge und kritische Menschen begleitet haben, aber meine Eltern, so cheesy das klingt, haben mich ganz sicher am meisten gelehrt. Halt – meine Geschwister auch. Als Älteste von vier Geschwistern eine einzigartige Lernkurve. Als Role Model waren es meine Mutter, die zwischen ziemlich vielen braven und stillen Frauen in der Familie als Angeheiratete eine voll aktive Rolle im Unternehmen als Mitglied im Beirat und im Gesellschafterausschuss einnahm. Und mein Vater als geschäftsführender Gesellschafter, der auf soziale Konventionen gepfiffen hat und zutiefst loyal dem Menschen gegenüber war. Beide vermeintlich konservativ, aber eigentlich ziemliche Business-Punks.

Was ist deiner Meinung nach das Schwierigste bei der Nachfolge?
Selbsterkenntnis. Nur wenn die Beteiligten in der Lage und willens sind, sich selbst kritisch zu beobachten und die eigenen impliziten Erwartungen zu erkennen und aufzudecken, ist die notwendige Weiterentwicklung möglich. Denn Nachfolge ist im Kern ein Change-Prozess. Sie kann nur erfolgreich sein, wenn jede und jeder Einzelne bereit ist, sich selbst zu transformieren. Das eigene Denken und Handeln infrage zu stellen, neu zu entwerfen. Das fordert alle Beteiligten enorm heraus und ist weit unbequemer und umständlicher, als bloß zu sagen: Wir brauchen einen Zeit- und Einstiegsplan.

DREI THESEN ZUM GESELLSCHAFTLICHEN KONTEXT DER NACHFOLGE

Das Thema Frauen und Nachfolge ist so ausgelutscht wie heikel. Etwas dazu zu sagen, jenseits der Phrasen oder Allgemeinplätze, die der allgemeine öffentliche Diskurs bereits seit Jahren durchkaut, ist eine spannende Aufgabe. Ich möchte drei Gedanken, drei Thesen formulieren, die ich als Expertin in der strategischen Begleitung von Unternehmerfamilien entwickelt habe, und die sich auch in meinem persönlichen Weg wiederfinden. Das Thema lädt zur Polarisierung ein und so erlaube ich mir, diese auch zu nutzen, wenn ich zum Beispiel von „uns Frauen" spreche. Dies ist keine reale Ordnung der Welt, sondern eine leicht selbstironische Überspitzung.

These 1: Wir brauchen starke Männer.

Es ist ein grundsätzliches Missverständnis des Feminismus und seiner Rezeption, dass eine postmoderne Gesellschaft die Frauen stärken muss und dies gleichbedeutend ist mit der Schwächung der Männer. Das halte ich für fatal.

Die Jungs ziehen in den Krieg, stellen sich ständig vorne hin, wenn es darum geht, die Verantwortung zu tragen. Und in Familienunternehmen kriegen sie oft die volle Breitseite der Erwartungen an die nächste Generation ab. Es ist mutig, diese Rolle anzunehmen und eine wirkliche Herausforderung und Lebensaufgabe. Oft arbeite ich mit Männern, die diese Rollen für ihre Familie und ihr Unternehmen vor 15, 20 oder 25 Jahren angenommen haben und nicht selten zahlen sie dafür in ihrer eigenen Biografie einen hohen Preis.

Eine Schwächung des Mannes und damit eine Entwertung seiner Leistung kann nicht Ziel einer Zukunftsgesellschaft und eines gesunden Feminismus sein. Das Ziel, unser Ziel muss es vielmehr sein, Männer und Frauen in der Auseinandersetzung mit ihren Rollen gleichermaßen zu stärken. Das ist kein seliger Altruismus, das ist für mich als Frau vollständig eigennützig: Nur starke Männer trauen sich, eine starke Frau auf die Bühne neben sich zu stellen. Nur starke Männer fühlen sich wohl und nicht infrage gestellt, wenn ihnen eine Frau die Meinung geigt. Nur starke Männer haben das Selbstbewusstsein, ihre Töchter loszuschicken und machen zu lassen. Nachzufolgen.

Wir brauchen also starke Männer. Und wir müssen die Männer stärken – stärken nicht im machtpolitischen, sondern im psychosozialen Sinn. Starke Partner verhandeln gut. Nichts brauchen ambitionierte Frauen mehr.

These 2: Nur Mut.

Natürlich haben wir Frauen das Weibchen-Schema in tief liegenden Mustern und mächtigen Mechanismen unserer Kultur erlernt. Knicks machen, Danke sagen, „ich möchte bitte“ statt „ich will“. Zwei Facetten sind mir hier wichtig: Bequemlichkeit und Allianzen.

Zur Bequemlichkeit: Für uns Frauen kann es doch oft auch recht bequem scheinen, sich dem öffentlichen Urteil und den Quartalszahlen nicht stellen zu müssen. Wenn wir die Kinder schlecht erziehen, merkt man den Knacks „praktischerweise“ erst Jahrzehnte später. Die Hysterie, die in Deutschland um das Muttersein gemacht wird, bestätigt das: Wo sich die Performance schwer beobachten lässt, muss sie in Ritualen und sozialen Narrativen kodifiziert werden.

Aber wir dürfen uns nicht verstecken und darauf hoffen, dass jemand das Blümchen an der Mauer schon sehen und dann auch gleich besser bezahlen wird. Frauen dürfen und müssen mutig sein. Die Nachfolge ist kein Ponyhof. Mutter zu sein übrigens auch nicht. Nichts, wo man Verantwortung übernimmt, ist das. Und vielleicht, nur ganz vielleicht, machen wir Frauen es uns dabei auch gerne einfach. Und helfen einander zu wenig, was mich zu meinem zweiten Punkt bringt.

Allianzen: Wie viele junge Frauen haben Sie gepusht, nachgezogen, groß gemacht? Wie oft applaudieren Sie Frauen, wiederholen im Plenum deren Namen, wenn Sie deren Lebensentscheidungen völlig anders getroffen hätten? Wie oft öffnen Sie Frauen Ihr Netzwerk, die vielleicht in manchen Dingen besser sind als Sie? Wie oft fordern Sie eine Mitarbeiterin heraus, ihr Gehalt vernünftig zu verhandeln?

Männer tun das. Ich habe die Vermutung, dass es clever wäre, wenn wir Frauen das auch systematisch täten.

Und damit: Nur Mut! Wir Frauen müssen uns trauen, harten Gegenwind auszuhalten, uns zu exponieren und Verantwortung zu tragen. Wenn wir dies nicht nur als Habitus von den Männern kopieren, sondern uns das mit all unseren Fähigkeiten zu eigen machen, und wenn wir uns dann noch koordinieren und klug unterstützen, dann hat das eine riesige Kraft. Dann können wir gemeinsam die Welt gerechter gestalten.

These 3: Es wird sich wandeln.

Patriarchalische Strukturen sind über ihre Starrheit immer auch besonders zerbrechlich. Kluge Innovation lässt Komplexität in Rollen (auch Geschlechterrollen), Persönlichkeiten und Lebensentwürfen zu und ist dadurch beweglich. In Deutschland haben wir nur die Ressource Mensch. Die Wirtschaft wird diese jetzt angesichts des immensen Fachkräftemangels mehr denn je zu kapitalisieren versuchen. 50 Prozent der Bevölkerung oder des eigenen Nachwuchses dabei zu vernachlässigen, wäre wirtschaftlicher Unsinn. Das ist zumindest den zukunftsfähigen Familienunternehmen klar. Die Chancen stehen gut. Also an die Arbeit.

CHRISTINA DIEM-PUELLO

Geschäftsführerin der DD Deutsche Dienstrad GmbH

Wer war deine wichtigste Mentorin bzw. dein wichtigster Mentor?
Meine Mutter ist nicht nur, neben meinem Mann, die wichtigste Stimme in meinem Leben, sondern auch meine bedeutendste Mentorin.

Als junge Frau übernahm sie in einer schwierigen wirtschaftlichen Situation die Geschäftsführung unseres traditionsreichen Familienunternehmens und führte es durch unternehmerische Zielstrebigkeit und Durchsetzungsvermögen zurück auf die Erfolgsspur. Damals war Female Leadership noch kein bewährtes Konzept – daher sehe ich meine Mutter als absolutes Role Model.

Ihr Erfolg war für mich eine Lektion in Bezug auf Durchsetzungsfähigkeit und Unternehmertum, die mir jeden Tag bei Deutsche Dienstrad Stärke gibt. Sie lehrte mich, was es bedeutet, ein Unternehmen zu führen und den Mut zu haben, neue Wege zu gehen. Durch sie wurde mir schon als Mädchen klar, dass ich alles werden und erreichen kann, was ich mir wünsche und möchte. Mit festem Glauben an mich. Dieses

Privileg schätze ich heute umso mehr, da ich durch meine eigenen Erfahrungen und Perspektiven weiß, wie wichtig es ist, junge Frauen zu ermutigen, ihre Träume zu verfolgen und ihre Ziele zu erreichen. Meine Mutter geht bis heute mit Mut, Ideenreichtum und Empathie voran. Von ihr habe ich gelernt: Ohne Mut kann keine Unternehmung gelingen.

Was hat dich daran fasziniert, Nachfolgerin zu werden?
Die Verbindung von Tradition und Zukunft hat mich von Anfang an in ihren Bann gezogen und begeistert mich noch immer zutiefst. Die Werte, die ich von meinen Vorfahren vermittelt bekommen habe, sind für mich von unschätzbarem Wert und bilden das Fundament meiner Arbeit. Mit meinem Unternehmen Deutsche Dienstrad habe ich es mir zur Aufgabe gemacht, das Erbe meiner Familie in die moderne Zeit zu überführen. Obwohl das Familienunternehmen, mit dem alles begann, in diesem Sinne nicht mehr besteht, lebt es in gewisser Weise durch meine Arbeit und die meines Teams weiter. Wir sind stolz darauf, die klassischen Werte und Tugenden unseres Familienbetriebs auch bei Deutsche Dienstrad zu leben und zu fördern.

Ich bin wahnsinnig stolz, mit meinem hundertjährigen Start-up, wie ich es liebevoll nenne, die Geschichte meiner Familie in die Zukunft zu führen.

Was hat dich darauf vorbereitet, Nachfolgerin zu werden?
Die Vorbereitung auf meine Nachfolge war sowohl professionell als auch emotional von großer Bedeutung für mich. Ich bin in einem Familienunternehmen aufgewachsen, in dem meine Mutter bereits die Nachfolge angetreten hatte. Von ihr konnte ich wertvolle Erfahrungen und Wissen übernehmen, aber ich war mir auch bewusst, dass sich die Zeiten verändert hatten und ich meine eigenen Erfahrungen machen musste, um mich auf die zukünftige Führung des Unternehmens vorzubereiten. Meine Mutter hat sich in meinen Anfängen bewusst dafür entschieden, mich in allen Bereichen des Unternehmens arbeiten zu lassen, um ein umfassendes Verständnis für die Arbeitsabläufe, Herausforderungen und Entscheidungsprozesse zu entwickeln. „Die

Tina ist hier, um zu lernen, was es bedeutet, in unserem Unternehmen zu arbeiten. Schont sie nicht, gebt ihr die härtesten Aufgaben, zu den unmöglichsten Zeiten. Sie soll keinen Vorteil genießen!" Mit diesen Worten begann meine Laufbahn – eine Zeit, die absolut nicht leicht war. Erst spät wurde mir bewusst, dass nur so meine Entscheidungen in Zukunft fundiert und zielgerichtet sein werden. Dieser Weg war herausfordernd, aber ich habe viel gelernt und konnte mich weiterentwickeln – auch wenn diese Schule mir in einigen Momenten sehr hart vorkam.

Ich habe auch gelernt, dass erfolgreiche Tradition nicht einfach gegeben ist, sondern dass man hart dafür arbeiten muss. Tradition entsteht durch eine erfolgreiche Gegenwart, die wiederum auf einer klaren Strategie und der Fähigkeit beruht, Veränderungen und Herausforderungen zu meistern.

VON DER FAHRRADMANUFAKTUR ZUR DIGITALEN NUMMER EINS: MEIN HUNDERTJÄHRIGES START-UP

Die Geschichte meiner Unternehmensnachfolge ist sicher ein besonderer Fall und tatsächlich höre ich von Familienunternehmern oft den Satz: „Frau Diem-Puello, wie schaffe ich es, dass es mit unserem Unternehmen nicht genauso läuft wie mit Ihrem?" Warum sie das sagen? Kurz gesagt: Eine klassische Nachfolge gab es in unserem Familienunternehmen nicht. Ich habe gemeinsam mit meinem Ehemann Maximilian ein eigenes Unternehmen gegründet, um das Erbe meiner Familie weiterzuführen. Was merkwürdig klingt, ist in Wirklichkeit genau das, was man wohl unter dem Wahlspruch: „Glücklich ist, wer das, was er liebt, auch wagt, mit Mut zu beschützen" zusammenfassen kann.

Aber fangen wir ganz von vorne an: Der Ursprung unseres Familienunternehmens geht zurück ins Jahr 1912, als mein Ururgroßvater Engelbert Wiener eine Fahrradmanufaktur gründete, die später unter dem Namen Winora bekannt wurde. Zu seiner Zeit war das Fahrrad überlebensnotwendig. Die Menschen brauchten es, um schnell von A nach B zu kommen und gerade im Krieg war das Fahrrad extrem wichtig für die Menschen. Mein Großvater übernahm das Unternehmen von seinem Vater dann aber in einer Zeit, in der es schon ganz anders aussah: Das Wirtschaftswunder verhalf Deutschland zu einem enormen Aufschwung. Das Auto stand im Mittelpunkt des Begehrens und über nachhaltige Mobilität hat damals wohl niemand nachgedacht. Eine schwierige Zeit für einen Fahrradbauer, denn Fahrräder galten damals als „Armeleutezeug". Mein Großvater als Vollblutunternehmer fand aber einen Weg aus der Krise und baute einen Handel für Ersatzteile sowie die größte vollautomatische Produktionsstrecke Europas auf, wodurch Winora immer enger mit dem Fachhandel vernetzt wurde. In den 1990er-Jahren übernahm meine Mutter Susanne Puello das Unternehmen, die ihren Vater, meinen Großvater, schon viele Jahre zuvor als Assistentin begleitet und das Unternehmertum und das Führen eines Traditionsunternehmens so von Grund auf gelernt hatte. So weit, so Bilderbuch-Familiengeschichte. Doch es sollte alles anders kommen.

Genau wie die Generationen vor mir war ich davon überzeugt, dass auch mein Weg ins Familienunternehmen führen würde. Denn ich liebe das, was Familienunternehmen verkörpern – sie sind Herzstück unserer Wirtschaft, sie sind der Motor, der unsere Gesellschaft vorantreibt und dafür sorgt, dass wir uns weiterentwickeln. In Familienunternehmen wird nicht nur über Werte gesprochen, sie werden auch gelebt. Ich war schon immer mit Herzblut dabei, liebe Radfahren bis heute und bin mit ganzer Seele Unternehmerin – Familienunternehmerin.

Doch die Geschichte unseres Familienunternehmens nahm eine unerwartete Wendung: Dank des Fitnesstrends boomte unser Geschäft noch einige Jahre weiter, die Anschaffung von drei großen Werken in Ostdeutschland in den frühen 1990er- Jahren hatte jedoch starke Auswirkungen auf unsere Liquidität. Das führte dazu, dass die mittlerweile entstandene Winora-Gruppe, die aus unserem Familienunternehmen erwachsen war, Anfang der 2000er-Jahre von der niederländischen Accell-Gruppe übernommen wurde. Meine Eltern blieben Teil des Unternehmens und meine Mutter trieb als Geschäftsführerin das Thema E-Bike maßgeblich an. Ihre Bemühungen in diesem Bereich gipfelten 2010 dann in der Gründung von Haibike, dem weltweit ersten Anbieter für E-Mountainbikes. Vor allem in den USA, wo ich selbst auch fünf Jahre gelebt und ein riesiges Sales-Team aufgebaut habe, boomte das Geschäft mit den Elektrofahrrädern. Es machte mir riesigen Spaß und mich natürlich auch wahnsinnig stolz, aus Amerika heraus unser Unternehmen wachsen und sich entwickeln zu sehen.

Zu diesem Zeitpunkt kannte ich unser Familienunternehmen bereits in- und auswendig. In den unterschiedlichsten Praktika während meines Studiums bin ich durch die verschiedenen Abteilungen „gereicht" worden, habe von der Produktion über das Controlling und die Personalabteilung bis hin zur Kommissionierung alles gesehen und überall mitgearbeitet.

Winora war nicht zuletzt durch die E-Bikes die absolute Cashcow und es lief wunderbar für uns. Wir waren eine erfolgreiche Unternehmerfamilie, die mit ganzem Herzen dabei war. Und trotzdem blieb der fade Beigeschmack: Wir leiteten und gestalteten unser eigenes Familienunternehmen – aber es gehörte nicht mehr uns. Wir waren nicht mehr die Entscheider in unserem eigenen Haus. Und so entschieden wir Ende 2017, dass es Zeit war, die Firma zu verlassen. Eine harte Entscheidung, die uns allen und vor allem meiner Mutter sehr viel Mut abverlangt hat. Dadurch habe ich gelernt, dass Mut im unternehmerischen Sinn überall und jeden Tag gefordert wird, denn jede Entscheidung wird davon getragen – manchmal sind es die kleinen, manchmal die ganz großen. Und meist merkt man dabei selbst nicht, wie mutig man sein muss, um diese treffen zu können! Aber jeder neue Schritt beinhaltet auch neue Chancen.

Mit dem Weggang aus unserem ehemaligen Familienunternehmen erarbeiteten wir uns aber das zurück, was wir zum Teil aufgegeben hatten: Die Möglichkeit, das Erbe von Engelbert Wiener weiter auszubauen. Und so gründeten wir 2017 gemeinsam mit Stefan Pierer die Firma Pexco – ich selbst war hier direkt von Anfang an als Gesellschafterin dabei. Gemeinsam mit meinen Eltern hielt ich die Anteilsmehrheit am Unternehmen. Wir waren wieder mit Herzblut und voller Entscheidungsfreiheit bei der Sache und hatten den Willen, an die erfolgreiche Geschichte unserer Familie anzuschließen. Und das zeigt sich auch am Erfolg unseres Unternehmens: Pexco wuchs und wuchs, es folgten mehrere Kapitalerhöhungen – und letztlich beschlossen wir als Familie, unsere Anteile an der Pierer Holding zu konsolidieren.
Und das bedeutete für uns, dass sich unsere beruflichen Wege erstmals in der Familiengeschichte trennten:

Meine Eltern blieben mit Geschäftsführungsverantwortung im Unternehmen. Für mich persönlich war das keine Option. Seit ich denken kann, war mein Ziel, Unternehmerin zu sein, ein Unternehmen selbst zu gestalten, die Verantwortung für Menschen und Produkte zu tragen. Ich wollte mein eigenes Ding machen. Aber gleichzeitig wollte ich das Familienerbe rund ums Rad weiterführen. Und so entstand aus einem ehemaligen Dienstradleasingprojekt, das ich in meiner Zeit bei Pierer gegründet habe, die Idee zu meinem eigenen Unternehmen.

Kurze Zeit später, im Jahr 2020, genau zum ersten Corona-Lockdown, gründeten Maximilian und ich die DD Deutsche Dienstrad GmbH aus dem ehemaligen Familienunternehmen heraus. Gestemmt wurde dies aus eigenen Mitteln und einer konservativen Finanzierungsmethode. Mir war wichtig: Ich möchte die Entscheidungshoheit in meinem eigenen Unternehmen haben.

Mit Deutsche Dienstrad heben wir das Thema Fahrrad, das durch meinen Ururgroßvater tief in meiner Familiengeschichte verwurzelt ist, auf ein ganz neues Level. Die Verbindung von Tradition und Zukunft hat mich von Anfang an in ihren Bann gezogen und begeistert mich noch immer zutiefst. Ich habe es mir zur Aufgabe gemacht, das Erbe meiner Familie in die moderne Zeit zu überführen – und das mit Erfolg. Wir bieten eine digitale Plattform für die Bestellung und Abwicklung von Diensträdern. Mit unserem MobilityHub verknüpfen wir Fachhandel, Unternehmen und Arbeitnehmende und ermöglichen diesen somit einen niederschwelligen und kostenbewussten Zugang zu nachhaltiger Mobilität. Ein Thema, das in den Coronajahren einen wahnsinnigen Auftrieb erfahren hat und mit dem wir zum Technologieführer aufgestiegen sind.

Mittlerweile, rund drei Jahre nach der Gründung, sind wir ein stark wachsendes und dynamisches Unternehmen. Und – was für mich noch viel wichtiger ist: Wir führen das Erbe meines Ururgroßvaters weiter und tragen die Vergangenheit in die Zukunft – auch die Werte. Wir sind stolz darauf, die klassischen Tugenden unseres Familienbetriebs auch bei Deutsche Dienstrad zu leben und zu fördern. Und genau diese Werte sind das, was Familienunternehmen und Nachfolge für mich besonders machen.
In einem Familienunternehmen geht es nicht nur um Gewinnmaximierung und Umsatzsteigerung. Hier zählen andere Werte:

Vertrauen, Respekt und Zusammenhalt sind die Grundpfeiler, auf denen ein Familienunternehmen aufgebaut ist. Die Mitarbeitenden sind nicht nur Angestellte, sondern ein Teil dieser Familie. Jeder einzelne wird geschätzt und wertgeschätzt. Für mich sind Familienunternehmen das Herzstück unserer Wirtschaft. Sie sind einzigartig und unverwechselbar, denn sie leben Werte, die in unserer schnelllebigen und oft kalten Welt immer wichtiger werden.

Obwohl das Familienunternehmen, mit dem alles begann, in diesem Sinne nicht mehr besteht, lebt es in gewisser Weise durch meine Arbeit und die meines Teams weiter. Für mich persönlich die wohl schönste – wenn auch nicht gradlinigste – Nachfolge-Story überhaupt. Und auch wenn ich mein Unternehmen manchmal ganz liebevoll das „hundertjährige Start-up" nenne: Einen Exit, wie in vielen Start-ups heutzutage, wird es bei uns nicht geben.

SUSANNE KLIER

Inhaberin Susanne Klier Family Business Consulting

Wie lief die Zusammenarbeit mit der Familie?
Durch unsere Notfallnachfolge lief das anfangs sehr intuitiv. Ich merkte aber bald, dass wir mit dieser Intuition keine großen Schritte gehen würden. Es schien, dass jeder von uns eigene Interessen hinsichtlich der Firma und der Nachfolge vertrat, die uns im Fortkommen hinderten. So erkannte ich schnell, dass es uns an einer gemeinsamen Vision bzw. einem Generationenauftrag fehlte.

Daher erarbeiteten wir auf mein Einwirken hin einen gemeinsamen inhaberstrategischen Prozess, um zum einen unsere Familienstrategie zu entwickeln und zum anderen uns auch in unserer Rolle als Gesellschafter besser kennenzulernen.

Dies ordnete das Zusammenspiel von Familie, orchestrierte unsere Stärken und sorgte so dafür, dass wir sowohl als Familie als auch als Gesellschafter zu einem Team zusammenwuchsen, das ein gemeinsames Ziel verfolgte.

Welches Wissen, das du nun hast, hättest du gerne bereits vor der Nachfolge gehabt?
Vielmehr als Wissen hätte ich damals gerne mehr Erfahrung und ein besseres Netzwerk in puncto Nachfolge gehabt. Es gibt mittlerweile so wunderbare Netzwerke, Begleiter und Peers, die ihre Erfahrungen teilen und insbesondere auch auf die Herausforderungen in der Nachfolge aufmerksam machen.

Darüber hinaus hätte ich mir gewünscht, die Lebenszeit meines Vaters und Onkels genutzt zu haben, um die Nachfolge mit ihnen zu planen. Denn die Verbindung von Alt-Bewährtem und Neuem ist für mich aus heutiger Sicht eine wunderbare Chance, das Unternehmen nachhaltig und die Nachfolge bestmöglich in die Zukunft zu führen. Daher freut es mich heute besonders, wenn Übergeber:in und Nachfolger:in den Weg zu mir finden, um sich gemeinsam unterstützen zu lassen.

Das bedarf jedoch auch einer vorherigen fundierten Selbstklärung, die bei mir nicht stattgefunden hatte. Will ich das? Aus welcher Motivation heraus trete ich die Nachfolge an? Und welche Rahmenbedingungen braucht es da für mich? Das sind die Fragen, die sich jede und jeder im Vorfeld beantworten sollte.

Was ist deiner Meinung nach das Schwierigste bei der Nachfolge?
Mit Mut nach vorn zu gehen und klar seine Bedürfnisse zu kommunizieren. In diesem Satz liegen gleich mehrere Herausforderungen:

Mut: Ohne Mut geht es nicht. Nicht nur im unternehmerischen Kontext, sondern auch in Bezug auf die Familie. Denn das Treffen von Entscheidungen hat immer eine Auswirkung auf beide Sphären, Familie und Unternehmen. Damit eröffnet sich ein enormes Konfliktpotenzial, das gut antizipiert, offengelegt und dem frühzeitig entgegengewirkt werden sollte. Dies aber bedeutet Mut für neue, unbekannte Wege aufzubringen und alte Pfade zu verlassen. Eine neutrale Instanz im Sinne eines Sparringspartners, der diese neuen Wege begleitet, lässt Mutigsein einfacher zu.

Nach vorn gehen: Wenn der Mut vorhanden ist, fällt es leicht, nach vorn zu gehen. Heute ist mir klar, dass die Nachfolge keine Einbahnstraße ist. Für seine Bedürfnisse und Vorstellungen einzustehen, bedeutet in allererster Linie, das Ruder selbst in die Hand zu nehmen und die Nachfolge aktiv zu gestalten.

Bedürfnisse kommunizieren: Reden ist gut, aber dabei mit Klarheit zu überzeugen noch viel besser. Damit das gelingt, muss man erst seine Bedürfnisse kennen, die oft hinter Positionen und Interessen verborgen liegen. Diese zu entdecken bedarf Neugier und Geduld.

PLÖTZLICH NACHFOLGERIN

Neulich habe ich einen Podcast gehört, in dem eine Zahl zitiert wurde, die mich erst mal überrascht hatte:

Bei rund 14 Prozent[1] der Nachfolgen in Deutschland tritt eine Notfall-Nachfolge in Kraft. Das ist jede 7. (!) Nachfolge.

Ich gehöre dazu.

Mein Vater leitete sein Unternehmen zu gleichen Anteilen mit seinem Zwillingsbruder, mit dem er das mütterliche Unternehmen zu ihrer heutigen Größe gebracht hatte, als er plötzlich und unerwartet verstarb.

Ich bin also die kritische 3. Generation, in der es kompliziert wird. So jedenfalls sagt es nicht nur der Volksmund: „Der Vater erstellt's , der Sohn erhält's und dem Enkel entfällt's", sondern auch diverse Statistiken, die konstatieren, dass nur ca. 30 Prozent der Familienunternehmen den Generationswechsel in die 2. Generation meistern und es davon nur noch 10 Prozent erfolgreich an die 3. Generation weitergeben.[2]

Warum? Weil in der 3. Generation mehrere Stämme aufeinandertreffen, die zum einen in ihrer Erziehung durch andere Werte geprägt worden und zum anderen nicht mehr so eng miteinander aufgewachsen sind, als dass ein großer familiärer Zusammenhalt besteht. Denn eine starke Inhaberfamilie ist die Basis für ein starkes Unternehmen.

Im Jahr 2013, als ich als Erbin einige Anteile meines Vaters überschrieben bekam, wusste ich darüber noch nichts und kannte noch nicht die vor uns stehenden Herausforderungen. Wir waren schließlich eine Familie, die zwar nicht im engsten Kreis miteinander aufgewachsen war, aber immerhin denselben Namen teilte.

3. Generation. 2 Familienstämme. 5 Gesellschafter.

Das war unser Startpunkt, denn mein Onkel fühlte sich nach dem Tod meines Vaters nicht mehr in der Lage, den zusätzlichen Herausforderungen entgegenzutreten.

Also übernahmen wir. Und das mit Leidenschaft.

Das mit der Leidenschaft ist so eine Sache. Denn sie ist getrieben durch unterschiedliche Motivatoren. Ich merkte schnell, dass alles irgendwie durcheinanderlief, und dass jeder von uns eine andere Vorstellung von Nachfolge hatte.

Die einen, die bereits seit Jahrzehnten operativ tätig waren, hielten es für selbstverständlich, dass alles so bleiben würde, wie es war.

Die anderen, die nicht im Unternehmen arbeiteten, so wie ich, kündigten ihr Interesse an, auch operativ zu wirken und sich aus einer passiven Rolle mit an die Front der Operativen zu stellen.

Es ging also im Vorfeld immerfort um das Thema, wer welche Aufgaben übernimmt und wem damit das entsprechende Vertrauen ausgesprochen wird.

Aber wie viel Familie verträgt ein Familienunternehmen eigentlich? Und wie können wir allen Interessen gerecht werden und gleichzeitig Vertrauen in die handelnden Personen stärken?

Dass die Beantwortung dieser Fragen jede Menge Konfliktpotenzial mit sich brachte und zu Redebedarf führte, war mir klar. Und getrieben durch unsere individuelle Leidenschaft schafften wir auch Leiden unter uns; das war rückblickend unumgänglich, wenn auch nicht beabsichtigt.

Dennoch war mir die Klärung dieser Frage ein Anliegen, nicht zuletzt dem geschuldet, dass ich damals wie heute auch als ausgebildete Coachin und Mediatorin Kommunikation als wichtigsten Faktor für eine gelungene Nachfolge sehe.

Und wenn dieselben Argumente zu immer denselben emotionalen Ausbrüchen führten und sich nichts änderte, sollte m. E. Hilfe ergriffen werden.

Und das war bei uns genau der Fall: Wir drehten uns im Diskussionskarussell und unsere Selbstversuche, Lösungen für knifflige Fragen zu finden, scheiterten. Wissend um die Vorteile einer externen Moderation, intervenierte ich und forderte genau dies ein. Einen allparteilichen Partner an unserer Seite, der uns strukturiert durch unseren Klärungsprozess führte, schien mir mehr als sinnvoll, eher existenziell für unser weiteres Voranschreiten.

Ich selbst kam trotz meiner Kompetenzen von Moderation, Coaching und Mediation für diese Rolle nicht infrage, da ich selbst Teil des Systems war und somit eigene Ideen, Bedürfnisse und Sorgen vertrat. Eine Allparteilichkeit, die zur Moderation und Lösungsfindung nötig gewesen wäre, war bei mir also nicht gegeben.

Ich überzeugte meine Mitgesellschafter und so ging ich auf die Suche nach einem externen Begleiter. Seine Aufgabe: Als Übersetzer für das bisher Gesagte zu agieren und uns durch die Diskussion wichtiger inhaberstrategischer Themen zu moderieren. Ich war überzeugt: Die Antworten hatten wir selbst, wir benötigten nur jemanden, der sie mit uns besprechbar machte und sie für uns ordnete.

Ziel war es, unsere individuellen Leidenschaften zu verstehen, um darauf aufbauend eine gemeinsame Zukunftsvision für uns als Familie und Unternehmen zu erarbeiten und daraus abgeleitet das Unternehmen zu strukturieren und die dafür notwendigen Rollen innerfamiliär zu besetzen.

Wir starteten unseren Inhaberstrategie-Prozess mit dem Ziel, eine Familienverfassung zu erstellen, die uns durch unsere „Amtszeit“ leiten sollte. Das Fundament quasi für unsere gemeinsame Zukunft und die des Unternehmens!

Dieser Prozess sollte rund ein Jahr dauern und uns in regelmäßigen Abständen zu vorgegebenen inhaltlichen, strategischen Themen zusammenbringen. Themen jenseits des Unternehmensalltags, die wir von allein nicht im Traum als diskussionswürdig empfunden hätten.

Mein Learning aus dieser Zeit: Reden hilft. Aber bitte strukturiert und effektiv. Und wenn das von allein nicht geht, dann bewirkt ein guter Moderator Wunder. Denn in dieser Zeit konnten wir nicht nur viele inhaltliche Themen für uns klären und auch den einen oder anderen Elefanten im Raum auflösen, sondern auch ein besseres Verständnis füreinander bzgl. der individuellen Interessen, Bedürfnisse und Sorgen generieren. Diese plötzliche Verwundbarkeit schweißte uns zusammen und ließ neues Vertrauen wachsen.

Und das ist das Key-Learning Nummer eins in meiner Nachfolge als Teilgesellschafterin: Ohne Vertrauen zueinander im Gesellschafterkreis wird die gemeinsame Führung des Unternehmens nicht funktionieren.

Mit der frisch gedruckten Familienverfassung, die wir an unserem ersten Familientag mit der gesamten Inhaberfamilie festlich besiegelten, fingen wir an, nicht nur das Vertragswerk zu überarbeiten, was aus den Beschlüssen der Familienverfassung resultierte, sondern auch das Unternehmen sukzessiv nach unserer Vorstellung umzubauen.

Es folgten die Einrichtung eines Aufsichtsrates, die Terminierung von regelmäßigen Gesellschaftersitzungen, die Etablierung einer zweiten Führungsebene, die Suche nach einem dritten Geschäftsführer, der gemeinsam mit zwei Familienmitgliedern das Unternehmen operativ leiten sollte und die Initiierung mehrerer strategischer Projekte, in die auch die nicht operativ tätigen Gesellschafter mit eingebunden waren.

Wir waren auf einem sehr guten Weg. Trotz immer ansteigenden, operativen Herausforderungen. Dann kam Corona.

Und in einem Business, das auf die Öffnung von Einkaufszentren angewiesen ist, rutschten wir schnell in die Verlustzone. Der andauernde

Lockdown für körpernahe Dienstleistungen zwang uns in die Knie und im September 2020 eröffneten wir das Insolvenzverfahren in Eigenregie, das ein halbes Jahr andauern sollte.

In dieser Zeit war nicht nur auf der unternehmerischen Seite einiges los, sondern auch auf der familiären. Denn wenn der Erfolg des Unternehmens ausbleibt, zeigt sich, wie stark die Unternehmerfamilie als Einheit wirklich ist.

Natürlich gab es bei uns jede Menge Nährboden für Konflikte und wir merkten recht schnell, dass das durch die Familienverfassung entwickelte Vertrauen noch sehr fragil war. Aber auch diese Krise schweißte uns zusammen, da wir das Commitment hatten, das Unternehmen gemeinsam durch diese existenzbedrohende Krise zu manövrieren und gestärkt in die Zukunft zu blicken.

Und wieder: Aufgrund der guten Erfahrungen, die wir bereits mit einer externen Begleitung im Vorfeld machten, ließen wir uns auch in dieser kritischen Unternehmensphase von jemandem unterstützen, sodass der Nährboden für Konflikte keine Chance hatte zu fruchten.

Mein Fazit aus dieser Zeit für die Nachfolge ist, dass Krisen ein wasserdichtes Gesellschafterteam für Entscheidungen benötigen. Dafür ist das vorher angesprochene Vertrauen unabdingbar. Ist dies nicht vorhanden, zieht das wohlbekannte Misstrauensmonster wieder ein und hat das Potenzial der Spaltung bzw. Parteienbildung huckepack.

Die Insolvenz durchstanden wir und das Unternehmen fiel zurück in Familienhand, sodass es heute mit den Herausforderungen unserer Zeit gesundet in die Zukunft blickt.

Ich selbst habe nach der turbulenten Zeit Resümee gezogen und mich gefragt, inwiefern ich nach meinen Vorstellungen die Nachfolge, die ich durch den plötzlichen Tod meines Vaters antrat, gestalten könne.

Das Ergebnis: Ich habe mich aus dem Unternehmen zurückgezogen und die Nachfolge für mich neu interpretiert. Das Erbe meines Vaters übe ich seit 2020 in veränderter Form in einer selbstständigen Tätigkeit aus. Die Erfahrungen, die ich dank der Zugehörigkeit zu einer Unternehmerfamilie machen durfte, gebe ich nun an andere Inhaberfamilien weiter und bin heute genau die Schlüsselperson, die uns damals in der Kommunikation so geholfen hat: Als Nachfolgeberaterin meiner eigenen Firma, Susanne Klier Family Business Consulting, begleite und unterstütze ich heute Inhaberfamilien als Coach und Moderatorin, ihren Generationswechsel erfolgreich zu meistern.

Meine Mission seitdem: den Familienfrieden in Unternehmerfamilien zu wahren und die Familie zu stärken, um so das Unternehmen für zukünftige Generationen zu sichern.

[1] Podcast IHK Kassel-Marburg, https://open.spotify.com show/6fAKj1Il1yWBlg44Yv912M.

[2] Vgl. Kirsten Baus, Die Inhaberstrategie, S. 22.

KATHARINA WAHBY

Geschäftsführerin der Robert Neudeck GmbH & Co. KG

Was hat dich darauf vorbereitet, Nachfolgerin zu werden?
Über 20 Jahre lang haben meine Mutter und ich die Firma gemeinsam geführt, sodass ich mehr als ausreichend Zeit hatte, mich in meiner Rolle als Nachfolgerin einzufinden. Meine Geschwister hatten nie Interesse an dem Unternehmen, sodass klar war: Ich werde allein die Nachfolge antreten.

Welches Wissen, das du nun hast, hättest du gerne bereits vor der Nachfolge gehabt?
Ich war noch sehr jung, als ich in die Firma eintrat. Meine Großeltern waren kurz zuvor gestorben und meine Mutter brauchte Unterstützung. Zu diesem Zeitpunkt habe ich mir die Frage gar nicht gestellt, ob ich die Nachfolge antreten möchte. Es war für mich selbstverständlich, dass ich meine Mutter unterstütze. Aus heutiger Sicht würde ich mir vor einer so den Lebensweg bestimmenden Entscheidung die Fragen stellen: Was möchtest du in deinem Leben, welche Dinge sind dir wichtig und passt das zur Entscheidung, in das Familienunternehmen einzutreten? Der Freiheitsgrad der Lebensgestaltung reduziert sich

mit einer so weitreichenden Entscheidung. Die Konsequenzen für meine Lebensgestaltung konnte ich damals nicht abschätzen.

Was ist deiner Meinung nach das Schwierigste bei der Nachfolge?
In einem Familienunternehmen ist die erste Herausforderung, in jeder Generation einen geeigneten Nachfolger zu finden, der das Unternehmen weiterführen möchte. Wenn das gelingt, sollte der Prozess der Übergabe der faktischen Verantwortung klar definiert werden. Dies ist bei uns nicht geglückt. Die rechtlichen und testamentarischen Regelungen waren nicht das Problem. Selbst wenn meine Mutter und ich auf dem Papier gleichgestellt waren, hat sie immer die Rolle des „Seniorchefs" innegehabt und auch nicht losgelassen. Wäre meine Mutter nicht plötzlich verstorben, wäre ich nie in die Position gekommen, das Unternehmen frei nach meinen Vorstellungen zu gestalten. Aus meiner Sicht sollte jeder Nachfolger den Freiraum erhalten, das Unternehmen in „seiner Zeit" frei gestalten zu können. Dafür muss die vorausgehende Generation loslassen und in die 2. Reihe oder ganz zurücktreten. Abhängig von der Persönlichkeitsstruktur ist das nicht immer gegeben. Allein über gesellschaftsrechtliche Positionen und Befugnisse ist dies nicht zu regeln.

WÜRDE ICH ES WIEDER TUN?

Mein Großvater hat das Unternehmen 1946 kurz nach dem Krieg gegründet. Er war ein klassischer Patriarch. Daher war es für ihn selbstverständlich, dass sein einziger Sohn, mein Onkel, Nachfolger wird.

Meine Mutter war die jüngste von drei Kindern, hat zwar auch im Unternehmen gearbeitet, kam aber als Frau für die Nachfolge nicht infrage. Somit hatte ich in meiner Kindheit wenig bis gar nichts mit dem Unternehmen zu tun, weil klar war, dass ich meinen Weg außerhalb der Firma gehen werde.

Während meines Studiums kam es zum Bruch zwischen meinem Großvater und meinem Onkel, sodass plötzlich meine Mutter die designierte Nachfolgerin wurde.

Dann ging alles sehr schnell, gegen Ende meines Studiums verstarb mein Großvater. Meine Mutter war nie wirklich auf die Nachfolge vorbereitet worden und sollte nun das Unternehmen allein führen. Nach zwei Jahren Erbauseinandersetzungen gab es für sie folgende Optionen: mein kurzfristiger Einstieg in das Unternehmen oder der Verkauf der Firma, weil sie sich die alleinige Verantwortung nicht zutraute.

Wieder ging alles sehr schnell. Eigentlich hätte ich gerne noch mehr Berufserfahrung außerhalb des Familienunternehmens gesammelt, dafür aber die Chance auf Selbstständigkeit aufzugeben, war es mir nicht wert. Somit bin ich mit 25 Jahren in die Firma eingestiegen.

Meine Mutter und ich hatten ein sehr enges Verhältnis, sie war meine engste Vertraute. Wir hatten besprochen, dass ich schnell in die Geschäftsführung aufgenommen werde und sie mir alle zehn Jahre gemäß Schenkungsfreibeträgen 20 Prozent Anteile überschreibt, sodass die Nachfolge steuerlich optimiert, ruhig und geregelt vonstattengeht.

Mit 26 Jahren war ich in der Geschäftsführung mit klar abgegrenztem Verantwortungsbereich und hatte 20 Prozent Anteile.

Der Leitspruch meines Großvaters war: „Unternehmer müssen unternehmen.“ Meine Arbeit machte mir viel Spaß und ich bekam die Zeit, die ich brauchte, um in die Verantwortung reinzuwachsen und „Unternehmersein“ zu lernen.

Als die nächste Anteilsübertragung anstand, erklärte mir meine Mutter, sie hätte es sich anders überlegt und wollte das nicht mehr. Wir hatten es nur mündlich vereinbart, da ich nie damit gerechnet hätte, dass meine Mutter ihr Wort nicht hält.

Mittlerweile war ich zehn Jahre in der Firma und bereit, die Unternehmensführung zu übernehmen. Doch meine Mutter konnte und wollte nicht loslassen.

Was darauf folgte, zeigt die Nachteile eines Familienunternehmens. Wir stritten immer öfter über die Belange der Firma. Doch die Diskussionen blieben nicht sachlich, wie zwischen Geschäftspartnern. Es gibt eine Vermischung von familiären Themen, Verletzungen und Rollenbildern. Im Privaten ist es ähnlich. Bei jedem Familientreffen sitzt die Firma mit am Tisch. Das Verhältnis zwischen meiner Mutter und mir wurde immer schlechter. Ich war mittlerweile 15 Jahre im Unternehmen und forderte zumindest Gleichberechtigung in der faktischen Führung des Unternehmens. Je mehr Druck ich aufbaute, desto mehr beharrte meine Mutter auf ihrer Macht. Sie begann, mich vor den Mitarbeitenden zu degradieren, Entscheidungen in meinem Bereich zu torpedieren und traf unternehmerische Entscheidungen, die einzig dem Ziel dienten, ihre Machtposition auszubauen. Parallel zu der unerträglichen Situation in der Firma degenerierte unser privates Verhältnis. Nachdem meine Mutter 30 Jahre lang meine engste Vertraute gewesen war, unterhielten wir uns privat nur noch über das Notwendigste. Das gemeinsame Arbeiten im Familienunternehmen zerstörte die Bindung zwischen meiner Mutter und mir. Wir haben es auch später nicht geschafft, unsere Beziehung als Mutter und Tochter zu reparieren.

Nach fünf Jahren Streitereien, mehreren Versuchen einer Mediation, die nichts gebracht haben, zog ich die Konsequenzen, gründete mit meinen Anteilen ein eigenes Tochterunternehmen und zog 400 km weit weg.

Die Kommunikation zwischen meiner Mutter und mir beschränkte sich sowohl im Geschäftlichen als auch im Privaten auf das Notwendigste. Eine konstruktive Diskussion war nicht möglich, in jedem Gespräch schwangen die persönlichen Verletzungen mit. Ein solcher Zustand zwischen den Gesellschaftern schadet jedem Familienunternehmen. Langfristig hätte es die strategische Weiterentwicklung unseres Unternehmens behindert.

Doch das Leben nimmt manchmal merkwürdige Wendungen. Fünf Jahre nach diesem Bruch zwischen meiner Mutter und mir, verstarb sie nach kurzer schwerer Krankheit.

Für mich war es selbstverständlich, in die Zentrale zurückzukehren und die Nachfolge anzunehmen.

Jetzt bin ich die Generation, die sich mit dem Thema Nachfolge beschäftigt. Deshalb zur Ausgangsfrage, würde ich es wieder tun beziehungsweise, wie möchte ich die Nachfolge gestalten?

Die Nachfolge in einem Familienunternehmen anzutreten, prägt das gesamte Leben. Man übernimmt die Verantwortung vorhergehender Generationen. Ich denke heute, diese Entscheidung sollte man erst treffen, wenn man sich sicher ist. Deshalb empfehle ich, sich erst selbst auszuprobieren, unabhängige Wege zu beschreiten, um sich dann bewusst für die Nachfolge zu entscheiden. Der familiäre Druck darf kein Entscheidungskriterium sein.

„Unternehmer müssen unternehmen." Wenn man sich für diesen Weg entscheidet, bietet er unendlich viele Chancen, sich zu entfalten. Man hat die Möglichkeit, die Entwicklung eines Unternehmens und seiner Mitarbeitenden selbst zu gestalten. Diese unternehmerischen Freiräume finden sich in keinen Angestelltenverhältnissen. Es ist ein Spannungsbogen, als Chef Entscheidungen zu treffen, mal richtig, mal falsch und dann die Konsequenzen des eigenen Handelns zu erleben. Die schlaflosen Nächte, in denen man grübelt.

Für mich war es aus heutiger Sicht die richtige Entscheidung, die Nachfolge anzutreten. Allerdings werde ich versuchen, einige Fehler der vorhergehenden Generation zu vermeiden, manches Passendes übernehmen.

Mein Großvater hat alle Kinder an der Firma beteiligt, was im Erbstreit beinahe zur Liquidierung der Firma geführt hätte.

Nach dieser ersten Nachfolge war für meine Mutter klar, die Nachfolge geht nur an Kinder, die aktiv in der Geschäftsführung mitarbeiten. Damit wird sichergestellt, dass die Firmeninteressen an erster Stelle stehen und der Unternehmensführer frei entscheiden kann, ohne unterschiedliche Interessen stiller Teilhaber berücksichtigen zu müssen. Anteilseigner, die die Belange der Firma nicht kennen, erschweren die Unternehmensführung.

Die zeitliche Übergabe wird vertraglich definiert. Einarbeitung ist notwendig und sinnvoll, aber nicht 25 Jahre lang. Der Nachfolger erhält bereits bei Eintritt in das Unternehmen klar abgegrenzte Kompetenzen und den Freiraum, von Anfang an an der Gestaltung und Ausrichtung des Unternehmens mitzuwirken. Der Zeitpunkt, an dem sowohl die gesellschaftsrechtliche Übergabe als auch der aktive Rückzug der abgebenden Generation erfolgt, wird festgeschrieben. Das Unternehmen darf nicht als Beschäftigungstherapie der abgebenden Generation dienen. Ein Unternehmen in die Zukunft zu führen, ist eine große Aufgabe und jede Generation hat eigene Herausforderungen, die sich im Laufe der Zeit ändern. Deshalb ist es wichtig, jungen Menschen Verantwortung zu übertragen, denn ihre Aufgabe wird es sein, das Unternehmen dynamisch und innovativ zu halten.

Ich arbeite an einer geordneten Übergabe mit transparenten, verlässlichen Spielregeln. Aufgrund meiner eigenen Erfahrungen möchte ich nicht, dass die Beziehung zu meiner Tochter durch emotionale Machtkämpfe belastet wird. Das Verhältnis zu meiner Tochter ist mir wichtiger als mein Job. Ich werde nicht an der Macht kleben wie die zwei Generationen vor mir. Damit wäre ich die erste Generation, der das gelingt. Das Ergebnis ist noch offen und erst die nächsten Jahre werden zeigen, ob ich erfolgreich sein werde. Wahrscheinlich werde ich andere Fehler machen. Aber das ist Unternehmertum. Entscheidungen zu treffen und mit den Konsequenzen umgehen.

DR. ANTJE ECKEL

Geschäftsführerin Dr. Eckel Animal Nutrition GmbH & Co. KG

Welche Fragen hast du dir gestellt, um über die Nachfolge zu entscheiden?

Erstens: Will ich, dass meine Kinder das Unternehmen weiterführen? Zweitens: Will ich ihnen diese Aufgabe antun? Unternehmensführung bedeutet viel Arbeit, Sorge, Entbehrung. Das darf man nicht aus Verantwortung machen, sondern nur, wenn man den inneren Antrieb dazu hat, wenn man es gerne macht, obwohl man weiß, was es bedeutet. Selbstständigkeit ist ein bisschen wie Bungeespringen: Man erlebt die Tiefen und die Höhen in absoluten Extremen.

Und drittens: Wollen meine Kinder das Unternehmen weiterführen? Wenn klar ist: Es gibt potenzielle Nachfolger, die die Nachfolge grundsätzlich übernehmen möchten und die Fähigkeiten dazu mitbringen, und die Kommunikation in dieser Offenheit weitergeführt wird, ist das zwar keine Garantie, dass der Generationswechsel gelingt, aber ein guter Anfang.

Wer war deine wichtigste Mentorin bzw. dein wichtigster Mentor?

Als ich 1994 mein Unternehmen gründete, hatte ich keine Mentorin im heutigen Sinn. Es gab kaum Netzwerke für Unternehmerinnen, erst recht nicht in der Agrarbranche, kein Start-up-Netzwerk. Ich hatte aber in meiner Schwiegermutter ein inspirierendes Vorbild. Sie war Ärztin in leitender Position in Vollzeit und zugleich Mutter von fünf Kindern. Und das in den 1960er-Jahren! Von ihr habe ich einige sehr wertvolle Impulse bekommen, gerade wenn es darum ging, den Konflikt zwischen Berufstätigkeit und Familie auszuhalten und beiden Rollen gerecht zu werden, Unternehmerin und Mutter.

Was ist deiner Meinung nach das Schwierigste bei der Nachfolge?
Ich glaube, das Schwierigste ist, die Kinder das „echte" Unternehmerleben üben zu lassen. Das geht nur, wenn sie viel Verantwortung bekommen und ihre eigenen Grenzen austesten können. Sie müssen selbst erfahren, ob sie das können und wollen. Dafür braucht es viel Verantwortung und Freiraum. Es ist schwer, als Eltern nicht einzugreifen, aber sie müssen ihren Weg finden, die Höhen und Tiefen kennen und lieben lernen.

Ganz wichtig – und schwierig – ist auch: Die Nachfolger müssen sich für das Unternehmen entscheiden, weil sie es selbst wollen. Nicht aus Liebe, Loyalität oder Pflichtbewusstsein. Unternehmerin ist ein Knochenjob, das macht man nicht Nine-to-Five. Wenn man es gerne macht, gibt es nichts Schöneres. Aber ich erwarte nicht von meinen Kindern, dass sie persönliche Kompromisse eingehen und sich für eine Aufgabe entscheiden, die sie selbst – und ihre Lebenspartner – nicht wirklich wollen. Natürlich soll es dem Unternehmen gut gehen. Aber ich habe in 30 Jahren Unternehmertum gelernt, dass es viele Wege nach Rom gibt. Wenn man die Rahmenbedingungen geklärt hat, findet sich ein Weg, auch jenseits der Familie.

Wie lief die Zusammenarbeit mit der Familie?
Vor einigen Jahren haben wir begonnen, konkret über Nachfolge zu sprechen. Davor haben wir den Kindern immer gesagt: Die Welt bietet tausend Möglichkeiten, macht das, was ihr am liebsten machen wollt! Wenn ihr euch nicht für das Unternehmen entscheidet, wird es auch eine gute Lösung für das Unternehmen geben. Vielleicht interessieren sich deshalb alle drei Kinder für das Unternehmen? Wir haben dann gemeinsam Workshops zur Firmenentwicklung durchgeführt. Dadurch konnten die Kinder sich besser

mit dem Unternehmen identifizieren und testen, ob es ihnen überhaupt liegt. Die Entscheidung, ins Unternehmen einzutreten, hat dann jeder für sich persönlich getroffen.

ALLES AUF ZUKUNFT – FÜNF GEDANKEN ZUM UNTERNEHMENSERFOLG FÜR DIE NÄCHSTE GENERATION

Unternehmensgründer gehen selten einen schnurgeraden Weg. Meist ist er kurvig, steinig, mit Aufs und Abs und immer wieder Abzweigungen, die sich mal als falsch, mal als goldrichtig erweisen. Jede von ihnen ist eine wertvolle Erfahrung, die der nachfolgenden Generation zugutekommt. Sie alle zusammen schaffen eine solide Basis, um das Unternehmen in die neue Zeit zu führen und eigene, ebenso wertvolle Erfahrungen machen zu können.

Vom Start-up zum Hidden Champion

Mein Unternehmen habe ich frisch nach der Promotion gegründet, mit zwei kleinen Kindern, viel Idealismus und mindestens ebenso viel Naivität. Ich wollte die Tierernährung verändern, die damals noch fast ausschließlich auf Antibiotika als Leistungsförderer setzte. Während meines Studiums hatte ich die Wirksamkeit von Pflanzenstoffen kennengelernt, und ich war sicher, dass hier ein großes Potenzial für die Tierernährung lag. Zu Anfang wurden wir belächelt, wenn wir alternative Zusatzstoffe vertrieben und mehr Tierwohl propagierten. Damals war das revolutionär, heute ist es Konsens. Unsere Zusatzstoffe reichern das Futter von Nutztieren an. Sie tragen dazu bei, dass die Tiere die Nährstoffe im Futter besser verwerten, weniger anfällig für Krankheiten, Entzündungen und Stress sind. Dadurch können Landwirte weniger Medikamente einsetzen, Ressourcen besser ausnutzen und Emissionsgrenzen einhalten, ihre Tiere leisten mehr, weil sie gesünder sind und länger leben.

2024 feiern wir 30. Geburtstag. Wir haben uns in dieser Zeit mehrfach verändert, und ich bin sicher, dass Dr. Eckel in 30 Jahren wieder ganz anders aussehen wird. Meine drei Kinder arbeiten inzwischen im Unternehmen, sie werden die Zukunft von Dr. Eckel maßgeblich prägen. Dabei werden sie ihren eigenen Weg finden müssen. Ob dieser Weg zum Erfolg führt, wird von vielen Faktoren abhängen. Einige Erkenntnisse, die ich in meiner Zeit als Unternehmenslenkerin gewonnen habe, sind so grundlegend und entscheidend, dass ich sie nicht nur meinen eigenen Kindern mitgeben möchte, sondern allen, die in der Situation stehen, ein Unternehmen weiterzuführen.

Baue ein Team auf, auf das du dich verlassen kannst

Zu Beginn war ich Einzelkämpferin. Mein Büro war das Schlafzimmer, die Garage das Lager, es ging erst einmal darum, Geld zu verdienen. Doch bald wurde mir klar, dass ich Hilfe brauchte. Ich brauchte Außendienst, Tierernährungsexperten, Buchhaltung, Marketing und nicht zu vergessen Babysitter. Als Erstes überzeugte ich meinen Mann, seinen sicheren Job zu kündigen und bei mir anzufangen. Die Entscheidung fiel nicht leicht, aber er hat sie nie bereut. Auch die Mitarbeiter, die in den folgenden beiden Jahren hinzukamen, arbeiten bis heute für Dr. Eckel. Sie sind ganz eng mit dem Unternehmen verbunden, und ihre riesige Erfahrung ist ein echter Schatz, gerade auch für junge Kollegen (einschließlich meiner Kinder). Sie lieben und schätzen die „alten Hasen“ und sind dankbar dafür, mit ihnen zusammenzuarbeiten. Beides zusammen macht ein erfolgreiches Team aus: Erfahrung und frische Ideen, Kontinuität und Innovation. Das ist der Boden, auf dem Motivation, Kreativität und Mut am besten gedeihen. Ein Unternehmen ist keine One-Woman-Show. Es braucht ein Team, das gemeinsam an einem Strang zieht, um ein Unternehmen zum Erfolg zu führen.

Sei gut und rede darüber

Als junges Unternehmen mussten wir unsere Ressourcen sehr gezielt einsetzen. Unsere erste Werbeanzeige erschien schwarz-weiß (das war günstiger), war eine Viertelseite groß und lautete: „Wir sind neu und gut.“ In derselben Woche, in der die Anzeige erschien, lernte ich den Geschäftsführer eines großen potenziellen Kunden kennen. Er gab mir zur Begrüßung die Hand, grinste und sagte: „Ihr seid also neu und gut?“ Unsere kleine graue Anzeige war ihm offenbar aufgefallen! In diesem Moment lernte ich, dass Marketing funktioniert, und dass es nicht immer viel Geld kosten muss. Wichtig ist, dass die Message gut ist.

Gerade in der heutigen Zeit, wo wir auf sämtlichen Kanälen mit Werbebotschaften überhäuft werden, ist die aussichtsreichste Form von Marketing, den Unternehmenszweck glaubwürdig und authentisch in die Außenkommunikation zu transportieren. In welcher Form und auf welchem Kanal ist zweitrangig. Hier haben gerade wir Familienunternehmen einen unschätzbaren Vorteil: Wir sind die ersten und besten Markenbotschafter, die kein externer Influencer ersetzen kann.

Hab eine solide Strategie – und den Mut, sie notfalls über den Haufen zu werfen

Ende der 1990er-Jahre hatten wir unser Marktpotenzial in Deutschland nahezu erreicht. Eine neue Wachstumsstrategie musste her. Wir hatten einige vielversprechende Produktideen, saßen im Herzen Europas, umgeben von Ländern mit großen Futtermittelmärkten. Diese Märkte wollten wir mit unseren Eigenprodukten erobern.

Dann aber kam aus heiterem Himmel eine Anfrage von den Philippinen. Ein Distributor wollte unsere Produkte kaufen; ganze Container. Vorauszahlung. Null Risiko. Ich war dagegen. Wir hatten eine saubere Strategie für den europäischen Markt aufgesetzt, und nun sollten wir Hals über Kopf nach Asien gehen? Während mein Mann auf die Philippinen flog, um sich die Sache selbst anzusehen, versuchte ich mit meinem Team, Argumente gegen diese Idee zu finden. Doch zu meiner Überraschung fanden wir eine Menge Gründe für einen Einstieg ins Asiengeschäft! Damit war die Entscheidung klar und die Europastrategie gestrichen.

Ich möchte allen Unternehmensnachfolgern ans Herz legen: Es ist wichtig, gut zu planen, eine saubere Strategie zu haben. Wenn dann eine neue Idee aufkommt, kann man beurteilen, ob es sich lohnt, dafür die Strategie über den Haufen zu werfen – und es auch tun!

Schütze dein Know-how, denn es ist kostbar

Bevor 2009 unsere eigene Produktion in Betrieb ging, arbeiteten wir mit einem Lohnhersteller zusammen, der unsere Eigenprodukte für den internationalen Markt produzierte. Das hatte lange Zeit gut funktioniert – dachten wir. Bis wir eines Tages einen Anruf von einem Mitbewerber unseres Lohnherstellers erhielten, der mit uns ins Geschäft kommen wollte. Als ich ablehnte, weil ich nicht wollte, dass unsere Rezepturen in Umlauf gerieten, lachte mein Gesprächspartner und meinte, das seien sie doch längst schon. Ein ehemaliger Mitarbeiter unseres Lohnherstellers hatte die Firma im Streit verlassen und Rezepturen der Auftraggeber mitgenommen.

Diese Erfahrung hat mich nachhaltig geprägt. Seitdem weiß ich: Ganz gleich, wie sehr man sich vertraglich absichert – sobald man Knowhow einmal preisgegeben hat, lässt sich dieses Wissen nicht wieder einfangen. So lukrativ outsourcen manchmal auch erscheint: Die Kernkompetenzen und das ureigene Wissen sollten immer im Unternehmen verbleiben. Denn sonst läuft man Gefahr, sich austauschbar zu machen, und damit ersetzlich.

Wenn alles gut läuft, hast du etwas übersehen

Diese Lektion lernte ich auf die harte Tour. Wir hatten damals eine Produktsparte im Portfolio, mit der wir für unseren Zulieferer innerhalb weniger Jahre den Marktanteil im Europageschäft von 20 auf über 60 Prozent gesteigert hatten. Dann aber wurde die Firma unseres Partners überraschend verkauft, der neue Eigentümer übernahm das Geschäft selbst. Wir waren raus und verloren von heute auf morgen einen wichtigen Teil unseres Umsatzes. Unser Fehler? Wir hatten nicht rechtzeitig erkannt, dass unser Erfolg gleichzeitig auch eine große Gefahr darstellte. Wir hatten uns auf diesem Erfolg ausgeruht und nicht nach Alternativen gesucht.

Seitdem gilt für mich: „Sei dir deines Erfolges nie zu sicher. Gerade, wenn es gut läuft, musst du diese Phase nutzen, um herauszufinden, was nicht gut läuft und es verbessern." Es ist eine meiner wichtigsten Lektionen – und womöglich für meine Kinder und mein Team die unangenehmste. Es ist zwar richtig, Erfolge zu feiern und auf das zu schauen, was man erreicht hat. Falsch wäre jedoch, sich zurückzulehnen und es dabei zu belassen. Denn nur in ruhigen Zeiten hat man die Chance, Schwachstellen zu entdecken, die das Potenzial einer Krise in sich tragen. Und die gibt es immer.

Eigene Wege gehen

Das Wichtigste für die Nachfolgegeneration ist, wachsen zu können, eigene Erfahrungen und Fehler zu machen. Nur dann kann das Unternehmen den Schritt in die nächste Generation machen und sich weiterentwickeln. Dafür braucht es offene Kommunikation, die richtige Haltung und im Idealfall ein stabil laufendes Geschäft. Ein Unternehmen, das eine solide Organisationsstruktur und zukunftsträchtige Geschäftsmodelle hat, verzeiht so manchen Fehler – und die werden zwangsläufig passieren.

In jedem Fall hilft, sich so früh wie möglich zusammenzusetzen und die einzelnen Wünsche und Vorstellungen offen zu kommunizieren. Die Nachfolger sollten ohne Erwartungsdruck ihre Rolle finden können. Ein externer Coach oder ein Mentoringnetzwerk können hier eine gute Unterstützung sein.

Ich habe das Glück, dass alle drei Kinder sich mit dem Unternehmen identifizieren können. Alle drei sind bereits ins Unternehmen eingestiegen, in unterschiedlichen Bereichen, und machen ihre Erfahrungen dort. Wir haben bereits vor einigen Jahren die Gesellschaftsstruktur angepasst und eine Familienverfassung aufgesetzt. Wenn meine Kinder in einigen Jahren die Nachfolge antreten, dann werden sie vor ganz anderen Herausforderungen stehen und eine ganz andere Verantwortung tragen als ich zu Beginn meiner Laufbahn. Sie werden vermutlich auf vieles besser vorbereitet sein, als ich es war, und auf manches trotz allem nicht.

Ich möchte dann sicher sein, dass wir alles getan haben, damit sie das Geschäft im Sinne der Unternehmenswerte weiterführen, den wirtschaftlichen Erfolg in zukünftigen Märkten sichern und dass sie dabei Freude und Erfüllung finden. Ich wünsche mir, dass sie den Mut haben, da gestalterisch tätig zu werden, wo unsere Generation vielleicht etwas kurzsichtig war. Alles andere wird die Zukunft zeigen.

DOMINIQUE C. PONTANI

Steuerberaterin, Geschäftsführerin der Präzisa Steuerberatungsgesellschaft mbH

Was fandest du vor der Übernahme am Unternehmen gut, was wolltest du unbedingt ändern?

Meine Passion ist es, als Steuerberaterin meinen Mandant:innen mit Rat und Tat zur Seite zu stehen. Dieser gehe ich als Selbstständige seit 2006 nach. Damals gründete ich meine Einzelkanzlei auf der grünen Wiese, sprich ohne einen einzigen Mandanten. Mein Geschäftsmodell funktionierte, die Anzahl der Mandant:innen und Mitarbeitenden wuchs stetig.

Gleichwohl festigte sich im Laufe meiner Selbstständigkeit der Gedanke, eine gewisse und zudem attraktive Klientel mit meiner aktuellen Gesellschaftsform nicht zu erreichen. 2015 entschied ich mich dafür, eine bestehende Steuerberatungsgesellschaft mbH zu erwerben und so zu expandieren.

Heute gestalte ich den nächsten Schritt. Auch wenn noch einige Jahre vergehen werden, bis ich mich aus dem Erwerbsleben verabschiede, so stelle ich heute schon die Weichen für die Übergabe meiner Unternehmen.

Was hat dich daran fasziniert, Vorgängerin zu sein?
Nun, dass mit der Faszination ist so eine Sache. Zunächst hatte ich der Realität in die Augen gesehen. Vornehmlich haben mich zwei Gedanken motiviert, frühzeitig ins Handeln zu kommen:

- mein aktuelles Arbeitsvolumen,
- die gegenwärtigen Entwicklungen auf dem Markt der Steuerberater.

Abwarten, und ein Jahr vor meiner Rente einen Nachfolger zu suchen, ist dadurch für mich nie eine Option gewesen. Als Unternehmerin bin ich es gewohnt, Entscheidungen zu treffen und eine aktive Rolle einzunehmen. Selbstverständlich war und ist das kein Spaziergang. Es gilt schließlich, verantwortungsvoll mit Geschäftspartner:innen, Mitarbeitenden, Nachfolgenden, meiner Familie und natürlich mit mir selbst einen Weg zu gestalten, der so gut wie nur irgend möglich ist.

Faszinierend finde ich immer aus einer Position der eigenen Stärke handeln zu können. Das versetzt mich in die Lage, Sachverhalte zu gestalten und die bestmöglichen Lösungen herbeizuführen.

Welches Wissen, das du nun hast, hättest du gerne bereits vor der Nachfolge gehabt?
Es mag wie eine Berufskrankheit klingen, Gründer:innen bzw. Nachfolger:innen nach einem Businessplan zu fragen. Inzwischen bin ich davon überzeugt: Solch ein Werkzeug hilft auch bei der Übergabe des eigenen Unternehmens. Eine Übergabe hat viele Facetten, auch für den abgebenden Unternehmer. Alle Punkte, die einem wichtig sind, die Meilensteine, der Zeitplan, das ganze Konzept für die Übergabe zu verschriftlichen, hilft ungemein.

Mir hat zudem mein agiles Mindset, sprich im Grunde meine offene Haltung Neuem gegenüber geholfen. Der vorstehend genannte Plan beschreibt den Rahmen. Es gilt dann aber auch diesen flexibel und kreativ zu realisieren und dabei den Blick auf das Große und Ganze zu behalten.

Was ist deiner Meinung nach das Schwierigste bei der Nachfolge?
Die Suche als solches nach einem geeigneten Nachfolger oder einer geeigneten Nachfolgerin und das Festlegen des Zeitpunktes, zu dem das Projekt „Unternehmensübergabe“ gestartet werden soll.

Zweifelsohne ist da eine Abhängigkeit gegeben. Wenn die Nachfolge jedoch noch nicht feststeht, darf die Dauer für die Suche nach einer geeigneten Person nicht unterschätzt werden. Hinzu kommt dann die Zeit für die Abstimmung untereinander und die Realisierung.

Meine Empfehlung an dieser Stelle ist: Verschaffen Sie sich die Zeit für dieses Unterfangen dann, wenn Sie noch ausreichend davon haben und womöglich auch das Marktumfeld günstig ist.

UNTERNEHMENSNACHFOLGE ZUR RECHTEN ZEIT GESTALTEN

Die letzten drei Jahre waren außerordentlich anspruchsvoll und haben in mir vielfältige Denkprozesse angestoßen und mich unter anderen motiviert, mich aktiv mit dem Thema Unternehmensnachfolge auseinanderzusetzen.

„Alles ist für etwas gut" – das ist einer meiner persönlichen Glaubenssätze. Und so war es auch ganz oft in meinem Leben. Mit dieser Einstellung, und der vielleicht daraus abgeleiteten Haltung, war das berühmte Glas immer halb voll. Stets bin ich dann hergegangen und habe versucht, das Glas ganz vollzumachen.

Um im Bild zu bleiben, heute ist jenes Glas voll. Übersetzt auf mein Berufsleben bedeutet dies: Ich bin Inhaberin zweier Steuerberatungskanzleien.

Meine erste Gesellschaft hatte ich auf der grünen Wiese gegründet, die andere hatte ich einige Jahre später als Nachfolgerin übernommen. Aktuell bin ich dabei, meine Unternehmensübergaben, sprich meine Nachfolgen, zu gestalten. Für mich bedeutet dies heute schon Entscheidungen zu treffen und Weichen zu stellen, damit ich mit meinem Ausscheiden aus dem Erwerbsleben die beiden Kanzleien gut aufgestellt übergeben kann. Ich habe bewusst mit dem Prozess sehr viele Jahre vor meinem Ausstieg damit angefangen, weil ich verantwortungsvoll und ohne Not diesen Wechsel vorbereiten und durchführen möchte.

Mit meinem Beitrag möchte ich Ihnen zunächst einen kleinen Einblick in meine seinerzeit getätigte Übernahme geben. Danach werde ich die Perspektive wechseln und möchte mit Ihnen einige meiner Erfahrungen und Gedanken zur Abgabe der Unternehmen teilen.

Meine Expansion

Nach meiner festen Überzeugung sind Kunden der Beginn von Wertschöpfung in Unternehmen. Folglich wollen diese für das eigene Unternehmen begeistert und auch gehalten werden. Mit meiner Einzelkanzlei machte ich in der damals vorhandenen Aufstellung mehrfach die Erfahrung, an bestimmte attraktive Mandanten nicht zu gelangen. So beschäftigte ich mich damit, meine Einzelkanzlei in eine andere Gesellschaftsform umzuwandeln oder eine Kapitalgesellschaft anderweitig als Unternehmensform zu entwickeln. Schlussendlich entschied ich mich dafür, meine Einzelkanzlei mit einem inzwischen etablierten Markennamen zu behalten und eine bestehende Steuerberatungsgesellschaft mbH zu erwerben.

Die Übernahme war für mich eine gewaltige Herausforderung. Anspruchsvoll, aber gut zu realisieren waren die Vorbereitungen, die Gespräche mit der abgebenden Geschäftsleitung und den damit einhergehenden Vertragsverhandlungen. Der tatsächlich intensive Teil begann mit dem Tag der Übernahme. Zwei Beispiele: Die sozialen Strukturen in meinem neuen Unternehmen waren mir neu, ebenso wichen einige Prozesse in der Arbeitsorganisation deutlich von meiner Einzelkanzlei bzw. meiner Erwartungshaltung ab. Nicht, dass ich naiv in dieses Projekt gestartet bin. Ich glaube, in den Vorgesprächen kann man nur einen begrenzten Einblick in das Unternehmen erhalten, welches man kaufen möchte. Mir war natürlich im Vorfeld klar, eine Übernahme ist kein Sprint, eher ein Marathon. Es braucht schlicht Zeit, Vertrauen untereinander aufzubauen, Prozesse zu optimieren sowie neue Arbeitsweisen zu etablieren und selbstverständlich auch die Kunden von den eigenen Fähigkeiten, Konzepten und Produkten zu überzeugen. Dabei bleibt es nicht aus, Kunden und auch Mitarbeitende zu verlieren. Beides ist vorhersehbar, und gut gemanagt auch ein heilender Prozess. Mein Kurzfazit in der Rückschau ist: Das Projekt hat mich mehr Zeit gekostet als gedacht, ich habe viel dazugelernt und bin daran weitergereift.

Mein Happy End,

... die Abgabe meiner beiden Unternehmen, ist noch in weiter Ferne. Aber ich habe das Vorhaben schon deutlich im Fokus. Einige Gedanken daran sind noch am Reifen – andere sind für mich schon glasklar.

Meine Work-Life-Balance will ich zum Beispiel unbedingt verbessern. „Natürlich", werden Sie vielleicht denken, „wer will das nicht". Und natürlich möchte ich dies auch aus egoistischen Gründen, aber eben nicht nur. Als Inhaberin und Berufsträgerin (Steuerberater sind öffentlich bestellt) trage ich eine große Verantwortung: gegenüber meinen Mandant:innen und selbstverständlich auch gegenüber meinem Personal. Was passiert, wenn ich ausfalle, gar langfristig wegen z. B. Burnout, nicht zur Verfügung stehe? Die Kanzleien können und dürfen nur von einem Berufsträger geführt werden. Bin ich nicht da, funktioniert ein ganz wesentlicher Teil der Unternehmen nicht. Folglich ist heute schon eines meiner Ziele, Verantwortung zu teilen und, wo möglich, loszulassen.

Ein weiterer klarer Punkt ist für mich, den Absprung nicht zu verpassen. Schaue ich in meine Mandantschaft, dann sehe ich vereinzelt auch Unternehmer, welche noch im betagten Alter als Geschäftsführer tätig sind. Verstehen Sie mich bitte nicht falsch, selbstverständlich darf das jeder für sich festlegen. Wenn es mir vergönnt ist, möchte ich mich im Herbst meines Lebens auch anderen Dingen zuwenden.

Mit dem oben genannten Punkt geht für mich die Erkenntnis einher, auf Unvorhersehbares so gut wie möglich vorbereitet zu sein. Die Corona-Pandemie ist für mich ein solches Ereignis. Die Pandemie hat uns unvorbereitet getroffen, mit Blick auf die Unternehmen viele Existenzen gekostet und zu einer Umverteilung des Arbeitsmarktes geführt. Heute ist der Fachkräftemangel überall greifbar. Nun gehe ich nicht davon aus, regelmäßig eine Pandemie zu durchlaufen, es gibt aber auch andere unvorhersehbare Ereignisse, welche meine Kraft und Zeit binden können und es mir unmöglich machen, mich mit einer Nachfolge zu befassen. Dem möchte ich heute vorbeugen.

Als Unternehmerin treffe ich tagtäglich eine Vielzahl an Entscheidungen. Für das Projekt Unternehmensübergabe habe ich den Blick klar nach vorne gerichtet, dabei ist das richtige Timing ein für mich wichtiger Aspekt. Es gibt Situationen, in denen man handeln muss, andere, in denen man nicht oder nur schwer handeln kann. Glücklicherweise gibt es aber auch Bereiche, in denen man auf jeden Fall handeln sollte. Für mich ist das Thema Unternehmensabgabe definitiv ein Thema, bei dem ich handeln will. Ich will den Ablauf, den Zeitpunkt bestimmen und nicht Getriebene sein, weil es äußere Umstände nicht anders zulassen.

Für mich stellte sich nach dem Wann natürlich auch die Frage nach dem Wie. Eines meiner Zielbilder ist es, mein berufliches Lebenswerk nachhaltig in gute Hände zu legen. Ich muss und will nicht morgen aufhören, vielmehr möchte ich über einen langen Zeitraum meine Nachfolgerin einarbeiten. Dadurch möchte ich eine Win-Win-Win-Win-Lösung schaffen. Einige Gedanken dazu:

1. Win – meine Mandant:innen

Vertrauen und Kompetenz sind wichtige Säulen meines Geschäftsmodells. Ein kurzes Kennenlernen und ein Nachweis von Fachkenntnis reichen für eine nachhaltige Geschäftsbeziehung nicht aus. Im Idealfall haben meine Mandant:innen die Möglichkeit, meine Nachfolgerin über Jahre kennen- und ihre Expertise schätzen zu lernen.

2. Win – meine Mitarbeitenden

Gleiches gilt im Grunde für meine Mitarbeitenden Ich möchte meinen Angestellten auch eine Perspektive bei meiner Nachfolgerin geben. Beide Seiten sollen Zeit haben, das gegenseitige notwendige Vertrauen wachsen zu lassen.

3. Win – meine Nachfolgerin

Ergänzend zu den oben stehenden Punkten soll sie ihr künftiges Unternehmen mitprägen können. Ein Blick von außen in das eigene Unternehmen kann viele Chancen eröffnen. Geschäftsprozesse können auf den Prüfstand gestellt und IT-Systeme beispielsweise angepasst oder ausgebaut werden. Dadurch können Synergien gehoben sowie Zeit und Kosten gespart werden.

4. Win – ich selbst

Funktioniert das Vorstehende, dann verspreche ich mir davon, entlastet zu werden, Tätigkeiten abzugeben und so Stück für Stück Verantwortung zu verschieben. Mir macht es Freude, meine Nachfolgerin als Mentorin begleiten zu dürfen.

Meine Suche ...

nach einer geeigneten Nachfolgerin war gar nicht so einfach. Es gibt formale Ansprüche, persönliche Wünsche von mir, Vorstellungen der Nachfolgerin und natürlich auch die Frage, wie erreiche ich den Kreis der potenziellen Nachfolgerinnen?

Formal darf eine Steuerberatungskanzlei nur führen, wer nach langjähriger Ausbildung eine anspruchsvolle Prüfung gemeistert hat. In den vergangenen Jahren hatte in etwa jeder zweite Teilnehmer einer Steuerberaterprüfung diese erfolgreich absolviert. Mir ist wichtig, jemanden zu finden, der zu mir, zu uns und zu unserer Unternehmensphilosophie passt. Und ist die begleitete Überführung auch das, was „Mrs. Right" überhaupt möchte?

Um das alles ausloten zu können, wollen potenzielle Nachfolger:innen aber erst mal gefunden werden. Hier hatte ich mehrere Ansätze im Auge, zum Beispiel das „Nutzen" meiner Netzwerke oder auch von Börsen, z. B. der von den Berufskammern. Am Ende hatte ich Glück, aus einer Anstellung hat sich meine Nachfolgerin entwickelt.

Meinem Ziel bin ich inzwischen nähergekommen. Wir tauschen uns rege aus und gehen gemeinsam viel an. Eines unserer ersten internen Projekte ist, die IT der beiden Kanzleien zu optimieren und auszubauen. Arbeitsprozesse werden überprüft und verbessert. Wir sind auf einem guten Weg und verfolgen die gleichen Ziele.

„Alles ist für etwas gut." Oft gebrauchen wir den Spruch, wenn gerade etwas nicht ganz rund läuft. Ich wollte aus einer Position der Stärke heraus mein Ziel erreichen. Dem komme ich näher. Und wenn es so weitergeht, dann wird es nicht gut, sondern sehr gut.

DR. CAROLINE VON KRETSCHMANN

Geschäftsführende Gesellschafterin des Hotels Europäischer Hof Heidelberg

Was hat dich darauf vorbereitet, Nachfolgerin zu werden?

Alles und nichts. ALLES, weil ich schon von klein auf eine Beziehung zu unserem damals in dritter Generation geführten Familienunternehmen entwickelt habe, das für mich Teil unserer Familie war. Ein Familienmitglied, das sehr viel Aufmerksamkeit eingefordert hat. Die Art und Weise, wie meine Eltern das Unternehmen geführt haben, die feine Präsenz von unternehmerischen Themen, das regelmäßige Sein im Unternehmen und das Miterleben von Abläufen war rückblickend eine Art Vorbereitung. Hilfreich war sicherlich mein Betriebswirtschaftsstudium, meine 15-jährige Tätigkeit als Strategie- und Organisationsberaterin und die Tatsache, dass ich nach vier Jahren in einer großen Unternehmensberatung mit einer Kollegin eine eigene Beratung gegründet habe. Die dort aufgebauten Kompetenzen insbesondere im Bereich der Führung sowie der Mut, die Verantwortung für ein Unternehmen und dessen Mitarbeitende zu übernehmen, haben es mir später erleichtert, ins Familienunternehmen einzutreten. Wichtig waren schließlich eine Ausbildung zum systemischen Berater und Coach und meine Lebensgefährtin, die bereits mehrere Jahre im Feld der systemischen Beratung aktiv war. Durch sie und die Ausbildung kam ich in Verbindung zum systemischen Ansatz, der eine wichtige Grundlage für mein Verständnis von Familienunternehmen und damit auch für unseren Nachfolgeprozess war. NICHTS, weil jede Nachfolge einzigartig ist. Weil sie nicht linear erfolgt, weil Dinge passieren, die nicht vorhersehbar sind, weil manches schneller geht und manches langsamer und weil es ein Prozess ist, der persönliche Entwicklungen von allen Akteuren erfordert, die man nicht vorab durchdenken kann, sondern die man durchleben, erfahren und machen muss.

Was hat dich daran fasziniert, Nachfolgerin zu werden?
Gereizt hat mich die Möglichkeit, Verantwortung für ein Unternehmen zu übernehmen, das meine Urgroßeltern mit Mut aufgebaut und meine Eltern über 55 Jahre mit unternehmerischer Leidenschaft und Herzblut erfolgreich geführt haben. Es stecken so viele familiäre Energien in diesem Haus und es ist faszinierend, welche Anziehungskraft Familienunternehmen auf ihre Nachfolger und Nachfolgerinnen ausüben.

Was ist deiner Meinung nach das Schwierigste bei der Nachfolge?
Grundsätzlich ist aus meiner Sicht das Schwierigste, dass in der besonderen Konstruktion des Familienunternehmens (Koevolution der Teilsysteme Familie, Unternehmen und Gesellschafterkreis) unterschiedliche und sich zum Teil widersprechende Rollen- und Verhaltenserwartungen an die darin tätigen Akteure und Akteurinnen angelegt sind. Die Verstrickung von geschäftlichen und familiären Interessen und Emotionen ist ein sehr fruchtbarer Nährboden für Spannungen und zugleich wichtige „Reibungs-Ressource" für unternehmerische Lösungsfindungen und persönliches Wachstum. Für mich war es das Anspruchsvollste in unserem Nachfolgeprozess, in die Rolle der „kraftvollen" Nachfolgerin hineinzuwachsen, ohne die Rolle der Tochter grundsätzlich zu irritieren. Gefühlt habe ich eine zweite Pubertät durchgemacht. Erfolgskritisch war und ist, dass meine Eltern und mich ein enges Band der Liebe verbindet, das die zwingend erforderlichen und funktionalen Auseinandersetzungen trägt. Wer gute Nachfolge gestalten will, muss aus meiner Sicht gut streiten können.

DIE KUNST DES ÜBERGANGS ODER WIE MAN IM SPANNUNGSFELD VON GEFÜHL UND GESCHÄFT GEMEINSAM WACHSEN KANN

Unternehmensnachfolgen sind meistens komplex, emotional, ambivalent und für alle Beteiligten herausfordernd. Und: Sie sind immer einzigartig. So einzigartig wie das individuelle Familienunternehmen und die mit ihm koevolutionär verbundene Unternehmerfamilie. Es gibt daher keine Patentrezepte, wie Nachfolgen gelingen. Zugleich gibt es Erfolgsfaktoren, die dazu beitragen können, dass Nachfolgen besser verlaufen als andere und Vorgehende und Nachfolgende in diesem anspruchsvollen, aber überlebenswichtigen Prozess zudem noch gemeinsam und ganz individuell wachsen können. Für den Übergang von der dritten zur vierten Generation im Europäischen Hof Heidelberg gab es insbesondere zwei Faktoren, die erfolgskritisch waren.

Unser Familienunternehmen ist eines der wenigen privat geführten 5-Sterne-Stadthotels ohne kapitalstarke Investoren im Hintergrund, die in Deutschland noch existieren. Die anspruchsvolle unternehmerische Situation, dass wir seit fast 160 Jahren in einem renditeschwachen Markt in einer kleinen Studentenstadt ohne die üblichen, für ein Luxushotel erforderlichen, Rahmenbedingungen agieren, beeinflusste für mich auch die Nachfolge. In ein Unternehmen als Nachfolgerin einzutreten, in dem Scheitern jedes Jahr eine realistische Option ist, und in dem es großer unternehmerischer Kompetenzen und großer Resilienz bedarf, um bestehen zu können, war zweifellos eine Hürde. Nicht nur für mich, auch für meine Eltern. Aufgrund dieser ökonomischen Unsicherheit haben unsere Eltern meinem älteren Bruder und mir nach dem Abitur nahegelegt, dass wir erst einmal unseren eigenen Weg gehen sollten, um später frei entscheiden zu können, ob wir das Hotel übernehmen wollten oder nicht. Das haben wir gemacht, beide eine Banklehre absolviert und Betriebswirtschaftslehre studiert. Nach dem Studium fing ich in einer internationalen Strategie- und Organisationsberatung an und gründete nach vier Jahren schließlich mit einer Kollegin eine eigene Beratung in Berlin.

Erfolgsfaktor 1: Sei dir immer bewusst, welchen Hut du gerade trägst.

Als meine Eltern, die das Hotel Mitte 20 von der 77-jährigen Großmutter meines Vaters übernommen hatten, 65 wurden, rückte die familieninterne Nachfolge in den Möglichkeitsraum. Sie fragten mich und meine Lebensgefährtin, die schon damals eine sehr erfolgreiche Executive Business Coachin und Teamentwicklerin war und mehrjährige Führungserfahrung hatte, ob wir das Haus übernehmen wollten. Meine mittlerweile 15-jährige Tätigkeit als Unternehmensberaterin und die Tatsache, dass ich selbst ein Unternehmen gegründet und geführt hatte, machte mich für meine Eltern eher zur potenziellen Nachfolgerin als meinen Bruder, der sehr erfolgreich Karriere als Investmentbanker in einer international tätigen Bank gemacht hatte. Das war, um die Komplexität von Familienunternehmen wissend, die mit dem Familien-, Unternehmens- und Eigentumssystem aus drei nebeneinander existierenden und zum Teil nach unterschiedlichen Logiken funktionierenden Subsystemen bestehen[1], nicht selbstverständlich. Denn meine Eltern agierten, indem sie mich und meine Lebensgefährtin und nicht meinen Bruder fragten, nicht in der Rolle als „Vater und Mutter", sondern in der Rolle als „Unternehmer". Als „Vater und Mutter", also als Akteure aus dem „Familiensystem", in dem unter anderem der Wert der „Gleichheit" gilt („ich liebe und behandle alle meine Kinder gleich und dadurch gerecht"), hätten sie meinem Bruder und mir gleichermaßen die Nachfolge anbieten „müssen". Stattdessen haben sie als „Unternehmer" entschieden und die gefragt, von der sie glaubten, dass sie am besten für die Führung des Hotels geeignet war. Denn: Im Unternehmen gilt konträr der Wert der „Ungleichheit" bzw. der „Leistungsgerechtigkeit" (z. B. der Vorstand mit Erfahrung und mehr Kompetenz verdient mehr als der Auszubildende). Diese Fähigkeit, bewusst und reflektiert in den unterschiedlichen Rollen und mit den damit verbundenen unterschiedlichen Verhaltenserwartungen umgehen zu können, ist in Familienunternehmen grundsätzlich, aber in Nachfolgeprozessen insbesondere, ein wichtiger Erfolgsfaktor. Übrigens: Wertvoll, dass es an dieser Stelle nicht bereits zu Verletzungen oder vielleicht sogar zu einem Abbruch kam, war auch die Tatsache, dass mein Bruder diese Entscheidung wiederum in der richtigen Rolle aufgenommen hat. Also nicht als Sohn die familiäre Gerechtigkeitslogik anlegend, sondern als potenzieller Nachfolger, der unternehmerischen Leistungslogik folgend. Durch diese Haltung war es meinem Bruder selbstwerterhaltend möglich, das „Nicht-gefragt-werden" nicht als persönliche Zurückweisung bzw. familiäre Ausgrenzung wahrzunehmen, sondern als unternehmerische Entscheidung, die er zudem in seiner Rolle als Gesellschafter guthieß. Hilfreich war sicherlich auch, dass er zufrieden in seinem bisherigen Tätigkeitsfeld war und keine Ambitionen hatte, die Nachfolge anzutreten.

Erfolgsfaktor 2: Finde als Nachfolgender eine gute Balance zwischen Bewährtem und Neuem und organisiere dir als Vorgehender „Infragestellung".

Es ist eine bekannte Tatsache, dass ein Zuviel an Veränderung und Neuem genauso schädlich sein kann wie ein Zuviel an Beharrung und Bewährtem. Ich wusste, dass ich als Nachfolgerin zwei Kernfehler machen konnte: Der eine war die totale Anpassung. Das heißt, ich mache aus Konfliktvermeidung und familiärem Harmoniestreben alles so weiter, wie es meine Eltern gemacht haben. Diese im wahrsten Sinne des Wortes konservierende und konservative Strategie wäre zwar gut für den Familienfrieden gewesen, aber schlecht für das Unternehmen. Denn wenn ich nur bewahrt und alles gleich gemacht hätte, dann hätte ich als Nachfolgerin keinen Unterschied gemacht und damit die Innovationskraft, die Wettbewerbsfähigkeit und schließlich die Überlebensfähigkeit des Hotels gefährdet. Genauso falsch wäre das andere Extrem gewesen, wenn ich aus Prinzip alles anders gemacht und alles Bewährte zerstört hätte. Beide Extremstrategien führen in der Regel nicht zum Erfolg. Die Wahrheit liegt wie so oft in der Mitte und erfordert vom Nachfolgenden die Fähigkeit, zu erkennen, was bewahrt und was verändert werden sollte bzw. wofür es sich lohnt und wichtig ist, in den Konflikt zu gehen und wo Erhalt und Konsens angebracht sind. Ich selbst bin erst nach und nach in diese Rolle der „mutigen In-Frage-Stellenden" hineingewachsen. Hier musste ich mich sehr strecken, denn ich war bis dahin grundsätzlich konfliktavers. Um die Familienharmonie nicht zu gefährden, habe ich am Anfang verstärkt in der Tochterrolle agiert und mir zunächst ein Feld gesucht, das weder von meiner Mutter noch von meinem Vater wirklich besetzt war: Marketing und Vertrieb. Hier konnte ich „Neues" machen (z. B. einen Relaunch der Website), ohne meine Mutter oder meinen Vater zu irritieren und den dann notwendigen Konflikt austragen zu müssen. Stattdessen habe ich mich im „Konfliktschatten" in das Unternehmen und in die Branche eingearbeit und tragfähige Verbindungen im Hotel aufgebaut. Erst nachdem ich schon einen guten Stand im Unternehmen hatte und mir über Projekte den Respekt meiner Kolleginnen und Kollegen und vor allem meiner Eltern erarbeitet hatte, bin ich mutig in die Felder meiner Eltern vorgestoßen (z. B. in das Thema Investitionen). Bewährtes infrage zu stellen und konstruktiv zu destabilisieren, bedeutet immer Reibung und Konflikt, denn das Bewährte wurde mit Energie und guten Gründen aufgebaut und wird in den wenigsten Fällen einfach über Bord geworfen. Mir war es wichtig, diese Neuerungen in der richtigen Haltung anzugehen, also wertschätzend für das Alte und zugleich klar im Ziel, es zu verändern. Die Tatsache, dass wir in der Lage waren, uns gut zu streiten, war dabei erfolgskritisch. Denn nicht nur Unternehmen sind um Konflikte gebaut[2], sondern auch Nachfolgen. Und deswegen ist es nicht nur wichtig, dass die Nachfolgenden sich trauen, Bewährtes infrage zu stellen (z. B. wollte ich in neue Bäder investieren und mein Vater in einen neuen Veranstaltungsraum, was einen starken Konflikt ausgelöst hat), sondern es ist genauso wichtig, dass Vorgehende dieses „Infrage-Stellen" aktiv einfordern und fördern. Das ist sehr anspruchsvoll, denn es läuft dem natürlichen und menschlichen Wunsch nach Bestätigung und Bewahrung zuwider. Die Infragestellung bestehender Strukturen, Prozesse, Denk- und Handlungsweisen wird häufig als Angriff interpretiert, der eine Abwehrreaktion auslöst. Im Fall einer Identifikation des Vorgehenden mit Strukturen etc. wird diese Infragestellung sogar als persönliche Abwertung wahrgenommen. Es erfordert daher ein hohes Maß an Reflexion und Bewusstheit, die Infragestellungen nicht als Kränkung, sondern als konstruktive und wertvolle Destabilisierung zu sehen. In dieser Hinsicht mussten sich meine Eltern wiederum strecken. Jeder der Beteiligten hat seine ganz eigene Wachstumsaufgabe. Wichtig für uns in diesem Entwicklungs- und Wachstumskontext war die Toleranz für Entwicklungsschritte, das heißt „Rückfälle" als zugehörig anzusehen und uns Zeit zuzugestehen, jeweils die innerliche Arbeit zu tun, die es zu tun galt und gilt.

Persönliches und kollektives Wachstum ist lebenslang möglich und kann gerade im Kontext von Nachfolgen sehr berührend, beglückend und befreiend sein. Das mutige Verlassen der individuellen Komfortzone genauso wie die bewusste und gemeinsame Nichterfüllung der Harmonievorgabe der Familienlogik sind dafür essenziell.

[1] Von Schlippe, Arist; Frank, Hermann (2013). The Theory of Social Systems as a Framework for Understanding Family Businesses.

[2] Klaus Eidenschink, Metatheorie der Veränderung.

SOPHIA ADLER

Teil der Geschäftsführung – Adler Parkett

Welche Fragen hast du dir gestellt, um über die Nachfolge zu entscheiden?

Werde ich auch als Branchen-Fremde eine gute Nachfolgerin sein? Welche Vision habe ich für dieses Unternehmen und wie sehe ich mich darin?

Was hat dich daran fasziniert, Nachfolgerin zu werden?
Eine Berufung zu haben, die sinnerfüllt und facettenreich ist, bei der man sich stets weiterentwickelt.

Wenn du keine Nachfolgerin geworden wärst – welchen Beruf hättest du dann heute?
Entweder Sales in einem spannenden Konzern oder eine eigene Marketing- und Consulting-Agentur für KMU.

Was fandest du vor der Übernahme am Unternehmen gut, was wolltest du unbedingt ändern?
Mich haben schon immer unsere Produkte beeindruckt und welche

tollen handwerklichen Möglichkeiten wir haben. Dies wissen aber die wenigsten Akteure in unserer Branche. Mir ist es daher wichtig, der ganzen Welt zu erzählen, was wir können und welche Kompetenzen in uns schlummern.

Was hat dich darauf vorbereitet, Nachfolgerin zu werden?
Neben meinem BWL-Studium einige Praktika im eigenen Familienunternehmen.

Wer war deine wichtigste Mentorin bzw. dein wichtigster Mentor?
Stets mein Vater und teilweise mein Großvater.

Welches Wissen, das du nun hast, hättest du gerne bereits vor der Nachfolge gehabt?
Hier gibt es sehr viele Punkte, jedoch ist es wichtig und es gehört dazu, Fehler zu machen.

Was ist deiner Meinung nach das Schwierigste bei der Nachfolge?
Zu lernen, mit der Familie zusammenzuarbeiten und sich selbst treu zu bleiben.

Wie lief die Zusammenarbeit mit der Familie?
Die Rollen neu zu definieren war das Herausforderndste – nun war ich nicht nur Tochter, sondern auch Geschäftspartnerin und Nachfolgerin. In welcher Rolle spreche ich gerade? Als Tochter oder geschäftlich? Dieses Einspielen hat gedauert, aber es funktioniert sehr gut!

MACH DEINE HERAUSFORDERUNGEN ZU DEINEN STÄRKEN

Wenn ich eines in den letzten Jahren gelernt habe, dann dass die Nachfolge in einem Familienunternehmen viele Hürden und Probleme mit sich bringt, aber auch eine unglaubliche Chance birgt, eine sinnerfüllte Berufung zu finden. Diese Herausforderungen und Probleme sind es jedoch, die uns im Laufe des Prozesses wachsen lassen und uns zu erfolgreichen Unternehmerinnen und Unternehmern machen. Ich habe aus diesen Erfahrungen viel gelernt und bin überzeugt, dass die Nachfolge niemals langweilig wird und immer Raum für persönliches Wachstum bietet. Im Folgenden möchte ich gerne meine größten Herausforderungen teilen, die ich mittlerweile als Stärken begreife.

Druck und Unsicherheit vs. Probezeit

Eine Nachfolge anzutreten, ist eine Entscheidung mit langfristigen Auswirkungen, sowohl auf die Familie, das Unternehmen als auch auf die eigene Karriere. Die Nachfolge zu beginnen, bedeutet natürlich, dass man sich auch wieder umentscheiden kann. Zugleich rechnen Mitarbeitende mit einem und langfristige Investitionen wie in den Maschinenpark werden getätigt, da das Unternehmen schließlich weitergeführt wird. Des Weiteren sollte man nicht vergessen, nur weil man in einem Familienunternehmen aufgewachsen ist, bedeutet dies nicht zwangsläufig, dass man sich als geeigneter Nachfolger oder geeignete Nachfolgerin erweist.

Mein Vater und ich haben uns daher am Anfang eine zweijährige Probezeit im Unternehmen gegeben, in der wir für uns jeweils herausgefunden haben, ob wir uns eine Zusammenarbeit und Nachfolge vorstellen können. Mir hat diese Vereinbarung den Druck genommen und gleichzeitig gab es uns beiden mehr Klarheit in der Entscheidungsfindung. Schnell haben wir festgestellt, dass wir keine zwei Jahre benötigen, um für uns zu fixieren: Ja, wir gehen diesen Weg! Ich kann nur empfehlen, eine Probezeit in einem Nachfolgeprozess zu Beginn für beide Parteien einzurichten. Man beginnt, genau zu prüfen, ob dies der richtige Weg ist und traut sich, die Entscheidung auch zu hinterfragen, ohne über die negativen Konsequenzen nachzudenken.

Branchenfremd vs. neue Ideen und Perspektiven

Als ich in das Familienunternehmen eingestiegen bin, hatte ich nach meinem BWL-Studium keinerlei Vorkenntnisse im Holzbereich und war absolut branchenfremd. Ich sah es als große Schwäche in meinem Nachfolgeprozess an, vor meinem Einstieg noch nie beruflich mit Holz zu tun gehabt zu haben. Mein Vater glaubte an mich und daran, die holztechnischen Gegebenheiten lernen zu können. Vor allem in meiner Anfangszeit arbeitete ich daher einmal die Woche in der Produktion direkt an den Maschinen mit, um mir das fehlende Wissen Hands-on anzueignen. Speziell die Arbeit in der Produktion half mir sehr, nach und nach in unserem Unternehmen anzukommen. Zudem hatte ich das Glück, dadurch auch unsere Mitarbeitenden in der Produktion besser kennenzulernen und eine kostbare Bindung aufzubauen. Schnell habe ich gemerkt, dass meine fehlende Erfahrung auch eine Chance für das Unternehmen war. Ich habe einen frischen Blick auf die Dinge mitgebracht und konnte neue Ideen einbringen, die das Unternehmen vorangebracht haben. Du musst lernen, diese branchenfremde Perspektive für dich zu nutzen, während du dir zugleich das Wissen nach und nach aneignest. Daher ja: Es war eine Schwäche ohne Vorkenntnisse einzusteigen, zugleich war es aber auch eine der größten Stärken.

Keine Vorbilder haben vs. sei das Vorbild

Ich bin überzeugt, dass sichtbare Vorbilder von großer Bedeutung in der Nachfolge von Familienunternehmen sind, um Orientierung und Inspiration zu geben. Zu meiner Einstiegszeit gab es noch kaum sichtbare Nachfolger und Nachfolgerinnen auf den gängigen Plattformen, geschweige denn war dort die Holzbranche vertreten. Leider hat die Holzbranche generell einen eher verstaubten Ruf.

Während meiner Studienzeit haben sich sehr viele meines Jahrgangs für einen dieser beiden Wege entschieden: Consulting oder Start-up. Diese zwei Themenfelder waren „hip" und wurden auch von Professoren und Professorinnen immer wieder bespielt in Vorlesungen rund um Innovationsmanagement. Wenn ich meinen Mitstudierenden im BWL-Bachelor erzählt habe, dass ich plane, ins Familienunternehmen in der Holzbranche einzusteigen, erntete ich meist nur unverständliche Blicke. Ja, es scheint nicht „hip" in das mittelständische Familienunternehmen einzusteigen und ja, manche dummen Kommentare waren auch: „Das ist doch keine Arbeit, wenn man für Mama und Papa tätig ist." Ein kleiner Appell an Universitäten und wirtschaftswissenschaftliche Studiengänge, die hier ebenfalls Vorbildfunktion haben: Machen Sie jungen Leuten den Einstieg in den Mittelstand und die Nachfolge von Familienunternehmen schmackhafter. Schließlich ist der Motor unserer Wirtschaft der Mittelstand mit seinen zahlreichen Familienunternehmen.

Inzwischen gibt es spannende Nachfolgerinnen und Nachfolger, die sichtbar ihre Geschichte in den sozialen Netzwerken und in Podcasts teilen. Genau das hätte ich mir damals während meiner Entscheidungszeit vor dem Eintritt in das Familienunternehmen gewünscht. Es ist wichtig, jungen Leuten zu signalisieren, wie faszinierend eine Nachfolge sein kann und daher habe auch ich mich dazu entschlossen, über meine Nachfolge und die Attraktivität der Holzbranche zu sprechen. Anstatt auf das passende Vorbild zu warten, versuche ich selbst eines zu sein.

Allein in der männerdominierten Welt vs. in Erinnerung bleiben

Die Holzbranche ist nach wie vor eine Branche, in der nicht viele Frauen tätig sind. Speziell auf dem Rundholzplatz mit meinem Vater bin ich immer die einzige Frau. Das kann befremdlich sein auch im Hinblick, wenn wir mit unseren Geschäftspartnern und B2B-Kunden zu tun haben, denn auch hier bin ich oft die einzige Frau. Man fällt immer auf und ja, man hat auch mit den einen oder anderen Vorurteilen und Sprüchen zu kämpfen. Mein Vater sensibilisierte mich dafür, dass ich es als Frau teilweise schwerer haben würde. Durch ihn habe ich gelernt, dass es wichtig ist, sich selbst treu zu bleiben und sich dadurch nicht aufhalten zu lassen, was andere über einen denken. Das raubt nur kostbare Energie.

Vielmehr sehe ich es zwischenzeitlich neben den negativen Aspekten auch als Vorteil an, oft die einzige oder eine der wenigen Frauen zu sein: Die Leute erinnern sich an mich und unsere Firma. Denn in einer informationsüberlasteten Gesellschaft, in der man sekündlich mit Neuigkeiten und Werbung konfrontiert wird, ist es definitiv nicht von Nachteil, Wiedererkennungswert und Aufmerksamkeit generieren zu können.

Ein „bunter Hund“ in der Branche sein vs. in Erinnerung bleiben und herausstechen

Häufig stelle ich fest, dass ich sowohl auf dem Rundholzplatz mit meinem Vater als auch in der Branche an sich häufig eine der wenigen Frauen bin. Dies kann mitunter befremdlich sein, insbesondere wenn die ein oder anderen Akteure der Branche doppelt so alt sind wie ich. Dabei fällt man natürlich immer auf und muss sich manchmal sogar mit Vorurteilen und unangebrachten Kommentaren auseinandersetzen.

Mittlerweile betrachte ich es jedoch nicht als Nachteil, sondern auch als Vorteil, als junge Frau ein „bunter Hund“ zu sein. Die Menschen erinnern sich an mich und unser Unternehmen. In einer Zeit, in der wir ständig mit Informationen und Werbung überflutet werden, ist es definitiv von Vorteil, eine gewisse Wiedererkennung und Aufmerksamkeit zu erzeugen.

Alleine mit Konflikten auskommen müssen vs. Probleme mit Gleichgesinnten teilen

Als Nachfolger oder Nachfolgerin im Unternehmen wirst du oft mit Problemen konfrontiert, die du nicht unbedingt mit Freunden oder dem Partner besprechen kannst. Einige dieser Themen sind sehr sensibel, wie zum Beispiel Personalfragen, während andere einfach schwer zu verstehen sind für Menschen, die nicht im Familienunternehmen arbeiten. Wenn du mit Familienmitgliedern zusammenarbeitest, können schlussendlich zusätzliche Konflikte entstehen, die in anderen Unternehmen nicht vorkommen würden. Diese Konflikte können schwierig zu lösen sein, aber mit wem kannst du darüber sprechen? Durch das Teilen meiner eigenen Erfahrungen als Nachfolgerin habe ich einige spannende Nachfolgerinnen und Nachfolger kennengelernt, die jetzt eng mit mir in Kontakt stehen. Ein solcher Austausch hat sich als äußerst bedeutsam erwiesen, da er in schwierigen Zeiten in der Nachfolge die Zuversicht gibt, dass man nicht allein ist und wertvolle Ratschläge von anderen erhalten kann. Durch dieses Netzwerk konnte ich mich in vielen Situationen noch weiter entwickeln und wachsen.

Keine Kopie des Vorgängers vs. eigene Charaktereigenschaften einbringen

Als Nachfolgerin bzw. Nachfolger hat man oft das Gefühl, 1:1 in die Fußstapfen des Vorgängers oder der Vorgängerin treten zu müssen. Schließlich hat es die vorherige Generation weit gebracht und es wäre ein leichtes, die Charaktereigenschaften sowie dieses Erfolgsrezept einfach zu kopieren. Mal davon abgesehen, dass man als Kopie niemals authentisch sein könnte – die Welt dreht sich weiter und als nachfolgende Generation wächst man mit ganz neuen gesellschaftlichen Themen und Problemen auf. Während mein Vater das Unternehmen sehr erfolgreich aufbaute und es zu dem machte, was es heute ist, gilt es für mich, unser Familienunternehmen durch Herausforderungen wie Digitalisierung, Fachkräftemangel, Folgen der Coronapandemie etc. gestärkt hindurch zu begleiten. Hierzu bedarf es ganz neuer Eigenschaften, die ich als nachfolgende Generation in das Unternehmen mit einbringe. Als Beispiel kann die Digitalisierung genannt werden. Aufgrund meines Alters und der Zugehörigkeit zu einer anderen Generation habe ich eine ganz andere Affinität und Selbstverständlichkeit als mein Vater. Natürlich schaue ich zu meinem Vater auf und lerne viel durch ihn dazu. Zugleich lernt er auch von mir.

Abschließend kann ich aus meinen bisherigen Erfahrungen während der letzten Jahre sagen: Als Nachfolgerin oder Nachfolger im Familienunternehmen geht es nicht nur darum, die Fußstapfen des Vorgängers oder der Vorgängerin auszufüllen, sondern auch eigene Akzente zu setzen und das Unternehmen auf neue Wege zu führen. Herausforderungen mögen auf den ersten Blick bremsen, in ihnen kann zugleich das Potenzial liegen, neue Möglichkeiten für die Nachfolge und für das Unternehmen zu entdecken. Letztendlich ist es entscheidend, wie mit diesen Herausforderungen umgegangen wird.

© Andrea Schombara

DR. MONIKA SUSANNE BÖRNER

Wissenschaftlerin, Autorin, Künstlerin, Unternehmerin

Welches Wissen, das du nun hast, hättest du gerne bereits vor der Nachfolge gehabt?
Jede Nachfolgeentscheidung bringt unterschiedliche Konsequenzen mit sich. Oft wird zu sehr darauf geachtet, was vermieden werden soll. Leitend sind die Folgen, die (vermutlich) nicht auftreten werden, bspw. Konflikte, die gar nicht erst entstehen werden. Dadurch wird über andere Auswirkungen, die sich aus der Nachfolgeentscheidung ergeben, nicht ausreichend nachgedacht. So hätten wir uns fragen können, inwieweit sich die Rolle der Gesellschafter und Gesellschafterinnen mit der Nachfolgeentscheidung verändert und welche Kompetenzen wir zukünftig im Inhaberkreis brauchen werden. Wir hätten mehr darauf achten können, unsere Struktur entsprechend anzupassen und die Menschen darauf vorzubereiten. Das weiß ich heute und gerne wäre ich damals schon in der Lage gewesen, klar und deutlich darauf hinzuweisen.

Was ist deiner Meinung nach das Schwierigste bei der Nachfolge?
Das Schwierigste ist das, was nach der Entscheidung kommt: der Umgang mit den Auswirkungen. Sei es die Leere, die der Abgebende

plötzlich erfährt, sei es die Notwendigkeit einer angepassten Kommunikationsstruktur, sei es die Veränderung der Aufgaben der Gesellschafterinnen und Gesellschafter. Eine Herausforderung liegt bereits darin, die Konsequenzen überhaupt zu erkennen, eine weitere, proaktiv damit umzugehen. Der Erfolg einer Nachfolge zeigt sich meiner Erfahrung nach genau darin – weniger in der Entscheidung selbst. Denn: Jede Nachfolge hat Vor- und Nachteile. Immer. Anders ausgedrückt hat jede Nachfolgelösung Konsequenzen und je klarer diese wahrgenommen werden und mit ihnen umgegangen wird, desto besser kann sie gelingen. Ob eine Auswirkung ein Vor- oder Nachteil ist, bestimmt die Art und Weise, wie damit umgegangen wird. Bis dahin ist sie lediglich eine Konsequenz.

Wie lief die Zusammenarbeit mit der Familie?
Es ist eine interessante Frage, wer eine Nachfolge regeln sollte: die erfahrene, abgebende Generation oder die nachfolgende Generation, die die Entscheidung mit Leben zu füllen hat? Wer hat die Verantwortung? Es ist nicht von der Hand zu weisen, dass grundsätzlich die Verantwortungsträger und -trägerinnen auch entscheiden. Doch die Verantwortung, die sich aus der Nachfolge ergibt, muss nicht von den heutigen, sondern den zukünftigen Verantwortlichen getragen werden. Diese Brücke wurde vielleicht nicht deutlich genug geschlagen. Dadurch war das Zusammenspiel in gewisser Weise vorgegeben, anstatt es prozessoffen zu gestalten.

ENTSCHEIDEND IST NICHT DIE ENTSCHEIDUNG ALLEIN

Wird über Nachfolge in Familienunternehmen gesprochen, ist in der Regel die operative Führung gemeint. Worauf sonst sollte sie sich auch beziehen? In unserem Unternehmen gab es nur diese eine Option, das war mir klar. Ebenso klar war, dass ich völlig frei bin, meinen eigenen Weg zu wählen. Für mich kam die Geschäftsführung in unserem Familienunternehmen nicht infrage – und das war eine reine Bauchentscheidung, die ich nie hinterfragte. So konnte ich den Nachfolgeprozess in unserem Familienunternehmen mit einer gewissen inneren Distanz beobachten. Die Entscheidungsfindung zog sich über viele Jahre hin und wurde maßgeblich von der abgebenden Generation vollzogen. Sie war schließlich in der Verantwortung und gewohnt, diese auch zu übernehmen. Ich habe die Entscheidung, von einer Familienführung zu einer Fremdgeschäftsführung zu wechseln, hingenommen, aber nicht wirklich verstanden.

Wahrgenommen habe ich hingegen deutlich, was es mit der nachfolgenden Generation gemacht hat. War es eine gute Entscheidung? Ich kann es nicht sagen. Und selbst wenn ich es könnte, brächte es nicht weiter. Schließlich ist sie gefallen, wie sie eben gefallen ist. Für das Unternehmen war sie nicht schlecht, denn die Entwicklung ging positiv weiter. Ich kann aber sagen, dass sie unseren Inhaberkreis sehr verändert hat. Denn: Wir haben andere Aufgaben und Herausforderungen zu meistern, als es vorher der Fall war. Mehrere Generationen führten das Unternehmen und hielten auch die Unternehmensanteile. Nun führen die Inhabenden nicht mehr operativ – eine Veränderung mit vielen Auswirkungen. Meine Generation hat die Entscheidung – wenn auch nicht immer mit Freude – akzeptiert und angenommen. Wie groß die sich daraus ergebenden Herausforderungen sind, wurde erst im Laufe der Zeit deutlich. Wenn Führung und Eigentum auseinanderfallen, verändert sich die Inhaberrolle. Führung wird delegiert und muss begleitet und kontrolliert werden. Es braucht eine passgenaue Balance zwischen Freiraum und Kontrolle des Fremdmanagements. Es braucht ausreichend Unternehmergeist und -wille bei gebremstem Einfluss, denn dieser ist indirekt und nicht mehr – wie bei einer Familienführung – direkt. Das sind schwere Aufgaben! Unser Bild ist doch das eines gestaltenden, einflussnehmenden und entscheidenden Unternehmertums. Mit diesem Selbstverständnis unserer Väter sind wir groß geworden. Jetzt waren wir begrenzt in unserer Handlungsfähigkeit bei gleicher Verantwortung. Wächst dazu noch die Gruppe der Anteilseigner, kommt eine weitere Aufgabe hinzu: die Abstimmung im Inhaberkreis. Auch das klingt harmloser, als es ist. Eine Abstimmung im Management verläuft auf Augenhöhe, unter wenigen Menschen mit (fast) gleichem Wissens- und Informationsstand. Das ist unter Gesellschaftern und Gesellschafterinnen völlig anders. Hier gibt es ein Wissens-, Informations- und Kompetenzgefälle, eine ausgeprägte Heterogenität hinsichtlich Selbstverständnis, Interessen und Vorgehensweisen. Wie ist damit umzugehen? Ein Aspekt ist die Delegation der Aufgaben an ausgesuchte wenige, um die Anzahl der Entscheidenden zu reduzieren und Kompetenz sicherzustellen. Das wäre schließlich auch so gewesen, wenn das Unternehmen weiterhin familiengeführt wäre. Allerdings mit dem Unterschied, immer von außerhalb auf das Geschäft zu schauen und nicht von innen. Kompetent müssen diese Personen trotzdem gleichermaßen sein. Und solche Personen wollen in der Regel gestalten, Einfluss nehmen – wir sind wieder beim oben erwähnten Punkt des unternehmerischen Selbstverständnisses. Die Auswahl dieser Personen – die meist in einem Kontrollgremium organisiert sind – wird zu einer regelmäßig wiederkehrenden Aufgabe des Gesellschafterkreises. Doch damit ist es nicht getan: Es sollte sichergestellt werden, dass das Gremium seine Arbeit gut verrichtet. Also geht es wieder um eine Balance von Vertrauen und Kontrolle, diesmal unter Familienmitgliedern. Zudem: Über große, strategische Fragen stimmt die Gesellschafterversammlung ab. Für all das müssen Fragen gestellt werden, die richtigen Fragen natürlich. Doch woher wissen wir, welche Fragen wir stellen sollten? Dazu braucht es ausreichend Kenntnisse: darüber, welche Inhalte angesprochen, aber auch wie und wann und an wen sie formuliert werden sollten. Wir brauchen folglich in unserem Kreis Fachkompetenz (hinsichtlich Branche, Produkte, wirtschaftliche Prozesse, Märkte, Finanzzahlen, rechtliche Zusammenhänge usw.), Unternehmergeist mit Bereitschaft zum indirekten Wirken, Kompetenz für Personalauswahl und Fragekompetenz. Wir haben großes Glück: Fachkompetenz bringen einige Gesellschafterinnen und Gesellschafter mit, verbunden mit dem Verständnis für indirekte Einflussnahme. Inzwischen haben wir zudem eine wachsende Sicherheit hinsichtlich Fragestellung und Einschätzung der Antworten. Unser Inhaberkreis wird kompetenter und kann die Informationen zur Unternehmensentwicklung immer besser verstehen und analysieren. Das alles ist keine Selbstverständlichkeit. Zwar bauen wir auf der emotionalen Bindung an das Familienunternehmen auf, doch steckt auch viel Arbeit, Zeit sowie Engagement dahinter und wir dürfen nicht nachlassen.

Seit fast 15 Jahren kümmere ich mich inzwischen um den Zusammenhalt in unserer Unternehmerfamilie, die Heranführung der nächsten Generation, organisiere und moderiere Diskussionsrunden im Inhaberkreis. Das tue ich nicht allein, aber federführend. Family Governance bedeutet für mich das Management der Unternehmerfamilie mit dem Ziel, den Inhaberkreis in einem passenden(!) Umfang zu professionalisieren, damit gute Entscheidungen für das Familienunternehmen getroffen werden können. Inhaberschaft wird zu einer Profession[1]. Zusammenhalt kommt nicht von allein, er braucht stete Pflege. Grundlage ist eine fließende Kommunikation: Transparent sollte sie sein, höflich und offen, zielorientiert und respektvoll. Das schreibt sich leicht – es stimmt ja auch. Und doch ist gelingende Kommunikation eine der schwersten Aufgaben des Menschen. Kommunikation stärkt das Zusammengehörigkeitsgefühl, ermöglicht Vertrauen – und umgekehrt. Das stellt eine fundamentale Arbeit dar, die mit der Sicherstellung einer Infrastruktur verglichen werden kann: Ohne eine funktionierende IT-Struktur kann ein Unternehmen nicht erfolgreich arbeiten. Ohne Zusammenhalt, Diskussionsfähigkeit und eine gemeinsame Grundhaltung ist es für einen Inhaberkreis kaum möglich, langfristig gute Entscheidungen für das Unternehmen zu treffen. Und wie es bei Infrastruktur eben ist, kostet sie finanzielle und zeitliche Ressourcen, die sich nicht direkt einer Ergebnissteigerung zuordnen lassen. Doch ohne sie wird die Erreichung eines guten Ergebnisses schwer ... und das zeigt sich spätestens in schwierigen Zeiten. Wird dann erst damit begonnen, daran zu arbeiten, ist es kurz vor Zwölf.

Meine Ausbildung zur systemischen Aufstellerin und zum Coach hat mir in all diesen Jahren am meisten geholfen, diese Aufgabe anzugehen und durchzuhalten. Was verbirgt sich hinter diesem systemischen Ansatz? Annahme ist, dass es Systeme gibt, deren ihm zugehörige Elemente (in unserem Fall Personen) durch Kommunikation miteinander verbunden sind. Entsprechend wirkt das Verhalten jeder Person auf das gesamte System, bspw. mein Verhalten auf meine Mitgesellschafterinnen und Mitgesellschafter. Wenn ich meinen Platz im System einnehme, verhalte ich mich und Beziehungen entstehen. Und wenn es mir gelingt, mich konsistent zu verhalten, werde ich verlässlich und berechenbar. Dazu gehört insbesondere, dass meine Motivation klar und glaubhaft ist. Das hat meiner Erfahrung nach durchaus einige Zeit gedauert. Jemand hat zu mir gesagt: „Monika, ich habe mich lange gefragt, was dich wirklich antreibt. Bis mir klar wurde, dass du das, was du sagst, wirklich meinst." Sagen und Handeln muss passen. Sicher: Niemand ist perfekt, auch ich mache Fehler. Doch inzwischen bin ich einschätzbar. Dadurch entsteht Vertrauen und eine Offenheit zuzuhören. Ich finde, das ist schon sehr viel, ist Offenheit doch die Grundlage einer sachlichen, ergebnisoffenen und lösungsorientierten Diskussion! Ich habe gelernt, wie viel Zeit Beziehungen brauchen, dass und wie sie immer wieder neu belebt werden müssen. Ohne dieses Wissen wäre ich manches Mal verzweifelt und hätte wohl die berühmte Flinte ins Korn geworfen[2]. Doch ich bin noch da und kümmere mich um die Grundlage guter Entscheidungen. Ich bin überzeugt: Ohne eine gute Grundlage sind gute Entscheidungen Zufallstreffer und auf Zufall wollen wir uns nicht verlassen. Die Führung des Inhaberkreises ist eine ernst zu nehmende Rolle! So wie die Führung eines Unternehmens auch.

Das ganze menschliche Leben besteht aus Beziehungen – und es geht darum, wie gut sie gelingen. Egal ob in der Familie, im Freundeskreis, in der Politik oder im beruflichen Kontext. Beziehungen in einer Unternehmerfamilie betreffen sowohl Familie als auch das Unternehmen und bekommen dadurch ein besonderes Gewicht. Wächst zudem der Inhaberkreis, erhöht sich nicht nur die Komplexität, sondern auch die Notwendigkeit guter Beziehungen. Kommunikation nimmt dabei eine zentrale Rolle ein: Ohne sie gibt es keine Beziehung zwischen Menschen. Ein Inhaberkreis ist ein soziales System, dessen Funktionieren von guter Kommunikation abhängt und seine Führung ist Teil dieses Funktionierens. Eine Unternehmerfamilie unterliegt dabei anderen Beziehungsdynamiken als eine Organisation – ein Umstand, der eine Eins-zu-Eins-Übertragung der Führungsmechanismen vom Unternehmen auf eine Familie unmöglich macht! In einem Familienunternehmen (ab einer gewissen Komplexität) braucht es beides: Operative Führung und Familienführung und beides braucht Kompetenzen – das macht die Aufgabe umfangreich, herausfordernd. Gelingt die jeweilige Führung im Schulterschluss, ist das Familienunternehmen stark, wendig und belastbar.

[1] Kormann, H. & Börner, M. (2023): „Inhaberschaft in Familienunternehmen als Profession: Aufgabenerfüllung in Balancen von Verantwortung, Kompetenz und Engagement", Wiesbaden, Springer Gabler.

[2] Börner, M. (2021): Familienverfassung – und nun? In: „Familienstrategie erleben und gestalten", Jäkel-Wurzer, D., Megerle, M. & Dahncke, S. (Hrsg.), Wiesbaden, Springer Gabler.

BARBARA EICHELMANN-KLEBL

Gründerin und Inhaberin der be! Unternehmerberatung

DOREEN FRITZ

Geschäftsführende Gesellschafterin der Mäander individuelle Jugendhilfe - gemeinnützige GmbH

Was hat dich daran fasziniert, Nachfolgerin zu werden?

Barbara: Meine Unternehmensberatung ist auf mittelständische Unternehmen in Umbruchsituationen spezialisiert: Gründung, Strategieentwicklung, Nachfolge. Seit rund 20 Jahren berate ich abgebende Unternehmer:innen und Nachfolger:innen und durfte viele tolle, interessante Menschen kennenlernen. Mich fasziniert bei der Begleitung von Unternehmensnachfolgen, dass hier Zahlen (Betriebswirtschaft, Gewinnorientierung ...) und Menschen (Emotionen, Motivation, was ist der Reiz, welche Ängste bestehen ...) zusammenkommen. Ich mag die Kombination aus harten und weichen Faktoren.

Was fandest du vor der Übernahme am Unternehmen gut, was wolltest du unbedingt ändern?

Doreen: Ich bin Diplom-Sozialpädagogin und hatte zuvor in einer Mädchenwohngruppe pädagogisch gearbeitet – aber natürlich auch die Gruppe organisiert. Bei Mäander fand ich das, was mich interessierte:

stationäre Jugendhilfe für Mädchen und junge Frauen. Ich wollte die Klientinnen in prekären Situationen auf dem Weg in ein eigenverantwortliches selbstständiges Leben unterstützen, begleiten und beraten. Gleichzeitig interessiere ich mich für Organisation und Führung. Dazu hatte ich gerade einen berufsbegleitenden Masterstudiengang für Sozialmanagement abgeschlossen. Die Geschäftsführungsstelle beinhaltet beides – der fachliche Schwerpunkt in der stationären Jugendhilfe und die Tätigkeit als Führungskraft. Ich bin in Kontakt mit den von uns betreuten Mädchen, jungen Frauen und deren Familien. Gleichzeitig beschäftige ich mich auf Geschäftsführungsebene mit Visionen, strategischer Planung, Finanzen, Controlling, Mitarbeiterinnen-Führung usw. Das ist eine interessante Mischung für mich – sozusagen Menschen und Zahlen. Am Anfang hatte ich noch keine Ahnung, was ich unbedingt ändern wollte. Ich wollte erst einmal die sozialpädagogische Arbeit bei Mäander kennenlernen und in die Leitungsrolle hineinwachsen. Dann kam erst das Ändern.

Was ist deiner Meinung nach das Schwierigste bei der Nachfolge?
Barbara: Das Schwierigste ist, dass die handelnden Personen normalerweise keine Erfahrung mit Nachfolgen haben, sondern diesen Prozess nur einmal in ihrem Leben durchlaufen. Und es gibt keinen Fahrplan, der für alle Nachfolgen passt. Unternehmensnachfolgen sind hochkomplex. Viele große Fragen und sehr unterschiedliche Detailfragen müssen beantwortet werden.

Nachfolgen werden meist von beiden Seiten unterschätzt – und zwar sowohl zeitlich und finanziell als auch emotional. Aus meiner Sicht liegen die Barrieren für eine erfolgreiche Unternehmensnachfolge vorwiegend auf der menschlichen Ebene.

Meiner Erfahrung nach ist es wichtig zu erkennen, dass es nicht mit einer Unterschrift unter einen Vertrag getan ist. Vielmehr ist jede Nachfolge ein individueller Prozess, der oft über mehrere Jahre läuft. Um nur einige typische Schritte in diesem Prozess zu nennen: Es geht von der Strategie über das Finden der passenden Person bzw. des Unternehmens über die Unternehmensbewertung, Durchführung der Due Diligence bis hin zur Integration in bestehende Strukturen oder auch Neugestaltung. Häufig ist die Nachfolge eines der wichtigsten Projekte im Leben!

Doreen: Für mich war die größte Herausforderung, die Gründerin und ihr Lebenswerk zu ehren und anzuerkennen, aber dann aus ihrem Schatten herauszutreten, Dinge zu verändern und selbst die Führung zu übernehmen.

GENERATIONENWECHSEL IM VEREIN – NACHFOLGE MAL ANDERS

Ich bin geschäftsführende Gesellschafterin von Mäander individuelle Jugendhilfe – gemeinnützige GmbH. Wir sind im Bereich stationäre Jugendhilfe für Mädchen und junge Frauen tätig. Als ich als Geschäftsführerin eingestellt wurde, war Mäander ein gemeinnütziger Verein mit sieben ehrenamtlichen Mitgliedern und einer hauptamtlichen Geschäftsführerin, die Mäander mitgegründet und aufgebaut hatte.

Barbara hat Mäander in den Schritten der Umwandlung begleitet. Im Text beschreibt jede von uns ihre Perspektive auf diese Nachfolge.

Überraschung! Überraschung!

Im Verein lief schon länger ein Prozess mit dem Ziel des Aussteigens der Gründerin-Geschäftsführerin und das „Abgeben“ der Organisation an jüngere Frauen. Die Gründerin war bis zu meinem Eintritt die einzige hauptamtliche Geschäftsführerin des Vereins und hat die Organisation maßgeblich gesteuert. Zunächst gab es für die Besetzung der zweiten Geschäftsführerinnen-Stelle interne Personen, die diese Position übernehmen sollten, schließlich den Job aber doch nicht annahmen. Deshalb wurde die Geschäftsführerinnen-Stelle ausgeschrieben. Ich wurde eingestellt, machte mich auch gut, sodass ich nach der Probezeit als 2. Vorstandsfrau/Geschäftsführerin im Vereinsregister eingetragen wurde. Ich hatte meinen Platz neben der Gründerin, mit dem ich auch ganz zufrieden war. Aber es ging ja eigentlich um die Gestaltung des Ausstiegs der Gründerin und darum, das „Geschaffene“ in gute Hände zu geben, die es weiterführen – am besten so wie vorher.

Ich war also Teil eines Umstrukturierungsprozesses – der immer als Generationenwechsel bezeichnet wurde. Erst als Barbara in unsere Organisation kam, lernte ich einen anderen Namen für den Prozess, von dem ich Teil war, kennen – Unternehmensnachfolge.

Die Unternehmensberaterin und ich kennen uns von unserem ehrenamtlichen Engagement im Vorstand der Krippe unserer Töchter. Ich fragte Barbara, ob sie im Verein mitarbeiten wolle. Ich brauchte Menschen mit betriebswirtschaftlichem Know-how und dem Blick von außen. Die bisherigen Mitglieder verfügten hauptsächlich über pädagogischen Background, waren mit der Gründerin schon Jahrzehnte verbunden und alle im Rentenalter. Es gab den Beschluss in der Mitgliederversammlung, dass jüngere Mitglieder gefunden werden sollten.

Start der Zusammenarbeit mit angezogener Handbremse

Doreen hatte mich als neues Mitglied vorgeschlagen und ich wurde in den Verein aufgenommen. Allerdings war die umfassende Begleitung des Nachfolgeprozesses durch mich nicht gewünscht, die Gründerin hatte ihre eigenen Berater. Die Situation, die ich vorfand, sah folgendermaßen aus: Der Mäander e.V. hatte in seinem 25-jährigen Bestehen seine Angebote erweitert, die Zahl der Klientinnen und Mitarbeiterinnen wuchs – ebenso wie die Umsätze und Liegenschaften. Damit waren die Verantwortung sowie Haftung des Vereinsvorstandes und auch der Vereinsmitglieder, die den Vorstand entlasten, stark gewachsen. Die Expertise und das Interesse der Vereinsmitglieder lagen allerdings im sozialpädagogischen Bereich; eher nicht bei Finanzen und dem Hinterfragen von wirtschaftlichen und rechtlichen Risiken.

Geschäftsführung und Aufsichtsrat

Auf der Leitungs-Ebene war es mir als Geschäftsführerin wichtig, die Führung der Organisation auf mehrere Schultern zu verteilen. Die angestellten Frauen, die Verantwortung im operationalen Geschäft trugen, sollten auch in der Geschäftsführung ihren Platz haben. Zum Zeitpunkt des Ausscheidens der Gründerin aus der Geschäftsführung waren wir zu dritt im Leitungsteam und in der Geschäftsführung. Ich war weiterhin die Nummer 1. Für mich war damit eine gute Lösung gefunden, mit der ich mir das Führen der Organisation gut vorstellen konnte und die Verantwortung geteilt war.

Die neu in der Vereinssatzung festgelegte Instanz eines Aufsichtsrates bekam die Aufgabe, die Führung der Geschäfte durch den Vorstand zu überwachen. Ein Aufsichtsratsmitglied war die Gründerin, die nach ihrem Ausscheiden aus der Geschäftsführung in den Aufsichtsrat wechselte. Dort war sie sehr präsent.

Es zeigten sich schnell erste Schwierigkeiten in der Zusammenarbeit zwischen dem Aufsichtsrat und mir. Ein übereinstimmendes Rollenverständnis fehlte und die Erwartungen an die gemeinsame Arbeit waren sehr unterschiedlich. Es wurde deutlich, dass die Aufsichtsratsmitglieder nicht nur bei den formellen Punkten der Geschäftsordnung (Jahresplanung, Jahresabschluss usw.) beteiligt sein wollten. Ihr größtes Interesse lag in der Mitarbeit an konzeptionellen und ideellen Veränderungen in der Organisation. Dies sahen wir als Geschäftsführung aber als unsere Aufgabe. Wir wollten ja nun endlich unabhängig von der Gründerin Teile der Organisation konzeptionell neu ausrichten, neue Angebote schaffen und Arbeitsweisen verändern.

Diese Phase der Nachfolge erlebte ich als sehr anstrengend und arbeitsintensiv. Die Gründerin fühlte sich oft unzureichend informiert und einbezogen. Aus meiner Sicht informierte ich aber entsprechend der Satzung und Geschäftsordnung und beteiligte, wo es vorgeschrieben war. Ich hatte das Gefühl, ihr ständig auf die Füße zu treten, aber konnte gar nicht erkennen, wo ihre Füße waren. Wir führten dann regelmäßige Gespräche zwischen ihr und mir ein, damit sie sich eingebunden fühlte. Aber es blieb schwierig. Das Konstrukt Gründerin im Aufsichtsrat und ich als Geschäftsführerin war keine gute Lösung. Der Prozess der Nachfolge trat in eine neue Schleife.

Vom eingetragenen Verein zur gemeinnützigen GmbH

Es war anscheinend nicht klar, was der Meilenstein „Gründerin verlässt den Vorstand und geht in den Aufsichtsrat“ bedeutet. Vielleicht wäre es hilfreich gewesen, wenn die Gründerin für eine definierte Zeit eine Mäander-Auszeit genommen hätte und dann erst später als Aufsichtsrätin zurückgekommen wäre. Das hätte Doreen und der Gründerin Zeit gegeben, sich in ihre jeweiligen neuen Rollen einzuleben. Damals wurde hinterfragt, ob der Verein als Rechtsform überhaupt noch zeitgemäß sei.

Schließlich entschieden sich die Vereins-Mitglieder dafür, den gemeinnützigen Verein in eine gemeinnützige GmbH umzuwandeln.

Alle Mitglieder traten aus dem Verein aus und die Mitglieder des Leitungsteams wurden Gesellschafterinnen der gGmbH. Nach der Umwandlung hatte die Gründerin keine offizielle Rolle mehr bei Mäander. Ihre therapeutische Expertise wird weiterhin für die Klientinnen genutzt. Und das funktioniert.

Für die Umsetzung dieser strategischen Entscheidung wurde ich offiziell als Beraterin beauftragt. Bei der Umwandlung zur Mäander individuelle Jugendhilfe gGmbH bestand die Besonderheit, dass die Mitglieder des Leitungsteams zwar alle GmbH-Anteile übernahmen, dies aber keine finanziellen Auswirkungen hat (es gibt keine Gewinnausschüttungen), denn die gGmbh gehört sich quasi selbst: Es wurde keine Unternehmensbewertung vorgenommen und keine Finanzierung benötigt.

Im Vorfeld der Umwandlung habe ich gemeinsam mit den zukünftigen GmbH-Gesellschafterinnen die für die neue Rechtsform passende Struktur entwickelt und im Gesellschaftsvertrag und in der Geschäftsordnung abgebildet: In Workshops mit dem Leitungsteam wurde diskutiert und erarbeitet, wie die Machtverhältnisse / Gesellschaftsanteile zwischen den Personen aufgeteilt, welche Gremien benötigt werden, welche Personen Geschäftsführungsbefugnisse erhalten und wie das Unternehmen heißen soll. Doreen blieb 1. Geschäftsführerin und erhielt den größten Gesellschaftsanteil.

Die Begleitung des Prozesses machte mir besonders durch das sehr wertschätzende Miteinander der Gesellschafterinnen von Mäander viel Freude. Bis heute begleite ich die Gesellschafterinnen bei der professionellen Weiterentwicklung von Mäander.

Struktur und Emotion

Ich habe bei der Gründerin von Mäander alles gelernt, um die Organisation steuern zu können. Ich war vier Jahre in der Rolle als „Neben-Geschäftsführerin“ und konnte in die Leitungsrolle und in die Organisation hineinwachsen. Je mehr eigene Ideen und Profil ich entwickelte, umso mehr Gegenwind kam auf.

Das eine ist die Übergabe eines Unternehmens auf Struktur-, Finanz- und Rechts-Ebene, das andere das emotionale Loslassen von Seiten der Gründerin. Ich war zu Beginn meiner Zeit bei Mäander sehr angepasst und bewunderte die Arbeit der Gründerin. Ich war beeindruckt von ihrem Lebenswerk, ihrer Art zu arbeiten, Dinge zu hinterfragen und Veränderungen anzugehen. Ich empfand, dass sie von einer „Heiligkeit“ umgeben war, die sie an bestimmten Punkten unantastbar machten. Ich wollte von ihr gesehen und gelobt werden, wollte alles richtigmachen und ihr gefallen. Für mich war es herausfordernd, mit ihr in einen Konflikt zu gehen und meine Position zu vertreten.

In der rückwärtigen Betrachtung des Nachfolgeprozesses fällt mir auf, dass es uns nicht gut gelungen ist, über die emotionale Ebene miteinander zu sprechen. Über das, was unsere Sorgen und Ängste waren, jeweils aus unserer Position heraus. Jetzt denke ich, das wäre hilfreich gewesen.

Reflexion des Gesamtprozesses

Aus meiner Erfahrung in der Begleitung von Nachfolgen ist es wichtig, über den gesamten Prozess miteinander im Gespräch zu bleiben. Wenn ich zu Beginn des Prozesses als Beraterin hinzugezogen werde, kläre ich über die typischen Phasen der Nachfolge sowie deren Herausforderungen in betriebswirtschaftlicher und ausdrücklich auch in emotionaler Hinsicht auf.

Für mich als geschäftsführende Gesellschafterin war meine Nachfolge ein Prozess der Professionalisierung in der Leitung verbunden mit Persönlichkeitsentwicklung. Das war manchmal schmerzhaft, hat mich aber in meiner Entwicklung gestärkt und verändert. Ich bin sehr dankbar, eine Organisation mit guter Reputation, engagierten Mitarbeiterinnen, guten sozialpädagogischen Konzepten weiterführen und entwickeln zu können. Meine Hochachtung gegenüber der Gründerin und auch der Vereinsmitglieder, die 25 Jahre lang die Organisation aufgebaut und mitgetragen haben, bleibt bestehen.

ANNA MEUSERT

Geschäftsführerin der Planen Wehner GmbH

© Claudia Löwinger

Was hat dich daran fasziniert, Nachfolgerin zu werden?

Die Chance, ein etabliertes Unternehmen mit alter Tradition weiterzuführen, kommt nicht jeden Tag. Die Chance, selbst kreativ zu sein und entscheiden zu können, begeistert mich. Die Firma gemeinsam mit den Mitarbeitenden weiterzuentwickeln, neue Tools zu installieren, unseren Kundinnen und Kunden neben unserem traditionellen Handwerk auch smarte Lösungen anzubieten, überhaupt: die Zukunft aktiv zu gestalten, diese Chance möchte ich nutzen.

Was fandest du vor der Übernahme am Unternehmen gut, was wolltest du unbedingt ändern?

Schon als Kind beeindruckte mich der Teamspirit, den ich auf Weihnachtsfeiern oder bei Besuchen in der Firma spürte. Außerdem war bei Planen Wehner scheinbar alles möglich. Immer wurden Lösungen gefunden. Diesen Zusammenhalt, diese Kreativität und Individualität finde ich großartig und möchte dies als Nachfolgerin weiter stärken. Gleichzeitig ist mir als Nachfolgerin völlig klar, dass wir uns zukunftsfähig machen müssen: Digitalisierung, IT-Infrastruktur, Werbeauftritt, die Büro- und Sozialräume brauchten ein Fresh-up. Der Großteil unseres Marketings läuft heute über Social Media, wir bieten Videoberatung an und gestalteten neue, großzügige und ansprechende Räumlichkeiten, um unsere Privatkundinnen und Privatkunden zu beraten. Zum Glück vertraut mir meine Mutter voll und lässt mir freie Hand, sodass ich all diese Meilensteine in kurzer Zeit umsetzen konnte.

Was ist deiner Meinung nach das Schwierigste bei der Nachfolge?
Den eigenen Weg zu finden ist eine große Herausforderung. Wir Nachfolgenden unterscheiden uns oft in unseren Ansichten, Führungskulturen und Prioritäten von den Übergebenden. Nur den Vater oder die Mutter zu imitieren, ist eine Sackgasse. Die eigene Führungspersönlichkeit zu entwickeln und dabei authentisch bleiben ist ausschlaggebend, um erfolgreich im Familienunternehmen zu sein. Für mich persönlich war außerdem der Kulturwechsel eine riesige Herausforderung. Aus dem Private Banking kommend, musste ich mich in einem völlig neuen Umfeld, einem Handwerksbetrieb, zurechtfinden. Da kamen Kommentare wie „sei doch mal nicht so freundlich“ oder „jetzt aber nicht siezen“ durchaus vor. Da gab und gibt es viel zu lernen, um mich immer klar zu positionieren.

MEIN KALTSTART INS UNTERNEHMERTUM – MEINE LEARNINGS AUS DER NACHFOLGE

Als ich 14 Jahre alt war, stand für mich fest, dass ich Brokerin an der Frankfurter Börse werden will. In der Oberstufe konnte ich meinem Lehrer im Fach Wirtschaft und Recht souverän erklären, was Derivate sind und wie Leerverkäufe funktionieren. Also völlig klar, dass ich BWL mit Fachrichtung Bank studierte, um meiner Begeisterung für Finanzthemen nachzukommen. Nach dem Masterstudium mit Schwerpunkt Finance startete ich meine Karriere als Beraterin im Private Banking.

Bezugspunkte zum Familienunternehmen hatte ich bis dahin mit Ausnahme der jährlichen Weihnachtsfeier und Gespräche meiner Eltern am Abend nicht. Im Winter 2018 erhielt mein Vater die Diagnose Lungenfibrose. Seine Gesundheit verschlechterte sich rasant. Eine Aussicht auf Heilung war leider nicht gegeben. Deshalb riefen meine Eltern Anfang 2019 einen Familienrat ein. Mein Vater fragte meine jüngere Schwester und mich, ob wir beide oder eine von uns sich eine Zukunft im Unternehmen vorstellen können. Meine Schwester, eine begnadete Physiotherapeutin, lehnte direkt ab. Ich hingegen mit einer Begeisterung für Zahlen und für Unternehmertum wollte mir Gedanken machen. Nach vielen Gesprächen und schlaflosen Nächten sagte ich schließlich zu. Die Gründe für meine Entscheidung waren die tiefe Verbundenheit vor allem meines Vaters zum Unternehmen, die Mitarbeitenden, die ich seit vielen Jahren kenne und die Chance, mich selbst zu verwirklichen. Ich hatte aber Zweifel, ob ich dem überhaupt gewachsen bin, ob ich mich in der Rolle einfinden kann und ob die Mitarbeitenden mich akzeptieren würden. Daher entschied ich mich vorerst, bei meinem damaligen Vorgesetzten um eine Stundenreduzierung zu bitten, um parallel dazu in Teilzeit in das Familienunternehmen zu starten. Ich wollte ohne Druck herausfinden, ob die Entscheidung, das Familienunternehmen zu führen, wirklich die richtige ist.

Meine Mutter und ich setzten in einer gemeinsamen Besprechung alle Mitarbeitenden in Kenntnis, dass ich künftig in den Betrieb einsteigen würde. Mein Vater konnte leider nicht mehr an der Besprechung teilnehmen. Einer unserer Bereichsleiter kommentierte unsere Neuigkeiten mit den Worten: „Das ist eine Lösung, von der wir nicht zu träumen wagten.“ Ab diesem Moment war mir klar, dass ich willkommen bin und auf die Unterstützung der Mitarbeitenden zählen kann.

So startete die Einarbeitung, indem meine Mutter abends Unterlagen aus der Firma mit nach Hause brachte und mein Vater mir am Krankenbett erklärte, auf welche Punkte bei einer Abrechnung einer Planen-Reparatur zu achten ist und vieles mehr. Die erste Lohnabrechnung führten wir gemeinsam in einem Aufenthaltsraum eines Krankenhauses durch. Durch die fortschreitende Krankheit meines Vaters wurde die Einarbeitung immer beschwerlicher und war leider nur über einen sehr kurzen Zeitraum durch ihn selbst möglich.

Meinen ersten Arbeitstag in der Firma bestritt ich allein, da meine Mutter mit der Pflege meines Vaters beschäftigt war. Ich erinnere mich heute noch gut an diesen Tag. Zum einen, weil ich sehr fror. Schließlich war ich mein großzügiges und beheiztes Büro in der Sparkasse gewohnt. Doch nun fand ich mich in riesigen kalten Produktionshallen wieder. Ein Kaltstart im wahrsten Sinne des Wortes.

Auch wusste ich noch nicht, wie ich meinen Tag strukturieren sollte und welche Aufgaben genau auf mich zukommen würden. Kein Wunder also, dass ich nach den ersten Stunden einen stillen Ort auf unserem Firmengelände suchte, um unbeobachtet ein paar Tränen zu verdrücken.

Kurz darauf verstarb mein Vater. So gestaltete ich meine richtige Einarbeitung gemeinsam mit den Mitarbeitenden. Samstags früh traf ich mich beispielsweise mit einem Mitarbeiter. Er brachte mir das Nähen bei, ich erhielt Einblicke in Schweißverfahren und die Strukturen unseres Unternehmens. So lernte ich nach und nach unser Produktportfolio, unsere Fertigungsverfahren und alle betrieblichen Abläufe kennen. Dennoch: Der Kulturwechsel war für mich eine riesige Herausforderung.

Nach Monaten der Doppelbelastung entschied ich mich, die Geschäftsführung des Familienunternehmens in Vollzeit zu übernehmen. Somit musste ich all meine Bankingkunden informieren. Meine Kunden fassten die Nachricht sehr unterschiedlich auf. Ein Satz, der sich bei mir einbrannte, war der eines meiner Unternehmerkunden, der sagte: „Mensch, Frau Meusert, das ist aber ärgerlich, dass Sie keinen Bruder haben." Dies war ein Moment, in dem ich realisierte, wie schwer es Frauen in technischen oder handwerklichen Berufen haben. In meiner Finanzwelt war ich zwar auch immer eine der wenigen Frauen und meist die Jüngste, doch wurde mir mein Geschlecht bis dahin nie negativ ausgelegt. Demnach war ich in der Geschlechterfrage der Überzeugung, dass es keine Benachteiligung von Frauen und Mädchen in der Arbeitswelt mehr gebe. Doch heute habe ich meine Meinung geändert und kann von einer Vielzahl kurioser und teils erschreckender Geschichten berichten, mit denen ich im Alltag zu kämpfen habe. Abfällige Kommentare von Kunden oder Lieferanten waren und sind keine Seltenheit. Doch ein Ass im Ärmel sind meine Mitarbeitenden. Sie weisen die entsprechenden Personen schnell zurecht und sorgen dafür, dass abwertende Kommentare kein zweites Mal vorkommen. Heute nehme ich mir nicht mehr jeden Kommentar zu Herzen und gebe auch mal Kontra.

Viele meiner Kundinnen und Kunden, die ich im Private Banking betreut hatte, gaben mir Tipps oder boten mir ihre Unterstützung an. Ein sehr wertvolles Angebot erhielt ich von einer Kundin, die mich schon fast dazu drängte, an einem Cross-Mentoring-Programm des Landratsamtes teilzunehmen. Denn sie wüsste dort die perfekte Mentorin für mich. Sie behielt recht. Die Unterstützung durch meine Mentorin war sehr wertvoll für mich.

In der Anfangszeit meiner Nachfolge hatte ich mit unterschiedlichsten Herausforderungen zu kämpfen. Da war es Gold wert, eine Person außerhalb des eigenen Kosmos kontaktieren zu können. Jemanden außerhalb der Familie, eine Person, die nichts mit dem Unternehmen und meinem Umfeld zu tun hat. Denn neben der beruflichen Tätigkeit ändert sich auch das Privatleben immens. Urlaubstage sind nicht mehr so einfach zu nehmen, die Arbeitszeit erhöht sich deutlich und auch die Themen, mit denen man als Nachfolgerin zu kämpfen hat, sind für viele aus dem Freundeskreis böhmische Dörfer. Einen Ort zu haben, an dem man sich öffnen darf und auf eine Vertrauensperson trifft, die aufgrund ihrer eigenen Laufbahn mit Rat und Tat weiterhelfen kann, war für mich äußerst hilfreich. So kann ich jeder Nachfolgerin und jedem Nachfolger empfehlen: Suche eine Mentorin oder einen Mentor, die/der zu dir passt!

Ein weiterer Anker war für mich mein belastbares Netzwerk. Über dieses verfügte ich glücklicherweise bereits, denn ein Freund meiner Eltern begeisterte mich schon in frühen Jahren für die Wirtschaftsjunioren. Ein wahrer Gewinn, wie sich während meiner plötzlichen Nachfolge herausstellte. So hatte ich eine Anlaufstelle, um mich mit lokalen Unternehmerinnen und Unternehmern niederschwellig auszutauschen. Deshalb lautet meine zweite Empfehlung: Baue ein belastbares Netzwerk auf!

Ein wesentlicher Treiber, dass die ungeplante Nachfolge funktionierte, waren unsere Mitarbeitenden. Sie waren es, die mir gegenüber positiv gestimmt waren, mich eingearbeitet und mich als ihre Chefin wohlwollend begrüßt haben. Unser kleines Unternehmen zeichnet ein vertrauensvoller und familiärer Umgang untereinander aus. So war der Verlust meines Vaters auch für die Mitarbeitenden ein Schock und ein tiefer Einschnitt. Sie haben in der kurzen Phase der Krankheit und nach dem Tod meines Vaters viel aufgefangen. Ich habe unsere Mitarbeitenden anfangs bei ihren alltäglichen Aufgaben begleitet, habe mir angesehen, wo die jeweiligen Schwerpunkte liegen und wie Verbesserungen erwirkt werden können. Bis heute versuche ich tagtäglich, den Mitarbeitenden meine Wertschätzung für ihre Arbeit, aber auch für sie als Mensch zu zeigen. Meine dritte Empfehlung lautet daher: Begegne den Mitarbeitenden mit Vertrauen und Offenheit.

Eine Herausforderung war unsere IT-Infrastruktur. Sie war veraltet und funktionierte aufgrund des speziellen Verhältnisses meines Vaters zu dem IT-Dienstleister. Die Zusammenarbeit mit dem Dienstleister entsprach allerdings nicht meiner Vorstellung einer partnerschaftlichen Geschäftsbeziehung. Ich hatte Befürchtungen, dem Dienstleister ausgeliefert zu sein und bei der Ankündigung, die Geschäftsbeziehung aufzulösen, mit unseriösen Aktivitäten seinerseits konfrontiert zu werden. Über die Wirtschaftsjunioren erhielt ich Kontakt zu einem IT-Spezialisten.

Dieser machte sich mehrere Abende auf den Weg nach Schweinfurt, um mit mir unsere Infrastruktur durchzugehen, mir ihre Basics zu erklären und Daten zu sichern. Schließlich half er mir, einen neuen Systempartner zu finden. Dieser Schritt ist mir dank Unterstützung aus meinem Netzwerk gelungen.

Aber nicht nur im IT-Bereich standen gleich zu Beginn wichtige Veränderungen an. Ich realisierte schnell einen Anbau unseres Firmengebäudes, um zeitgemäße Räume für unsere Kunden, aber auch für unsere Mitarbeitenden und mich selbst zu gestalten. Denn für mich war klar, dass ich nicht für ein „Weiter so“ stehe, sondern dass ich das Unternehmen für die Zukunft fit machen möchte. Meine vierte Empfehlung lautet: Schaffe ein zukunftsfähiges Umfeld, das zu dir passt!

Der schmerzliche Verlust meines Vaters, das neue berufliche Umfeld und all die Herausforderungen, die das Unternehmertum mit sich bringt, haben mich oft an meine Grenzen gebracht. Die Nachfolge anzutreten, hat mir neue Perspektiven ermöglicht, hat mich persönlich wachsen lassen und stiftet vor allem Sinn. Als Unternehmer und Unternehmerinnen schaffen wir Arbeitsplätze, leisten einen Beitrag zur Nachhaltigkeit, indem wir hochwertige und langlebige Produkte fertigen. Wir geben unserer Region mit unserem Engagement etwas zurück! Daher möchte ich Nachfolgende ermutigen, den Sprung ins kalte Wasser zu wagen – man lernt zu schwimmen!

LAURA LUDWIG

Inhaberin und Geschäftsführerin der Möbel vom Gutshof GmbH & Co. KG

Was hat dich daran fasziniert, Nachfolgerin zu werden?

Ich war schon immer ein Mensch voller Ideen und Schaffenskraft. Da ich mit unserem Familienbetrieb groß geworden bin, stand für mich schon immer fest, irgendwann meine eigene Herrin sein zu wollen. Nach meinem Masterstudium in BWL mit Fachrichtung Marketing und Sales habe ich für ein international agierendes Unternehmen gearbeitet. Auch hier war ich ein Mensch, der geschaffene Strukturen und Prozesse oft hinterfragt hat und umgestalten wollte. Und das schnell und unkompliziert. Allerdings stößt man als Angestellte in einer Firma mit strenger Hierarchie schnell an seine Grenzen. Zumal ich meine Fähigkeiten für Essenzielleres einsetzen wollte, als zu entscheiden, ob das Logo aus Marketingaspekten zwei Zentimeter weiter rechts oder links bessere Abverkaufszahlen bringt. Für meinen Mann Christian Ludwig und mich war von Anfang an klar, dass wir gemeinsam etwas schaffen möchten, was unsere Seele berührt.

Was fandest du vor der Übernahme am Unternehmen gut, was wolltest du unbedingt ändern?
Individuelle Massivholzmöbel, das Urprodukt Holz, die Qualität, die Idee, sich mit etwas Schönem zu umgeben und individuelle Einrichtungskonzepte für Privatkunden und im Bereich Vinotheken-Bau zu entwickeln, war super. Dazu die Nachhaltigkeit und Regionalität der Materialien. Ändern wollte ich die Räumlichkeiten. Das Gebäude der alten Schreinerei war gemietet, lieblos und im miefigen 1970er-Jahre-Stil. Ungeeignet für den Empfang von Kunden, die ein Premiumprodukt kaufen möchten. Doch verändern durften wir nichts. Auch die Abläufe und Arbeitswege waren teils ineffizient, da das Gebäude nicht speziell für einen Schreinerbetrieb ausgelegt war. Junge Leute für das Handwerk zu begeistern, war für mich immer maßgeblich. Das wollten wir noch viel mehr nach außen kommunizieren und eine richtige Marke aufbauen. Weg von: „Die bauen massive Möbel" hin zu: „Das ist ne richtig coole Schreinerei mit hammermäßigen Designs." „Aus den Holzresten wird ein Accessoire wie ein Schneidebrett, mit dem Rest wird geheizt."

Was ist deiner Meinung nach das Schwierigste bei der Nachfolge?
Für mich ist es nicht der Schritt, zu überlegen, ob ich es machen möchte. Das war sofort klar. Sondern vielmehr die Vorbereitung und Abwicklung sowie letztlich die Umsetzung, bis sich jeder in seiner neuen Rolle eingefunden hat. Es ist klar, dass so ein Prozess wahnsinnig viel Zeit braucht. Also fünf Jahre Minimum braucht es vom ersten Gedanken bis zur finalen Umsetzung. Was ist aber in der Übergangszeit? Schafft man sich das alles parallel zu seinem Job drauf, oder können alle Parteien davon einigermaßen leben? Ist es richtig, meinen sicheren Job aufzugeben, um etwas komplett Neues zu wagen, in einem mir fachfremden Gebiet? Man muss zu 100 Prozent an sein Vorhaben glauben und bereit sein, seine Komfortzone zu verlassen. In unserem Fall war es gut, dass wir vorher nicht wussten, was der ganze Prozess mit sich bringt. Die Bedürfnisse beider Generationen unter einen Hut zu bringen, wenn Alt und Jung zunächst noch zusammenarbeiten, ist fast nicht möglich. Wir mussten uns selbst eingestehen, dass wir keine zu 100 Prozent zufriedenstellende Lösung finden werden. Egal, welche Firmenaufstellung wir gewählt hätten.

NACHFOLGE ALS FACHFREMDE … IST DAS ÜBERHAUPT MÖGLICH?

Kurz und knapp: Absolut. Ich finde, es ist sogar unser Vorteil, dass wir ursprünglich aus der Marketing-Richtung kommen und unser Unternehmen auch aus dieser Sicht betreiben. Meinem Mann und mir war von Beginn an klar, wir wollen einmal etwas Eigenes gemeinsam haben. Ich bin durch den Betrieb meiner Eltern mit Möbeln, der Schreinerei und der Ausstellung im Gutshof groß geworden. Als ich meinen Mann kennengelernt habe, haben wir immer samstags zusammen im Verkauf ausgeholfen. Da fanden wir das Arbeiten mit Massivholzmöbeln schon so cool, dass wir einen kleinen Onlineshop, damals unter dem Namen Holzzeit, gegründet und darüber kleine Deko-Bretter, Accessoires und Co. verkauft haben.

Diese haben wir auch deutschlandweit auf kleinen Design-Messen präsentiert. Ich studierte zu dem Zeitpunkt noch und mein Mann war als Vertriebsleiter angestellt. Das Gefallen an dem, was wir taten, wuchs und so eröffneten wir noch während meines Studiums einen Laden in der Mainzer Altstadt. Möbel vom Gutshof – WERKSTADT Mainz: Ziel war es, das Werkstattfeeling aus der Schreinerei in die Stadt zu bringen. Wir erweiterten das Repertoire um individuell angefertigte Möbel und wurden quasi Partner meiner Eltern. Denn gefertigt haben wir alles in deren (in unserer heutigen) Schreinerei. Alle Ersparnisse haben wir in diesen Laden gesteckt. Schon nach kurzer Zeit bekamen wir viel Zuspruch und der Laden lief super an. Unser Konzept ist aufgegangen und wir konnten beweisen, dass wir bereit für die Nachfolge waren. Ganz nach meinem Lieblingsmotto: „Great things never come from comfort zones." In das „gemachte Nest setzen" kam für uns nie infrage. Dennoch wurde es mit der Zeit schwieriger, die Kunden auseinanderzuhalten. Kam der Kunde jetzt aus Mainz oder Ober-Hilbersheim? Wer stellt die Rechnung? Wer bekommt Provision? Es wurde zu einem Verwaltungsakt, der intern Stress und Aufwand mit sich brachte. Also war der nächste logische Schritt:

Aus drei mach eins. Nachfolge in der und als Familie. Ein wenig romantischer, aber dafür stark durchdachter Prozess, der auch Neugründung beinhaltet.

Das hier sind die Fakten: Es gab drei Einzelunternehmen. Einmal die Schreinerei Möbel vom Gutshof, die meinem Vater gehörte. Dann die Firma Antiquitäten vom Gutshof, damit ist die Ausstellung im Gutshof gemeint, die meiner Mutter gehörte, sowie der Handel mit Antiquitäten und Restauration. Zu guter Letzt damals noch Holzzeit e.K. Also der Mainzer Laden und die Deko- und Accessoire-Linie im Online-Bereich, die meinem Mann gehörte. Dann noch meine Wenigkeit. Die zum einen im Mainzer Laden mitarbeitete als auch in der Schreinerei angestellt war. Wie kann man jetzt alle Parteien in eine gemeinsame Firma überführen? Unter den Gesichtspunkten, dass meine Eltern weiterhin Bestandteil im Firmenkonstrukt sind, es demnach keinen klaren Cut geben wird und wir uns trotzdem als neue und übernehmende Generation wiederfinden müssen. Das ist super diffizil, denn der Kuchen muss plötzlich durch vier geteilt werden. Die ältere Generation ist einen gewissen Lebensstandard gewöhnt, auf den sie natürlich nicht verzichten will. Um sich ganz herauszuziehen, fühlten beziehungsweise waren sie auch noch zu jung. Wir als junge Generation brauchen Luft zum Investieren in unsere Vision und Idee, die die Firma zukunftsfähig, stark und unabhängig machen soll. Es muss also eine neue Schreinerei gebaut, in diverse Digitalisierungsprojekte investiert werden und, und, und. Wie sollen wir uns also als Firma von der Rechtsform her aufstellen? Das einer einfach die anderen in seine e.K. mit aufnimmt, geht ja nun mal nicht. Zumal mein Mann und ich damals auch noch nicht verheiratet waren und meine Eltern sich auch dahin gehend absichern wollten. Nach vielerlei Überlegungen und Treffen mit Steuerberater und Notar stand fest, dass es für uns die Rechtsform GmbH & Co. KG sein wird. Eine ziemlich komplizierte Rechtsform, da man nun bilanzieren, mit der Möbel vom Gutshof KG und der Möbel vom Gutshof Verwaltungs GmbH zwei Jahresabschlüsse erstellen muss, zusätzlich zur HWK Mitglied bei der IHK werden muss und „lauter solche Späße". Der Vorteil allerdings ist, dass jeder sein Einzelunternehmen, nachdem es bewertet wurde, in die neue Rechtsform einbringen kann und jeder dann entsprechend der Summe, die bei der angesetzten Bewertung herauskommt, seine Anteile bekommt. Insoweit fair, da zunächst keiner etwas geschenkt bekommt, jeder seinen Beitrag mitbringt und dementsprechend beteiligt ist. Ein Ausstiegsszenario wäre dann so, dass meine Eltern nach und nach die Anteile an mich übergeben und ich sie dann wiederum an meinen Mann weitergeben kann. So haben wir es auch schließlich gehandhabt und am Ende sind wir jetzt beide zu 50 Prozent Eigentümer und gleichberechtigte Partner. Trotzdem sehr komplex und ohne Steuerberater plus Notar kaum denkbar. Das Ganze hat sich von Start der Firmierung in 2018 bis zur Übergabe der letzten Anteile bis 2022 hingezogen. Mittlerweile wünschen wir uns manchmal die Einzelfirma oder eine einfache Firmierung zurück. Es würde manche Abläufe vereinfachen und hätte uns auch einiges an Geld und Gängen zu Notaren und Steuerberatern erspart. Nicht zuletzt auch Nerven und Zeit mit An- und Ummeldung von Gewerbe, Eintragung ins Handelsregister mit beiden Firmen, Ab- und Neuanmeldung bei HWK und IHK, Änderung der Bankkonten, Leasingverträge für Maschinen und Fahrzeuge. Es hat wirklich Jahre gedauert, bis auch alle Behörden, die Bank und Lieferanten dieses Konstrukt der Rechtsnachfolge richtig verstanden haben. Manche würde ich sagen noch heute nicht. Aber so ist es nun mal jetzt und die GmbH & Co. KG hat auch sicherlich Vorteile mit sich gebracht. Zum Beispiel die Haftungsbegrenzung durch die Verwaltungs GmbH. Einen großen Haken hat das Konstrukt allerdings gehabt. Der Neubau der Schreinerei, der für meinen Mann und mich maßgeblich für die Übernahme war. Der Neubau und alles, was damit an neuen Möglichkeiten, Prozessen und Abläufen machbar war, sollte ja der Grundstein für unser Lebenswerk sein. Dieser Grundstein ist natürlich nicht ganz billig und liegt im sechsstelligen Bereich. Unser gesamtes Eigenkapital und zusätzlich die Unterstützung der Eltern, sozusagen vorweggenommenes Erbe, haben wir eingebracht, um dieses Lebenswerk aufzubauen. Ich denke, hieran kann man auch erkennen, wie stark unsere Vision ist und der Glaube an die eigene Idee und Fähigkeiten. Na ja, habe ich gedacht. Neubau unter effizienten Gesichtspunkten, vor allem auch energetisch, da sollte doch die ein oder andere Förderung drin sein. Also habe ich mich wochenlang minutiös mit sämtlichen Förderprogrammen der KfW über die ISB usw. schlaugemacht und einige Gespräche geführt. Leider gibt es in den gefühlt 100 Seiten voller Klauseln, die man erfüllen muss, um förderfähig zu sein, immer eine Hürde, an der wir scheiterten. Nämlich, dass nur die Firma, die das Gebäude selbst baut und auch betreibt, förderfähig ist. Baue ich das Gebäude und vermiete es, gilt das nicht. Ist ja auch irgendwie logisch. Das Problem war, dass meine Eltern, verständlicherweise, in ihrem Alter und mit dem Vorhaben aus der Firma auszusteigen, nicht mehr große Investitionen tätigen wollten. Und natürlich auch das Risiko nicht mehr mittragen mochten. Es war klar, wir investieren zu 100 Prozent und tragen damit auch das volle Risiko. Das geht natürlich nicht über das Konstrukt der GmbH & Co. KG. Also haben wir noch zusätzlich die Ludwig & Ludwig GbR gegründet, die Grundstückseigentümer und Bauherr des Schreinerei-Projekts war. Die GbR vermietet dann die Räumlichkeiten an die GmbH & Co. KG. Da wir uns nun in der Vermietung befinden, sind wir demnach nicht förderfähig. Der Bank war das Konstrukt Ludwig & Ludwig GbR auch ein Dorn im Auge, denn was haben die Privatpersonen Christian und Laura, die aus deren Sicht Quereinsteiger sind, an Sicherheiten zu bieten? Und wenig Sicherheiten bedeuten natürlich auch höhere Zinsen ... Ihr seht, ein Wirrwarr an Konstrukten und Rechtsformen, die zum einen notwendig, aber nicht immer hilfreich waren. Ein zu 100 Prozent passendes Konzept hätte es, glaube ich, auch im Nachhinein nicht gegeben.

Nachfolge: ein Resümee

Nachfolge hört sich so einfach an. Man steigt in einen Betrieb ein, er wird übergeben und man tritt in die Fußstapfen der Vorgänger. Aber das war es eben genau nicht. Und es gibt auch keinen Leitfaden, wie es am besten ablaufen sollte. Für uns waren es Existenzgründung, Nachfolge, Restrukturierung, Neuaufbau, emotionale Achterbahnfahrt und Behördendschungel auf einmal. Dazwischen noch Hochzeit, Hausbau, Bau der Schreinerei und das Heranziehen der dritten Generation, denn ich war zu dem Zeitpunkt auch noch schwanger. Wir sind froh und stolz, das ganze Projekt gemeistert zu haben oder auch noch zu meistern und gleichwohl ist es gut, dass wir nicht von Anfang an wussten, was auf uns zukommt. Bereut haben wir es dennoch keine Sekunde. Wir können unsere ganze Leidenschaft in die Schreinerei einbringen. Wir haben inzwischen noch den Zweig der Innenarchitektur dazu genommen, sodass wir nicht nur die Ausführung, sondern auch die Planung und Konzeption ganzer Raumkonzepte für Vinotheken, Büros oder auch die Einrichtung ganzer Häuser übernehmen können. Damit konnten wir unseren Kunden- und Einzugskreis stark erweitern. Die gewünschte Effizienz mit dem Neubau kommt langsam auch zum Tragen. Wo früher fünf Mann händisch drei Stunden Holz abgeladen haben, kann heute ein Mann in 20 Minuten mit dem Stapler alles regeln. Auch die Abläufe und Laufwege in der Schreinerei sind genau nach den logischen Arbeitsabfolgen gegliedert. Digitalisierung in Arbeitsdokumentation und Kundenkommunikation machen vieles leichter, schneller und vermeiden Fehlerquellen. Dadurch konnte unser Team auf mittlerweile 18 Mitarbeiter anwachsen. Unsere Ideen und Vorhaben sind allerdings noch lange nicht ausgeschöpft. Ich frage mich, wie wir später mal das Thema der Nachfolge regeln werden.

LENA SCHAUMANN

Geschäftsführung der Möbel Schaumann Kassel GmbH & Co. KG

Welche Fragen hast du dir gestellt, um über die Nachfolge zu entscheiden?

Ich habe mir unzählige Fragen gestellt. Ich würde sagen, die erste Zeit meiner Nachfolge war geprägt durch die Frage: „Kann ich das?“ Diese Frage hat mich verfolgt, bis die erste Bilanz vor meiner Nase lag, die mir schwarz auf weiß zeigte, dass ich erfolgreich war. In dem Moment wurde diese Frage durch weitere Fragen abgelöst: „Will ich das? Soll so mein Leben aussehen?“ In dieser Zeit hat mir der Coach und Redner Dieter Lange die folgenden fünf Fragen gestellt, die mir unheimlich geholfen haben:

- Erfülle ich hier die Wünsche meiner Eltern oder ist das wirklich mein Spiel?
- Hätte ich dieses Unternehmen selbst gegründet?
- Bis zu welchem Grad kann ich mich anpassen und bis zu welchem Grad brauche ich das Gefühl I did it my way?
- Auf welche Frage im Unternehmen bin ich die Antwort?
- Kann ich meine Werte in der Firma leben?

Was hat dich daran fasziniert, Nachfolgerin zu werden?
Mich hat es fasziniert, etwas Bestehendes und Erfolgreiches zu übernehmen, das bereits durch drei Generationen vor mir geprägt wurde. Mein Job ist es nun immer wieder zu schauen, was dieses Konstrukt braucht, um auch die nächsten Jahrzehnte ebenso erfolgreich zu sein. Es gilt, sich als Unternehmen immer wieder neu zu erfinden, dem Markt das zu geben, wonach er gerade fragt und gleichzeitig authentisch und bei sich zu bleiben. Das bedeutet für mich sich zu fragen: Was brauche ich als Organisation, damit es mir gut geht? Das ist ein spannender Grat, auf dem ich unheimlich gerne wandele.

Wer war deine wichtigste Mentorin bzw. dein wichtigster Mentor?
Die Frage ist gar nicht so einfach zu beantworten, weil ich das große Glück hatte, unheimlich vielen Mentor:innen auf meinem Weg zu begegnen. Die drei wichtigsten sind:

Zum einen war es mein Vater selbst. Unsere Beziehung während der Nachfolge war nicht immer einfach. Er war mein größter Kritiker und gleichzeitig vermutlich mein größter Fan – das hat er mich allerdings wenig spüren lassen. Er hat mich mit seiner – gefühlt – ständigen Kritik oftmals an den Rand des Wahnsinns getrieben. Gleichzeitig war er damit mein allergrößter Lehrer.

Zum anderen war mein bester Freund Florian Hoppen mein Mentor. Er hat immer wieder hinterfragt und darauf achtgegeben, dass es mir gut geht mit dem, was ich tue. Er hat als einer der wenigen immer Klartext mit mir gesprochen und mir auch die unangenehmen Dinge gesagt bzw. die unangenehmen Fragen gestellt, die ich zu vermeiden versucht habe. Dafür bin ich ihm heute unendlich dankbar.

Und last, but not least waren meine Mitarbeiter:innen alle wie Mentor:innen für mich. Sie waren mein Spiegel – habe ich funktioniert, haben sie funktioniert. War ich unsicher, waren sie es ebenfalls. Durch sie habe ich immer direktes Feedback bekommen, was unbezahlbar war und auch heute noch ist.

DIE ZWEI PHASEN MEINER NACHFOLGE

Ich bin Unternehmerkind. Neben meinen zwei Geschwistern und meinen Eltern habe ich ein weiteres Familienmitglied: unser Familienunternehmen. 28 Jahre meines Lebens war ich mir sicher, dass ich mit diesem Familienmitglied niemals sonderlich viel zu tun haben werde.

Dieses Familienmitglied passte viel zu sehr zu meinem Vater – nicht zu mir. Ja, dessen war ich mir absolut sicher. Bis ich eines Tages mit der Aussage meines Vaters konfrontiert war, der davon sprach, so langsam über den Verkauf des Unternehmens nachzudenken, wenn denn wirklich keiner von uns die Nachfolge antreten wolle. Das war der Moment, in dem sich mein Magen umdrehte! Die Vorstellung, dieses Familienmitglied zur Adoption freizugeben, war unerträglich für mich.

Kann ich das?

Ich musste mir eingestehen, dass mein Herz viel mehr an diesem Familienmitglied hängt, als ich es bisher wahrhaben wollte. Und so entschied ich mich, es auszuprobieren. Meinen Weg zu finden. Ich stieg ins Unternehmen ein, arbeitete mich durch eine Abteilung nach der anderen. Ich fand nach und nach zu meinem Führungsstil. In einem großen Kulturwandelprozess erarbeitete ich gemeinsam mit den Mitarbeitenden unsere Vision: Wie wollen wir zusammenarbeiten? Wofür wollen wir stehen? Was wollen wir erreichen in unseren gemeinsamen Jahren?

Die Lernkurve war steil. Niemals zuvor lernte ich so viel innerhalb von zwei Jahren. Wir als Team wuchsen zusammen, erweckten unsere Vision zum Leben. Die gesamte Zeit plagte mich eine zentrale Frage: Kann ich das? Bin ich in der Lage, dieses Unternehmen zu führen? Habe ich die richtige Vision? Kann ich all diese Menschen führen? Mein Vater ist und war ein anderer Typ als ich. Er führte hauptsächlich über Zahlen. Ich lege den Fokus auf die Menschen – das habe ich schon immer getan. Kann ich mir selbst treu sein, meinem Weg folgen und erfolgreich sein, obwohl der so anders ist als der meines Vaters?

Nach meinem zweiten Jahresabschluss hatte ich es schwarz auf weiß und glaubte es wirklich: ICH KANN DAS!

Man müsste meinen, ich stehe am absoluten Höhepunkt und bin überglücklich. Genau das hatte ich erwartet. Umso verwirrter war ich, dass das nicht der Fall war. Wie so oft finde ich mich im Roller Coaster des Lebens und stecke in der nächsten Phase des Selbstzweifels. Sie trägt die Überschrift:

WILL ICH DAS?

Soll so mein Leben aussehen? Jeden Tag, bis ich irgendwann an meine Kinder übergebe? Wenig Urlaub, sehr viel Arbeit und vor allem diese Verantwortung? Dieses ständige Gefühl, dass mein persönlicher Wert unweigerlich mit dem Erfolg der Firma zusammenhängt? Jetzt 30 Jahre das Gleiche machen? Ich habe Fernweh. Mein Leben lang reise ich schon gerne. Jetzt soll ich dauerhaft maximal ein bis zwei Wochen am Stück dieser Sehnsucht nachgehen dürfen?

Ich bin innerlich zerrissen: Ich kann mir ein Leben ohne Möbel Schaumann nicht vorstellen. Und ein Leben mit Möbel Schaumann ebenso wenig! Ich kann wirklich sagen: Ich steckte in einer absoluten Sinnkrise.

Vielleicht war der 2. Lockdown während der Corona-Zeit mein großes Glück. Die Möbelhäuser waren geschlossen. Die digitalen Angebote hatten sich längst etabliert. Nach Monaten des Lockdowns war wirklich alles aufgeräumt, was aufzuräumen war. Nach einer kurzen Absprache mit meinem Vater setze ich mich in einen Flieger, fliege ans andere Ende der Welt mit einem Ziel: diese Frage zu beantworten. Die Antwort kommt schnell. Ja, ich will das! Aber so nicht!

Ich will alle Teile von mir leben, auf keinen verzichten. Ich will ein Teil von Schaumann sein und Schaumann soll ein Teil von mir sein. Gleichwohl soll mich das nicht erdrücken. Ich will in die zweite Reihe treten. Ich will das machen, was immer als die größte Leistung einer Führungskraft beschrieben wird: mich selbst ersetzbar machen. Ich will meine Leute in die erste Reihe stellen. Ich will AM Unternehmen arbeiten – und das im Zweifel von überall auf der Welt. Ich will an anderen Herzensthemen arbeiten dürfen – ohne schlechtes Gewissen.

Ich will „NEW WORK" – meine ganz eigene Art von New Work.

New Work ist für mich ein hohes Maß an Flexibilität, die es allen Mitarbeitenden ermöglicht, die Arbeit so zu gestalten, wie es für sie am allerbesten, erfolgreichsten und effizientesten funktioniert. New Work steigert die Mitarbeiter:innen-Zufriedenheit UND deren Produktivität. Und so auch meine.

Die Gestaltung meines perfekten und effizienten Arbeitslebens sieht so aus: Ich brauche wegen meines Fernwehs die Möglichkeit, mich immer mal örtlich abzusetzen und von irgendwo auf der Welt zu arbeiten. Wenn ich zu Hause bin, verzichte ich nahezu vollständig auf Homeoffice, um viel Zeit in der Firma mit meinen Leuten zu verbringen. So kann ich mir gut erlauben, auch mal ein paar Wochen weg zu sein. Das wissen meine Mitarbeitenden und sie freuen sich mit mir, wenn ich mal wieder an meinen Lieblingsort Bali abzische.

Die fünf entscheidenden Fragen

Folgende Fragen hat mir der Coach und Mentor Dieter Lange gestellt und sie haben mir geholfen, meinen Weg zu finden:

Erfülle ich hier die Wünsche meiner Eltern oder ist das wirklich mein Spiel?

Diese Frage konnte ich nicht immer eindeutig beantworten. Zwischendurch sind die Dinge für mich emotional verschwommen.

Schlussendlich habe ich mit „HELL, YES" geantwortet und so lautet meine Antwort heute jeden Tag. Ich bezeichne es ganz bewusst als Spiel: Ich nehme meine Verantwortung verdammt ernst. Ich gehöre zu Interliving Schaumann und Interliving Schaumann gehört zu mir. Gleichzeitig ist unser beider Wert unabhängig voneinander und das ist gut und wichtig so.

Interliving Schaumann ist ein Spiel von vielen, das ich in meinem Leben spiele.

An anderer Stelle spiele ich die Spiele Freundschaft, Beziehung, Liebe, Ehe, Familie – all diese Spiele spiele ich, weil sie mir unheimlich Freude machen. Sollte sich das einmal ändern, werde ich ganz genau unter die Lupe nehmen, inwiefern ich das Spiel und die Regeln verändern kann, damit es mir wieder Freude bringt. Mir ist dabei völlig klar, dass manche Spiele ein Ablaufdatum haben. Unter dem Strich zählt für mich: Love it, Change it or Leave it.

All das ein wenig spielerisch zu betrachten, gibt mir Leichtigkeit und Unabhängigkeit. Diese machen es mir leichter, Entscheidungen zu treffen und meinen eigenen Wert vom Erfolg des Unternehmens zu entkoppeln.

Hätte ich dieses Unternehmen selbst gegründet?

Vermutlich hätte ich kein Möbelunternehmen gegründet. Mein Herz schlägt nicht für Möbel. Mein Herz schlägt für Unternehmertum – dafür zu gestalten, immer wieder neu zu erfinden und weiterzuentwickeln.

Für eine starke und menschliche Unternehmenskultur – dafür eine solche zu erschaffen, Mitarbeiter:innen weiterzuentwickeln, gemeinsame Visionen zu verfolgen und Großes zu erreichen. Für echte Zusammenarbeit und eine hohe Lebensqualität für alle Beteiligten.

Und es schlägt für herausragende Dienstleistung – für das Leuchten in den Augen der Kund:innen, deren Erwartungen wir übertreffen. Für die Extrameile, die Kund:innen zu Stammkund:innen macht. All das hätte mit absoluter Sicherheit bei meiner Gründung eine Rolle gespielt.

Bis zu welchem Grad kann ich mich anpassen und bis zu welchem Grad brauche ich das Gefühl: I did it my way?

Mir fiel es unheimlich schwer, diesen Grad zu definieren. Ich wusste, ich muss es „my way“ machen, denn nur dann stehe ich voll und ganz dahinter und nur dann habe ich die maximale Energie für den Job. Gleichzeitig bin ich in ein bestehendes System hineingekommen – ich war die Neue.

Deshalb haben wir damals das Projekt „SMILE“ gestartet, bei dem wir uns knappe zwölf Monate nur mit uns beschäftigten. Wir – die Mitarbeitenden und ich – lernten einander kennen. Wir tauschten unsere Wertvorstellungen aus und erstellten ein gemeinsames Fundament. Darauf fußen heute unsere Zusammenarbeit, unsere Visionen und unsere Ziele. „We did it our way“ – das können wir als Team definitiv sagen. Und genau dieser gemeinsame Weg ist MY WAY.

Auf welche Frage im Unternehmen bin ich die Antwort?

Hier gilt es nicht mit dem Kopf zu antworten, sondern mit dem Herzen. Meine Antwort lautet wie folgt:

Bei Möbel Schaumann bin ich die Antwort auf die Frage: Wie erschaffen wir ein Arbeitsumfeld, in dem Menschen ihr volles Potenzial entfalten können, mit Freude jeden Tag zur Arbeit kommen, ihre privaten wie beruflichen Ziele erreichen und ein selbstverantwortliches, selbstwirksames und gesundes Leben führen?

Kann ich meine Werte und meine Vision in der Firma leben?

Ich träume von einer Welt, in der wir Work und Life ineinander integrieren, statt nach einer Balance zwischen zwei getrennten Welten zu streben. In der beides zu einem glücklichen Leben gehört. In der wir unsere Berufung finden und genau für das arbeiten, was uns am Herzen liegt und was wir am liebsten machen. In der wir darauf vertrauen, dass genau das das Erfolgreichste sein wird, was wir tun können.

Ich träume von einer Welt, in der Lebensqualität als Geburtsrecht und als Grundlage für herausragende Arbeit angesehen wird und nicht als etwas, dass wir uns erst verdienen müssen. In der Intuition einen hohen Stellenwert hat und aktiv in Business-Entscheidungen eingebunden wird. In der jede/r von uns sich das Leben erschafft, was er/sie leben möchte und dadurch zu einer starken Gesellschaft beiträgt. In der der Mut zu sich selbst und zu seiner Vorstellungskraft und seinen Bedürfnissen zu stehen mehr belohnt wird, als für oder gegen ein Ideal zu sein.

Und vor allem träume ich von einer Welt, in der wir aufhören, genügsam zu sein und uns trauen, mehr vom Leben zu wollen. In der wir losgehen und uns genau das Leben erschaffen, das wir leben wollen. In der wir volle Verantwortung für unser eigenes Leben übernehmen und für die Welt, in der wir leben. Davon, dass wir immer mehr diesem Satz von Glennon Doyle folgen: „Die Erschaffung des wirklich Wahren und Schönen bedeutet die Zerstörung von allem mit der Aufschrift: gut genug!"

Und genau das kann ich im Unternehmertum und in meiner Nachfolge leben.

© Fischerlehner, Ursula Oberhollenzer privat

DR. H.C. BRUNHILDE SCHRAM MAS, MBA

Geschäftsführung der ECCOStandards & More KG

URSULA OBERHOLLENZER, MSC

Generalsekretärin des CSR Dialogforums

Welche Fragen hast du dir gestellt, um über die Nachfolge zu entscheiden?

Als Gründerin, Investorin und mittlerweile Ehrenpräsidentin des CSR Dialogforums, Kompetenzzentrum für integrierte Nachhaltigkeit in Wirtschaft und Gesellschaft, habe ich mir die folgenden Fragen gestellt:
Wer hat den Lead, so eine Netzwerkorganisation zu übernehmen? Wen würden wir zur Unterstützung noch benötigen? Braucht es eine andere Aufstellung der Organisation? Können die Inhalte aufgrund unterschiedlicher Kompetenzentwicklungen und Sozialisierung übernommen werden oder braucht es eine Neuaufstellung? Ist es eine Person mit Authentizität und Integrität? Hat die Person Durchhaltevermögen? Kann sie Krisen gut meistern und ist er/sie ein gute/r Krisenmanager:in anstatt ein/e Schönwetterkapitän:in?

Wer war deine wichtigste Mentorin bzw. dein wichtigster Mentor?

Ich hatte als Nachfolgerin den Vorteil, dass die Pionierin Brunhilde Schram auch gleichzeitig meine Mentorin war, mit der ich die letzten sieben Jahre einerseits für Kommunikation und Sales im Unternehmen von Brunhilde Schram tätig war und andererseits als Netzwerkpartnerin & Kommunikationsexpertin im CSR Dialogforum. Trotz der unterschiedlichen Herangehensweisen, der unterschiedlichen beruflichen Erfahrung war ein wertschätzender Umgang und ein partnerschaftliches Miteinander, in der wir sehr viele Hindernisse und Hürden genommen haben, ein Grundtenor unserer Zusammenarbeit.

Was ist deiner Meinung nach das Schwierigste bei der Nachfolge?
Frau Schram hat mir ein großes „Erbe" übergeben. Nach 16 Jahren als Investorin und Innovatorin im Nachhaltigkeitsthema sagte sie mir, dass es an der Zeit wäre, diese Organisation an eine Vertrauensperson zu übergeben und das war ich, Ursula Oberhollenzer. Dies war vor einem Jahr. Es galt die Positionierung des CSR Dialogforums auszubauen und Klarheit gegenüber allen Stakeholdern zu schaffen, was die neuen Rollen betrifft bzw. wer die neue Ansprechpartnerin ist. Eine weitere Herausforderung bestand und besteht darin, die Reputation und die Erfolge des CSR Dialogforums, im Beraterstatus der Vereinten Nationen, in die Zukunft zu führen und die Marke des CSR Dialogforums für die Zukunft weiter zu entwickeln.

NACHFOLGE IN EINEM NETZWERK, EINE SPEZIELLE HERAUSFORDERUNG

Wie alles begann

Als Gründerin – und ich möchte sagen als Visionärin – habe ich 1995 mein erstes Unternehmen gegründet. Meine Vision war es, einen Beitrag zu leisten, die Welt mit meiner Dienstleistung nachhaltiger zu gestalten und einen Wirtschaftsraum für nachhaltige Unternehmen zu schaffen. Da ich als sehr zukunftsorientiert beschrieben werde und mir ein kooperativer Führungsstil zugeschrieben wird, habe ich solche Entwicklungsarbeiten stets in Kooperation mit verschiedenen Universitäten und Unternehmen durchgeführt. Bereits 2003 wurde ich in die wissenschaftlichen Arbeiten zur Weiterentwicklung der „Tripple- Bottom-Line" einbezogen. Dieses Drei-Säulen-Modell der nachhaltigen Entwicklung geht von der Vorstellung aus, dass nachhaltige Entwicklung nur durch das gleichzeitige und gleichberechtigte Umsetzen von umweltbezogenen, wirtschaftlichen und sozialen Zielen erreicht werden kann. Es sollten Dienstleistungen und Produkte entwickelt werden, die die Ziele der Vereinten Nationen unterstützen. Für die Entwicklung geeigneter Produkte und Dienstleistungen war vor allem der internationale Stakeholderdialog sehr wichtig.

Aus diesem Stakeholderdialog entwickelte sich 2007 das erste Umsetzungsprogramm zur nachhaltigen Unternehmensführung.

25 Unternehmen nahmen an diesem Programm teil, das mit relevanten politischen Partner:innen und Sozialpartner:innen durchgeführt wurde. In diesem Prozess kam die Idee, eine neue Arbeitswelt umzusetzen und es wurde mit vielen Partner:innen eine Netzwerkorganisation, das CSR Dialogforum (www.csr-dialogforum.at), gegründet. Diese Netzwerkorganisation war geclustert in wesentliche Partnerunternehmen, die miteinander sehr eng kooperierten. Nachhaltigkeitskonzepte als Produkte und Dienstleistung zu vermarkten, war zu diesem Zeitpunkt weitgehend unbekannt. Eigentlich mussten wir uns als Netzwerkorganisation erst einen Markt aufbauen und da wir nicht wussten, dass es noch viele Jahre

dauern würde, bis wir unsere Positionierung ausgebaut hatten, gingen wir mit Elan an die Sache heran. Als Leader dieser Netzwerkorganisation war es für mich eine unendliche Geschichte, aber wenn man für ein Thema brennt, dann kann man viele Hindernisse und Enttäuschungen überwinden. Das waren also 16 Jahre in einer hochdynamischen Branche, die sich täglich aufgrund der Regulierung und des an Personen gebundenen Wissens ändert und wo der Mensch als größter Risikofaktor gesehen wird. Dennoch hat sich viel Neues und Positives entwickelt.

Im Zuge der Zusammenarbeit unterschiedlicher Stakeholder im CSR Dialogforum erkannten wir, dass es ein Produkt braucht, das einerseits die Zukunftsfähigkeit und Resilienz von Unternehmen steigert und andererseits die Messbarkeit des Nachhaltigkeitsreifegrades sichtbarer macht. Wichtig war gleichzeitig, dass bei vielen Variablen Chancen und Gefahren mit einer hohen Wahrscheinlichkeit abgeleitet werden können. Mit Unterstützung von Universitäten entwickelte ich das Produkt eccos$^{22®}$, ein 360 Grad ESG Management Assessment (ESG RADAR), was man heute als Spin Off bezeichnen würde. Der Lösungsansatz ist kompetenzbasiert und basiert auf kybernetischen Merkmalen. Ich wurde für meine Arbeit im Bereich „organisationales Lernen“ mit nationalen wie internationalen Preisen ausgezeichnet.

Die aktuelle Situation in 2023 – der nächste Wendepunkt

Das CSR Dialogforum hält auch 2023 an dem sperrigen Titel Nachhaltigkeit bzw. CSR (Corporate Social Responsibility), ESG etc. fest. Unsere Arbeit wurde von vielen Enttäuschungen, Hindernissen und Herausforderungen begleitet. Dennoch war es insgesamt ein erfolgreicher Weg. 2015 erlangte das CSR Dialogforum den Beraterstatus bei den Vereinten Nationen. Weitere Auszeichnungen für besondere Pionierleistungen folgten.

Nach 16 Jahren ist es an der Zeit, an die Übergabe dieses Lebenswerkes zu denken, wo Führung und die Begeisterung für Menschen, die Begeisterung für ein Thema im Vordergrund stehen. Ich habe einmal gehört, dass eine Übergabe drei bis sieben Jahre dauert. Meine erste Herausforderung bei der Unternehmensnachfolge war, den richtigen Menschen zu finden, der das Erbe bzw. die Werte, die diese Organisation über viele Jahre ausgemacht haben, versteht und selbst auch verkörpert. Persönliche Kompetenz, Aktivitäts- und Handlungskompetenz, soziale Kompetenz, Fach- und Methodenkompetenz sind in einem gewissen Reifegrad notwendig. Eine Netzwerkphilosophie, eine Vision, eine Mission, die durch Führung sichtbar geworden ist, als Erbe zu übernehmen, ist denkbar schwierig und erfordert von dem/der Nachfolger:in enormen Einsatz, viel Kraft und eine eigene starke Vision. Konflikte zum/zur Vorgänger:in entstehen unweigerlich, insbesondere, wenn es sich um starke Führungspersönlichkeiten handelt.

Weiter ist es nicht ganz so einfach, die bestehenden Netzwerkpartner:innen für sich zu gewinnen, denn es gilt auch hier, alte Beziehungen zu bewahren und dennoch neue Wege einzuschlagen. Die Übergabe einer Netzwerkorganisation birgt viele Herausforderungen. Dennoch ist es mir gelungen, meine langjährige Mitarbeiterin und Geschäftspartnerin als Nachfolgerin zu gewinnen.

Ich habe die Notwendigkeit einer intensiven Kommunikation nach vielen Jahren der Zusammenarbeit völlig unterschätzt, denn ich dachte, die Nachfolgerin sei mitgewachsen. Aber das war nicht ganz so. Die Komplexität, die plötzlich auf die Nachfolgerin zukam, war enorm. Es war schwierig, von früheren Maßnahmenplanungen als Projektleiterin hin zu einer strategischen Unternehmensentwicklung zu kommen.

Aber auch ich hatte Schwierigkeiten. Vor diesem Hintergrund war es schwierig für mich, mich aus dem Strategischen zurückzuziehen. Das Operative war kein Problem, aber die Richtungsgebung loszulassen brachte eine spannungsreiche Zeit, die eine intensive Kommunikation erforderlich machte, speziell im Bereich der Führung.

Ist der Führungsstil der Nachfolgerin den Partner:innen unbekannt, sorgt das für Unruhe und viel Kommunikationsaufwand. Wesentlich dabei ist es, die neuen Regeln klar zu kommunizieren: Früher war es so, einiges bleibt und einige neue Regeln kommen anstatt der alten. Alle Veränderungen müssen mit den Partner:innen besprochen werden. Was man mitbringen muss, ist viel Geduld.

Erfolgsfaktoren und Learnings

Kommunikation vor, während und nach der Übergabe ist ein wesentlicher Schlüssel für eine gelungene Unternehmens-/Organisationsnachfolge. Ein weiterer Erfolgsfaktor ist, einen Zeitpunkt zu definieren. Eine Übergabe ist zwar ein fließender Prozess, dennoch sollte eindeutig festgelegt werden, ab wann die Nachfolger:in im „Chefsessel" sitzt. Die Sitzordnung bei Besprechungen wird beispielsweise ganz wichtig. Ein weiterer Punkt ist, sich zurückzunehmen, über Erwartungen zu sprechen. Ganz normal ist es auch, wenn zwischendurch die Motivation sinkt, Erfolge ausbleiben, Unmut entsteht. Es wird ruckeln und es wird Spannungen auf dem Weg geben und daher ist es wichtig, im Gespräch zu bleiben und sich eine Prioritätenliste zu machen. Nicht alles muss umgekrempelt werden, denn dann entsteht oft Frust und Chaos. Es ist besser, einen Plan zu erstellen und sich über das zu freuen, was gut funktioniert. Was ich gelernt habe, war, dass es wichtig ist, gemeinsam mit der Nachfolgerin zu reflektieren, gemeinsam zu lernen und sich selbst zu beobachten, was Verhalten auslöst, welche Gedanken auf einen zukommen und diese auch ansprechen. Ein Schlüsselfaktor ist Vertrauen und das sollte schon längere Zeit aufgebaut sein.

Aus der Sicht der Nachfolgerin kann ich viele der Punkte, die bereits angeführt wurden, nur voll und ganz unterschreiben. Es ist ja ein Unterschied, ob die Nachfolgerin als beste und erfahrenste Mitarbeiterin agiert oder als Geschäftsführerin, um eine Organisation in die Zukunft zu führen. Einerseits gilt es, bisher Erreichtes zu würdigen und darauf aufzubauen, andererseits sind die aktuellen Zeiten starken Veränderungen unterworfen wie die hohe Volatilität, Unsicherheit, Komplexität und hohe Ambiguität. Diese stellen auch Netzwerkorganisationen vor enorme Herausforderungen. Zusätzlich sind die Beziehungen zu den Netzwerkpartner:innen zu pflegen, neue aufzubauen, neue Ideen zu entwickeln und Angebote zu erarbeiten. Da auch ich die Leidenschaft und die Ausbildung für das Thema mitbringe und Netzwerke einbringe, wird es wohl klappen. Das Zusammenführen der Netzwerke und Kontakte wird wahrscheinlich auch spannungsreich werden, aber eine starke Vision, eine Mission und vor allem Vertrauen, Offenheit und Transparenz wird uns in die Zukunft bringen. Achtsamkeit im Umgang mit den (auch pro bono) Stakeholdern, und eine gute Portion von Pragmatismus werden entscheidend für den Erfolg sein.

Fazit

In diesem Sinne – egal ob es sich um ein Unternehmen handelt oder um eine Netzwerkorganisation – es geht um familiäre und/oder freundschaftliche Beziehungen, die immer mit Wertschätzung gehandhabt werden müssen. Und den Wert des anderen, der unter anderen Rahmenbedingungen als Pionier unterwegs war, zu schätzen.

JULIA KASPER

Gründerin von holzgespür, Tischlerei Kasper GmbH

Was hat dich darauf vorbereitet, Nachfolgerin zu werden?

„Der Baum muss gelesen werden!" ist der Leitspruch meines Vaters. Wir haben in der Familie darüber geschmunzelt, es beschreibt jedoch sehr viel: Der Baumstamm muss verstanden werden, damit er optimal zugeschnitten und zu einem hochwertigen, langlebigen Möbelunikat wird. Genau diese Möbelunikate werden in unserer familieneigenen Tischlerei gefertigt.

Doch nicht nur der Baum muss gelesen werden. Der Leitspruch steht dafür, dass wir uns intensiv mit Dingen auseinandersetzen und sie verstehen müssen. Neben dem fachlichen Kontext gilt das für unternehmerische Fragestellungen und auch das soziale Gefüge.

Fachlich hat mich das Entrepreneurship-Studium sowie meine eigene Gründung ‚holzgespür' gut auf das Thema Nachfolge sowie Unternehmensführung vorbereitet. Der soziale Kontext aus Eltern, Familie, Freunden und auch die Pfadfinderarbeit haben mein Verantwortungsgefühl geprägt und mir gezeigt, dass es wichtig ist, Dinge zu durchdenken, zu planen und zu kommunizieren, aber auch genauso flexibel zu sein, wenn es – wie so oft – anders kommt.

Welche Fragen hast du dir gestellt, um über die Nachfolge zu entscheiden?
Die zentrale Frage für mich lautete: Was will ich, was will ich selbst in meinem Leben? Wie schaffe ich es, herauszufinden, was meine eigenen Wünsche sind? Wir wachsen alle in einem sozialen Kontext auf, der uns prägt. Das zu verstehen und zu bewerten, ist nicht einfach. Zusätzlich ist Nachfolge eine Entscheidung mit der zeitlich intensivsten Auswirkung auf das eigene Leben: Zum einen kurzfristig im täglichen Tun und zum anderen – und das ist der relevantere Aspekt – in der zeitlichen Dimension, die sich vermutlich über das gesamte Leben erstreckt.

Daher war es für mich wichtig, möglichst unabhängig von Erwartungen von außen zu lernen, was ich für mich selbst möchte. Darin steckt, dass ich ein Bild habe, wie das eigene Leben gestaltet werden soll. Wie möchte ich eingebettet sein in der selbst zu kreierenden Mischung aus Unternehmen, Familie, Freunde, Freizeit und Spiritualität.

Mir persönlich ist Freiheit sehr wichtig. Welche Freiheiten kann ich mir in der Nachfolgesituation einräumen? Welche Freiheiten gebe ich auf? Sind die Nähe und die Verwobenheit aus Familie und Unternehmen für mich Freiheit (weil ich beispielsweise große Unterstützung aus der Familie erfahre) oder ist es eher das Gegenteil? Wie viel Gestaltungsspielraum bietet mir die Nachfolgesituation? Dabei nur und ausschließlich zunächst auf meine eigenen Wünsche zu schauen, fiel mir nicht leicht.

Was ist deiner Meinung nach das Schwierigste bei der Nachfolge?
Erstens sollten wir uns bewusst sein, dass Nachfolge kein „Einmal-Event" ist, sondern ein Prozess über mehrere Jahre mit verschiedenen Phasen. Da hilft es, im Prozess zu denken und Erwartungshaltungen realistisch zu formen.

Zweitens braucht es Flexibilität. Rollen ändern sich kontinuierlich während des Nachfolgeprozesses. Mal ist diese Veränderung offensichtlich, mal versteckt.

Drittens sind Vertrauen und Optimismus wichtige Zutaten, denn sie geben Mut, dass die Nachfolge erfolgreich umgesetzt werden kann. Während des Nachfolgeprozesses kann dies insbesondere in kritischen Situationen, in denen Enttäuschungen oder Ungerechtigkeiten empfunden werden, in den Hintergrund rücken. Dann ist es wichtig, sich wieder auf das Vertrauen und den Optimismus zu besinnen.

RAUM GEBEN & NEHMEN: WIE VERTRAUEN UND FLEXIBILITÄT ZU GUTEN NACHFOLGEENTSCHEIDUNGEN FÜHREN KÖNNEN

Eine Hand mit ausgestrecktem Zeigefinger zittert vor zwei roten Knöpfen. Der eine ist beschriftet mit „bloß nichts erklären", der andere mit „bloß nicht loben". Eine andere Auswahl scheint es nicht zu geben. Darunter zeigt sich das Gesicht zu der Hand: unsicher, mit Schweiß auf der Stirn stehend, welcher Knopf wohl zuerst bedient werden soll. Die Beschriftung zu der Comicfigur: „Unser Vater".

Sicher kennen einige dieses berühmte Meme aus dem Internet. Mein Bruder hat es in Vorbereitung auf unseren jährlich stattfindenden Familienrat kreiert und – neben weiteren lustigen Anekdoten im Meme-Format – dort präsentiert.

Wie kommt man zu der Verbundenheit, an der eine gesunde Portion Humor, Mut und Vertrauen am Tisch ist, wenn es um die Nachfolge im Familienunternehmen geht? Es gibt sicher keine Patentlösung dafür. Wie es bei uns in der Familie zuging, möchte ich hier mit ausgewählten Hochs und Tiefs teilen.

Die Familiensituation

Ich bin die älteste von drei Geschwistern, habe eine zwei Jahre jüngere Schwester und einen elf Jahre jüngeren Bruder. Wir drei sind im elterlichen Unternehmen aufgewachsen, einer feinen Massivholztischlerei am Mittelrhein, die mein Vater als Geschäftsführer mit Schreinermeistertitel aufgebaut hat und leitet. Meine Mutter betreibt darüber hinaus ein Bestattungshaus. Im Handwerk ist es sehr typisch, dass das Unternehmen an den Sohn, der wie der Vater oft den Meistertitel trägt, weitergegeben wird. Dies wollten meine Eltern explizit als Regel aufheben, da ihnen Gerechtigkeit in der Familie und unter uns Geschwistern sehr am Herzen liegt.

Nach meinem Studium an der WHU – Otto Beisheim School of Management und einem Job u. a. in China – habe ich ein eigenes Unternehmen gegründet. ‚holzgespür' heißt die Plattform für sehr hochwertige, individualisierte Massivholztische nach Maß. Diese habe ich zunächst als Start-up mit meinen eigenen Mitteln finanziert und später in den familieneigenen Betrieb integriert. Eine Steilvorlage, um das gesamte Unternehmen zu leiten, schließlich hatte ich bestes „Handwerkszeug", einerseits aus meiner Business School-Ausbildung, andererseits durch mein angeeignetes Fachwissen rund um Massivholzmöbel.

Mein Bruder ging nach seinem Abitur nach Bayern, um dort in einer renommierten Schreinerei seine Ausbildung zu absolvieren und später seinen Meistertitel zu erwerben. Meine Schwester fokussierte sich beruflich auf Fitnessökonomie und war daher fachlich von uns dreien am weitesten von unserem liebsten Werkstoff, dem Massivholz, entfernt.

Wohl wissentlich, dass ein Nachfolgeprozess im Schnitt sechs Jahre in Anspruch nehmen kann, eröffnete uns unser Vater, als er Mitte 50 war, dass er diesen Prozess nun anschieben möchte. Ich war Anfang 30 und steckte mit meiner gesamten Energie im Familienbetrieb. Mit dem neuen Geschäftszweig hatte ich mir die Anerkennung unserer Mitarbeitenden, insbesondere beim Produktionsteam, erarbeitet und konnte zum wirtschaftlichen Erfolg des Gesamtunternehmens beitragen. Gemeinsam mit meinem Vater und einem Projekt, was wir an der WHU in einem Master-Kurs von Prof. Kammerlander erarbeiteten, strukturierten wir den Status quo und erarbeiteten eine Roadmap. Diese Roadmap war nicht nur ein Projekt anhand eines Zeitstrahls, sondern sie nahm externe Faktoren aus dem sozialen Kontext mit auf und clusterte den Prozess. Der vermutlich wichtigste Impuls waren die Gremien, die aus der Roadmap heraus entstanden: der Familienrat, die Nachfolge-Task-Force und das Coaching.

Die Gremien

Der Familienrat nimmt eine zentrale Rolle im Nachfolgeprozess ein. Die Kernfamilie, also meine Eltern und meine Geschwister, nehmen teil sowie optional angeheiratete Partner. Der Familienrat tagt mindestens einmal im Jahr für einen Tag und hat zum Ziel, dass sensible Themen aus dem Unternehmen, aber auch von jeder Person in der Familie adressiert und am Tisch gemeinsam besprochen werden können. Insbesondere für nicht aktiv involvierte Familienmitglieder ist der Familienrat sehr wichtig, da durch dieses Gremium Transparenz und Teilhabe ermöglicht wird. Wir schauen uns die Zahlen im Detail an, aber auch betriebliche Vorgänge, die Marktlage und Fragestellungen rund um unsere Strategie und zur Disposition stehende Investitionen. Der Familienrat blickt zurück, vor allem aber nach vorne. Es wird Feedback gegeben und Situationen werden reflektiert. Da kommt die Stärke einer Familie zum Tragen, in der jeder seine Perspektive verbalisieren und Kritik in beide Richtungen vertragen kann. Der Familienrat hat neben den originär angedachten Inhalten darüber hinaus ein weiteres Forum aufgemacht, nämlich das des vertraulichen Gesprächs in großer Runde. Sensible Themen, die nicht in den Alltag oder ein Familienfest passen, finden Raum. Das stärkt das Vertrauen untereinander ungemein. Das erweitert die Bandbreite vom Familienrat von sehr analytischen, zahlenbasierten Fragestellungen bis hin zu emotionalen Auseinandersetzungen.

Das zweite Gremium ist die Nachfolge-Task-Force. Sie besteht aus je einem Vertreter der übergebenden und nachfolgenden Generation und wird durch Fach- und Prozessberater ergänzt. Letzterer begleitet konstant durch die gesamten sechs Jahre im Nachfolgeprozess, während Fachberater an nötigen Stellen hinzugezogen werden, z. B. zu steuerlichen oder erbrechtlichen Fragestellungen. Dieses Gremium tagt je nach Bedarf, jedoch mindestens zweimal jährlich.

Ziemlich am Anfang unseres Nachfolgeprozesses haben wir einen Team-Ansatz erarbeitet, damit das Unternehmen zukünftig von einem Leitungsteam geführt werden kann. Da zeitweise alle drei Geschwister operativ eingebunden waren – und uns sogar ein Büro teilten, was hervorragend klappte –, gab es konkrete Überlegungen, die Nachfolge gemeinsam als Geschwistertrio zu schultern. Diesen Plan und einen weiteren mit einem externen Nachfolgekandidaten haben wir mehrfach angepasst, bis wir feststellen mussten, dass er sich nicht umsetzen ließ. In solchen Momenten ist es gut, wenn eine Task-Force am Werk ist, die die unterschiedlichen „Flughöhen“ einnehmen kann, Probleme identifiziert, bewertet und nach möglichen Lösungen sucht.

Das dritte Gremium ist eigentlich kein Gremium. Es ist ein Coaching, was wir mit allen im Unternehmen aktiv eingebundenen Familienmitgliedern jährlich durchführen. Mit Beatrix Sieben haben wir eine Coachin ausgewählt, die sowohl Akzeptanz bei der „alten“ und „neuen“ Generation genießt und uns seit vier Jahren begleitet. Der wichtigste Punkt dieses Coachings ist die Klärung des Rollenverständnis. Rollen wechseln nicht von dem einen Tag auf den nächsten, jeder von uns ist in verschiedenen sozialen Systemen integriert und agiert dementsprechend. Dies zunächst bewusst wahrzunehmen und explizit zu machen, zu verbinden mit einem Ausblick in die Zukunft und den damit einhergehenden Veränderungen ist uns sehr wichtig. Mit veränderten Rollen kommen auch neue Verantwortlichkeiten und diese müssen erkannt und individuell kommuniziert werden. Die Familie braucht eine andere Auseinandersetzung damit als Mitarbeitende oder Lieferanten und Kund:innen.

Bei der Rollendiskussion beispielsweise hatten wir eine intensive Konfrontation, in der uns allen in der Familie deutlich wurde, wie wenig wir die Rolle und den Wirkungskreis unserer Mutter wahrgenommen haben. Dies herauszuarbeiten war ein echter Durchbruch im Nachfolgeprozess. Nachdem wir sehen konnten, welche Verantwortung bei ihr lag und dies explizit gemacht wurde, fiel ihr das Abgeben von Aufgaben und Verantwortung nach und nach wesentlich leichter. Als „next Gen“ konnten wir so neue Prozesse aufbauen, die Verantwortung erfassen und nach unserem Gusto gestalten. Beide Seiten hatten profitiert. Der Weg über die Rollendiskussion war mühsam, aber sehr lohnend.

Meine Entscheidung

Gerade die gemeinsame Auseinandersetzung mit den Rollen in der Familie hat mir bei meiner Überlegung, ob ich die Nachfolge antrete oder nicht, sehr geholfen. Dabei waren persönliche Fragestellungen zu meinem Lebensentwurf der wichtigste Anker.

Und das zu beantworten ist nie einfach, lohnt jedoch immer, weil es zu bewussten Entscheidungen führt.

Mir ist meine Familie leidenschaftlich wichtig und wertvoll. Daher war es verständlich, dass ich meine Gedanken, die Nachfolge nicht anzutreten, mit allen Familienmitgliedern besprechen musste. Und genau da liegt die Stärke unserer Familie, denn so war die gemeinsame Diskussionsgrundlage und die Akzeptanz für meine Entscheidung sehr wohlwollend. Dies zeichnet uns aus: Jeder kann seine Vorschläge, Entscheidungen und Ideen auf den Tisch bringen und sich sicher sein, dass diese ernst genommen und Entscheidungen gemeinsam getragen werden. Die Gespräche zu meinen Beweggründen, vor allem mit meinem Vater, waren sehr bestärkend für mich.

Gleichzeitig hat die Ausgangssituation, dass nun mein Bruder die Nachfolge allein antritt, reichlich Raum frei gemacht für ihn. Er hat mehrere Möglichkeiten für neue Wege der Verantwortung, die er selbst und individuell für sich und das Unternehmen füllen kann. Für mich war es ein Geschenk mit der eingeräumten Distanz zu beobachten, dass diese Nachfolgeplanung dazu führt, dass mein Bruder diese frei gewordene Verantwortung sehr gern annimmt und für sich und das Unternehmen passend definiert.

Das alles führte dazu, dass ich mich für eine eigene unternehmerische Zukunft entschieden habe. Meine Energie fließt nun als Mitgründerin in ein Pro-Planet-Unternehmen für die Wiedervernässung und für die rentable Bewirtschaftung von Mooren.

Ich bin unheimlich dankbar für den Zusammenhalt in unserer Familie und die familiengeführte Tischlerei, die ich aufgrund unseres fest etablierten Familienrats auch langfristig begleiten möchte. Die Transparenz und das Vertrauen zahlen sich aus, sodass ich dieses Nest mit Dankbarkeit und Neugierde auf die Zukunft verlasse und mir wünsche, dass wir den Humor für weitere lustige Memes und Storys in unserer Familie – auch abseits des Unternehmens – nie verlieren.

DONATA KOLLMAR

Sales & Project Associate Paper Technology bei der Bellmer GmbH

Was hat dich darauf vorbereitet, Nachfolgerin zu werden?

Tatsächlich haben mich auf dem Weg ins Familienunternehmen diverse Unikurse inspiriert und unterstützt. So wurde ich mehr und mehr animiert, über das Thema nachzudenken und einen möglichen Einstieg zu planen. Meine Unterlagen habe ich auch alle aufbewahrt, da diese wirklich eine Hilfe waren und ich diese dann an meinen Bruder oder Cousin später weitergeben will. Es hat mir geholfen, wissenschaftliche Ansätze und Tools von außen zu nutzen, um das große Wort Nachfolgerin mit Leben zu füllen. Sicherlich war auch der Austausch mit „Gleichgesinnten" eine Art der Vorbereitung und es hat mich bestärkt zu sehen, wie diese den Weg ins Familienunternehmen gewählt haben. Das Mindset in meinem Umfeld war dafür extrem wichtig.

Wer war deine wichtigste Mentorin bzw. dein wichtigster Mentor?

Mein Vater. Ich habe eine sehr enge Verbindung zu meinem Vater. Obwohl wir uns jeden Tag am Arbeitsplatz sehen, machen wir trotzdem gemeinsame Aktivitäten am Wochenende oder fahren gemeinsam in den

Urlaub. Zudem verbringen wir in der Regel gemeinsam die Mittagspause zu Hause mit meiner Mutter. An den verschiedenen Entscheidungspunkten hat er mich immer begleitet und wir haben das Thema gemeinsam diskutiert. Auch jetzt im Unternehmen selbst tauschen wir uns täglich aus und arbeiten sehr viel zusammen.

Was ist deiner Meinung nach das Schwierigste bei der Nachfolge?
Für Außenstehende scheint der Weg in das familiäre Unternehmen einfach und logisch zu sein. Dabei wird jedoch nicht berücksichtigt, ob die Arbeit im Familienunternehmen überhaupt zum Charakter und zu den Neigungen der nächsten Generation passt. Als potenzielle Nachfolgende kann man sich dem Thema allerdings häufig nur emotional annähern. Letztendlich gilt es ja auch zu evaluieren, ob die Zusammenarbeit mit Familienangehörigen funktionieren wird.

Als Nachfolger:in empfiehlt es sich deshalb, die anstehenden Fragen und Entscheidungen mit neutralen Argumenten durchzuspielen. Als Unternehmertocher wird bereits dein ganzes Leben „beeinflusst" und du kannst fast gar nicht neutral dem Unternehmen gegenübertreten. Andere junge Menschen können wahrscheinlich freier die Auswahl des Studiums oder den Einstieg in das Berufsleben wählen. Potenzielle Nachfolger:innen müssen schon in frühen Jahren sehr weitgehende persönliche Entscheidungen treffen. Bei einer Nachfolge spielen viele Faktoren zusammen und aufgrund der emotionalen Nähe aller Beteiligten zum Unternehmen ist nicht immer alles logisch und rational zu erklären.

MEIN WEG ZUR NACHFOLGERIN DER 7. GENERATION IN DIE FIRMA BELLMER

Zu Beginn möchte ich betonen, dass es meiner Meinung nach keinen typischen Weg bei der Nachfolge gibt. Daher möchte ich exemplarisch meinen Werdegang ins Familienunternehmen (FU) schildern und den Leser und die Leserin an meinem Entscheidungsprozess teilhaben lassen. Letztendlich muss jeder für sich wissen, was sich richtig anfühlt und einen langfristig zufriedenstellt.

Unser FU Bellmer ist im Jahr 1842 von Carl Bellmer in Niefern gegründet worden und wird aktuell in der 6. Generation von meinem Vater und seinen zwei Brüdern geführt. Das Maschinenbauunternehmen beschäftigt aktuell rund 760 Mitarbeitende an 16 Standorten weltweit. Generell ist Bellmer in zwei Bereiche gegliedert: Der Bereich Paper Technology umfasst die Fertigung und Installation von Spezialmaschinen und Produktionslinien zur Herstellung von Papier und Verpackungen. Dieser Sondermaschinenbau wird ergänzt durch den zweiten Bereich Separation Technology mit Serienmaschinen zur effizienten Trennung von Flüssigkeiten und Feststoffen.

Als Unternehmertochter hat die Firma für mich schon immer eine präsente Rolle gespielt: Beispielsweise, wenn ich als Kind nach der Schule meinen Vater in seinem Büro besucht habe, mit meinem Opa durch die Fertigung gelaufen bin, auf diversen Firmenevents mitgeholfen oder Kund:innen beim Abendessen bei uns zu Hause kennengelernt habe. Eigentlich immer, wenn die Familie, also mein Vater und seine Brüder, zusammengekommen sind, wurde „geschäftelt". Die jüngere Generation hat sich immer darüber amüsiert und wir haben uns gefragt, was die Herren alles zu besprechen haben. Heute verstehe ich es und „geschäftel" mit. Mein jüngeres Ich hätte sich erst mal nicht vorstellen können, dass ich heute glücklich und stolz im FU tätig bin. Wie kam es dazu?

Nach der Schule und einem Auslandsjahr gefüllt mit Praktika und Sprachunterricht habe ich mir Gedanken gemacht, was ich studieren will und dies unabhängig von unserem FU und dessen Branche. Ich wollte nicht Maschinenbau studieren. Mir lagen Kommunikation und der Umgang mit Zahlen. Nach dem Ausschlussprinzip habe ich mich für BWL entschieden, wobei ein internationaler Bezug aufgrund meiner Neigungen beinhaltet sein sollte.

Ich habe mich letztendlich für den Bachelor International Management an der WHU beworben. Bewusst wurde mir erst später, dass es hier ein Institut für FU gibt. So habe ich ein Wahlfach im 5. Semester namens FU besucht. Es hat mich inspiriert, mich mit anderen Nachfolger:innen auszutauschen und ich hatte gleich das Gefühl, dass es untereinander mehr Verständnis gibt. Oft kam die Frage von außen, ob ich ins FU eintreten muss, doch in meiner Generation sind wir acht potenzielle Nachfolger:innen. Ich hatte nie das Gefühl, dass ich übernehmen muss.

Meine Freunde an der Uni waren immer neugierig und haben mich über unser FU ausgefragt. Dies gab mir auch ein gutes Gefühl und ich war stolz, ein FU im Hintergrund zu haben, welches bereits in der 6. Generation geführt wird. Von außen wurde es immer als eine tolle Möglichkeit wahrgenommen. Auch mir wurde mehr und mehr bewusst, dass ein FU eine Chance ist, etwas zu bewegen und selbstständig zu agieren. Der Austausch mit Freund:innen und Nachfolger:innen hat dazu geführt, dass ich angefangen habe, mehr über den Einstieg ins FU nachzudenken.

Während des Bachelor-Studiums habe ich zwei Praktika absolviert, welche mich nicht zufriedengestellt haben, da die Tätigkeiten nicht abwechslungsreich waren. Dennoch hat sich für mich gezeigt, dass die Abläufe in Konzernen schwerfällig sind und Verantwortung erst langsam übertragen wird. So ging mir der Gedanke nicht aus dem Kopf, erst mal unsere Firma besser kennenzulernen, um zu verstehen, was es bedeutet, in unserem FU zu arbeiten. Allerdings konnte ich mir einen Festeinstieg noch nicht direkt vorstellen. So habe ich mich zunächst für ein 1-jähriges Sales-Trainee-Programm bei uns im FU entschieden.

Das Programm fokussierte sich auf unseren Unternehmensbereich Separation Technology. Hier lag zu Beginn der Schwerpunkt darin, unsere Maschinen in der Praxis zu verstehen. Mein Blaumann war regelmäßig im Einsatz und die Kund:innen waren vielfältig: von kommunalen Kläranlagen bis zu Industriefabriken. Diese praktische Zeit hat mir geholfen, die Menschen, Maschinen und Technologien unserer Firma im Eilgang kennenzulernen. Von unserem Team wurde es geschätzt, dass ich mir für nichts zu schade war und auch meine Hände schmutzig machte. Außerdem war ich auch auf Messen präsent, begleitete Kolleg:innen auf Vertriebsfahrten und hatte sogar einen kleinen Kundenstamm in Süddeutschland gewinnen können.

Doch irgendwas fehlte mir noch ... Ich habe festgestellt, dass ich in einem Maschinenbauunternehmen mehr technisches Verständnis brauche und mich hier weiterbilden will. Ich habe dazu einen Master gesucht und einen optimalen Studiengang an der Hochschule Karlsruhe entdeckt: Technologie-Entrepreneurship. Hier war es für mich sehr passend, die Möglichkeit zu haben, technische Kurse aus dem Wirtschaftsingenieurstudiengang zu belegen und mit der Vertiefung Familiennachfolge zu kombinieren. In die Maschinenbaukurse habe ich mich motiviert „reingehängt" und versucht, so viel Wissen wie möglich aufzusaugen. Der technische Zeichnungskurs ist mir heute eine Hilfe. Der Kurs Familiennachfolge war darauf abgestimmt, die Nachfolge optimal vorzubereiten. Ein für uns nützliches Tool war das sogenannte Spinnennetz:

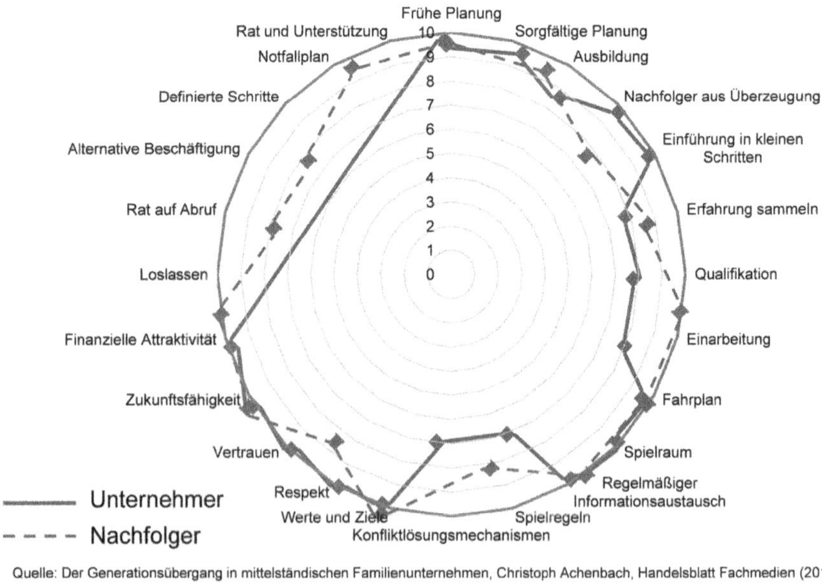

Quelle: Der Generationsübergang in mittelständischen Familienunternehmen, Christoph Achenbach, Handelsblatt Fachmedien (2016)

Das Spinnennetz haben sowohl mein Vater als auch ich unabhängig voneinander ausgefüllt. Die Differenzen der Linien auf dem Netz haben deutlich visualisiert, was es für uns noch zu verbessern galt, bevor der Einstieg ins FU bevorstand. Das Abschlussprojekt des Kurses Familiennachfolge war ein 10-Jahresplan, welchen wir übrigens nicht so umgesetzt haben. Was wieder zeigt: Es gibt keinen klaren Weg zur Unternehmensnachfolge.

Nach dem 2-jährigen Master stand ich wieder vor der Entscheidung, was ich mache. Anders als nach dem Bachelor war mir immerhin klar, dass ich früher oder später aktiv im FU agieren möchte. Nun stand natürlich die Entscheidung zwischen einem direkten Einstieg ins FU oder einem Start bei einem externen Unternehmen an. Neben meiner Masterarbeit habe ich mich bei Beratungs- und Industrieunternehmen beworben. Tatsächlich hatte ich auch Bewerbungsgespräche und letztendlich auch eine Zusage in einem Maschinenbauunternehmen als Assistentin der Geschäftsführung. In der gleichen Woche hatte ich ein weiteres Bewerbungsgespräch für eine Stelle in unserem FU. Um einen etwas neutraleren Gesprächspartner neben meinem Vater zu haben, hat dieser einen Termin mit meinem Onkel organisiert. Dieser Moment wird mir immer im Kopf bleiben. Wir saßen zu dritt im Büro meines Onkels und mein Onkel hat ein Bewerbungsgespräch mit mir geführt. Das Fazit: Er wollte mich in seinem Vertriebs-Team, was mich sehr ehrte, wobei ich dennoch um einige Tage Bedenkzeit gebeten habe.

Natürlich habe ich mit meinem Freund, Bruder, Freundinnen sowie anderen Nachfolger:innen gesprochen. Gespräche auf längeren Spaziergängen sowie zahlreiche Telefonate haben mir gezeigt, dass mir niemand den richtigen Ratschlag geben kann. Von außen betrachtet erkennt niemand alle Faktoren und versteht meine Gefühle. Dabei habe ich festgestellt, dass ich diese Entscheidung am Ende selbst treffen muss – für mich. Ich habe versucht ein Stück weit auszublenden, was andere mir geraten haben. Für die Entscheidung habe ich ein wenig Mut und Selbstbewusstsein gebraucht. Mein Bauchgefühl sagte mir, dass ich direkt in unsere Firma Bellmer will. Letztendlich hat es sich einfach richtig angefühlt und ich habe mich bewusst für den direkten Einstieg in unser FU entschieden und die externe Stelle nicht angetreten.

Zunächst bin ich als „Assistant Sales and Project Management" in unser FU eingestiegen – dieses Mal im Bereich Paper Technology. Zu Beginn war ich wieder viel auf Baustellen aktiv, u. a. bei einer großen Inbetriebnahme einer Papiermaschine in Tschechien. Vor Ort, also in der Praxis, läuft der notwendige Lernprozess am schnellsten ab. Auf der Baustelle wurde ich in meinem Blaumann und als Tochter des Chefs mit großen Augen der Monteur:innen und Kund:innen angeschaut. Im ersten Jahr habe ich mehrere Inbetriebnahmen begleitet und ich kann jedem Nachfolger und jeder Nachfolgerin zu Beginn nur empfehlen, sich alles in der Firma an der Basis anzuschauen. Gerade am Anfang hat man noch einen „Welpenschutz" und kann viel nachfragen und lernen. Von den Mitarbeitenden wurde es auch geschätzt und ich werde immer gefragt, wann ich mal wieder mit auf eine Baustelle gehe.

Die Zeit fliegt. Nun bin ich schon fast drei Jahre in unserer Firma tätig. Inzwischen verantworte ich in verschiedenen Projekten das kaufmännische Projektmanagement. Mein Aufgabenbereich ist vielfältig und jedes Jahr habe ich zusammen mit meinem Vater Ziele und Entwicklungsmöglichkeiten abgesteckt. Fakt ist: Ich bin jeden Tag mit Herzblut bei der Sache. Ich bin froh, diesen Schritt gewagt zu haben. Für mich ist es besonders schön zu sehen, dass wir langjährige Mitarbeitende haben, die bereits meinen Opa kannten und jetzt mich kennen. Dieser familiäre Gedanke bereichert mich. So arbeite ich auch täglich mit meinem Vater und Onkel zusammen und schätze dabei, einen ehrlichen und offenen Austausch pflegen zu können. Für die Zukunft freue ich mich auf neue Herausforderungen, Verantwortung zu übernehmen und meinen Unternehmergeist weiter auszubauen.

NINA HORBACH

avocado rechtsanwälte, Partnerin, Notarin und Rechtsanwältin

MARTHA WETTSCHERECK

avocado rechtsanwälte, Partnerin, Fachanwältin für Familienrecht

Welche Fragen hast du dir gestellt, um über die Nachfolge zu entscheiden?

Nina: Meine Mutter war Geschäftsführerin und Eigentümerin eines Unternehmens, welches indische Unternehmen hinsichtlich ihrer Handelsbeziehungen zu deutschen und europäischen Unternehmen beriet. Nach meinem Studium habe ich in dem Unternehmen mitgearbeitet und war als Nachfolgerin vorgesehen. Allerdings ist mir durch die praktische Arbeit während des Referendariats bewusst geworden, dass ich die juristische Arbeit nicht mehr missen möchte und habe deshalb die Nachfolge nicht angetreten. Das Unternehmen meiner Mutter wurde sodann durch eine Mitarbeiterin gekauft.

In meiner heutigen Tätigkeit als Rechtsanwältin und Notarin kann ich Lebenssachverhalte aktiv mitgestalten und konkrete Hilfestellung geben – das hat mir in der reinen Handelsberatung gefehlt. Als Partnerin der Sozietät kann ich nun das Unternehmertum mit der anwaltlichen Tätigkeit verbinden.

Was ist deiner Meinung nach das Schwierigste bei der Nachfolge?
Nina: Die größte Herausforderung bei der Gestaltung der Nachfolge ist aus unserer Sicht die Auswahl einer geeigneten Nachfolgerin oder eines geeigneten Nachfolgers. Es ist schwierig zu beurteilen, wer für eine solch wichtige Rolle geeignet und wann jemand dazu bereit ist. Diese Frage wird heute auch viel umfassender reflektiert: War es früher noch die Regel, dass der erstgeborene Sohn alles erbt, liegt der Nachfolgeplanung heute ein moderneres Familienbild zugrunde. Dies führt auch zu Unternehmensstrukturen, die die Beratung spannender, aber auch komplexer macht. Es muss eine individuelle Lösung gefunden werden, die für alle Beteiligten und für das Unternehmen von Vorteil ist.

Was fasziniert dich daran, Nachfolgerinnen zu beraten?
Nina: Die Beratung von Nachfolgerinnen ist sowohl in menschlicher, rechtlicher als auch in unternehmerischer Hinsicht sehr facettenreich und dadurch ein äußerst vielseitiges Arbeitsfeld. Man trifft auf viele unterschiedliche Menschen mit unterschiedlichen Visionen und Zielen, die entsprechend beraten werden wollen. Jedes neue Mandat erfordert nicht nur die Auseinandersetzung mit komplexen rechtlichen Fragen und unternehmerischen Strukturen, sondern auch mit unterschiedlichen Persönlichkeiten, einem neuen Unternehmen und einer neuen Familie.

Jede Familie und jedes Unternehmen ist einzigartig und erfordert eine maßgeschneiderte Lösung.

AUS DER PRAXIS

Herz & Verstand

Eine Entscheidung über das OB und WIE einer Unternehmensnachfolge wird durch die Inhaber:innen wie auch durch die Nachfolger:innen aufgrund wirtschaftlicher Erwägungen in Verbindung mit emotionalen Aspekten getroffen.

Entweder soll das Unternehmen fortbestehen oder die wirtschaftlichen Vorteile des Unternehmens sollen für die Handelnden oder ihnen nahestehende Personen erhalten werden.

Das wichtigste Argument dafür, eine Unternehmensnachfolge anzutreten, kann die Verbundenheit zu dem Unternehmen, zu der Gründungsgeneration oder schlicht die Freude am Unternehmertum sein.

In jedem Fall ist es eine Entscheidung mit erheblicher Tragweite. Niemand gestaltet eine Nachfolge allein. Jede Nachfolge ist einzigartig. Ganz offen gesprochen: Selbst bei guter Vorbereitung und umfassender Planung ist damit zu rechnen, dass nicht alles so umgesetzt wird oder umsetzbar ist wie angedacht. Unsere Überzeugung ist es, dass wir aus den Erfahrungen anderer lernen können.

Regelungsbedarf

Uns ist kein Szenario vorstellbar, in dem die Gründungsgeneration, die nachfolgenden Generationen oder das Unternehmen davon profitieren würden, dass überhaupt keine Regelung zur Nachfolge getroffen wurde. Regelungsbedarf ist immer gegeben.

In einer idealen Welt besteht zu jedem Zeitpunkt in der Historie eines Unternehmens ein gut umsetzbarer Plan, wie das Unternehmen fortgeführt werden soll, und alle involvierten Personen sind bereit und fähig, diesem Plan zu folgen.

Tatsächlich ist das regelmäßig nicht der Fall. Teilweise, weil der Bedarf für eine Regelung (noch) nicht gesehen wurde, teilweise, weil die involvierten Personen nicht regelungsbereit sind oder die Vorstellungen der übergebenden Generation und der nachfolgenden Generation – sowohl innerhalb der Familie als auch bei der Einbindung externer Dritter – zu weit auseinandergehen.

Wenn wir keine Regelungen treffen, sieht das Gesetz einige Regelungen vor – abhängig von der Rechtsform des Unternehmens und der Unternehmensstruktur. Ob diese eine gewünschte oder auch nur akzeptable Lösung begründen würden, ist regelmäßig fraglich.

Informationsbasis & Auswahl des Teams

Ein pragmatischer Ansatz ist in jedem Fall – unabhängig davon, zu welchem Zeitpunkt wir als Berater:innen gefragt werden würden –, sich zunächst eine möglichst umfassende Informationsbasis betreffend des Unternehmens, den relevanten Beteiligten und deren Lebensumständen zu schaffen.

Neben wirtschaftlichen Zahlen, bestehenden Geschäftsbeziehungen und dem Personal- und Sachbestand des Unternehmens umfasst dies die rechtlichen Rahmenbedingungen; insbesondere bestehende Verträge und der Umfang des rechtlichen „Dürfens“ der handelnden Personen (Vollmachten, Familienstand, Auflagen und Verpflichtungen aus vorangehenden Rechtsgeschäften wie z. B. aufgrund von Erbverträgen oder einer Vorerbschaft).

Ein gut passendes Team aus „trusted advisors“ begleitet Unternehmer:innen und Unternehmerfamilien häufig über viele Jahre, teilweise sogar über mehrere Generationen. Wenn eine Unternehmensnachfolge bevorsteht, kann dies ein großer Vorteil sein, da bereits eine Vertrauensbasis besteht und im Idealfall eine weitreichende Kenntnis in Bezug auf die vorstehenden Fakten.

Für kleine und mittelständische Unternehmen übernimmt die Rolle eines „trusted advisors“ häufig eine Person, die vorwiegend steuerrechtlich berät. Hier besteht Beratungsbedarf, der sich durch die gesetzlichen Vorgaben geradezu aufdrängt.

Auch in Verbindung mit der geschäftlichen Tätigkeit des Unternehmens, wie etwa im Gesellschafts-, Marken- oder Arbeitsrecht, wird Beratungsbedarf regelmäßig gesehen.

Nach unseren Erfahrungen hat sich indes immer wieder gezeigt, dass die Rechtsbereiche, die dem „privaten" Bereich zugeordnet werden, häufig nicht bedacht und in der Planung konsequenterweise auch nicht berücksichtigt werden.

Prägnante Beispiele aus der Praxis sind etwa (1) das „vergessene" Eigentum an einer weiteren Immobilie, die aus steuerrechtlichen Gründen zu Lebzeiten übertragen worden war, (2) die nicht angefragte Zustimmung des Ehegatten zum Verkauf des Unternehmens, obwohl das Unternehmen den weit überwiegenden Vermögensanteil ausmacht (90 Prozent des Vermögens) und aufgrund des Güterstandes eine Verfügung in diesem Fall der Zustimmung des Ehegatten bedarf, oder (3) die nicht widerrufene transmortale Vollmacht, die nach dem Tod in Unkenntnis oder zur Umgehung der Nachfolgeplanung eingesetzt wird, um eigene Ziele zu verfolgen.

Jede Frage, die externe Beratung erforderlich erscheinen lässt (rechtlich, steuerlich oder auch im Rahmen eines Coachings), kann einfacher und sachgerechter beantwortet werden, wenn die Motivation der Frage und die relevanten Informationen zur Verfügung gestellt werden. Dann kann etwa eine ehevertragliche Gestaltung oder eine sorgfältig errichtete Vorsorgevollmacht im geschäftlichen Bereich die Handlungsfähigkeit absichern und die Umsetzung einer Nachfolgeregelung erleichtern.

Die Auswahl, wer diesen Prozess beratend begleiten soll, ist entscheidend. Neben der fachlichen Eignung ist die Frage, ob das Team aus Mandant:innen und Berater:innen gut kommunizieren kann, aus unserer Erfahrung maßgeblich. Nichts ist frustrierender, als wenn sich eine Beratungsleistung, für die bereits zeitliche und finanzielle Ressourcen aufgewandt wurden, aufgrund eines mangelnden gemeinsamen Verständnisses des Ziels im fortschreitenden Prozess als nicht verwertbar herausstellt – für beide Seiten.

Die Auswahl des Teams obliegt dabei selbstverständlich unseren Mandant:innen. Ein diverses Team, das persönliche Konstanz ermöglicht und trotzdem fachlich unterschiedliche Bereiche abdecken kann, stellt sich aus unserer Sicht häufig als Vorteil gegenüber einer Einzelperson oder einer sehr großen Kanzlei dar. Für uns war dies – jeweils unabhängig voneinander – ein wichtiges Argument für die Tätigkeit in einer mittelständischen Sozietät.

Planung & Umsetzung

Je besser alle relevanten Informationen strukturiert sind, desto einfacher ist es, auf dieser Grundlage Entscheidungen zu fällen und eine konkrete Planung aufzunehmen. Dies gilt sowohl bei einer externen Unternehmensnachfolge wie auch bei einer innerfamiliären oder betriebsinternen Nachfolgelösung. Die Fortführung des Unternehmens verspricht in diesem Fall um ein Vielfaches erfolgreicher zu verlaufen – es sei angemerkt, dass dies auch ein Argument für einen höheren Verkaufspreis sein kann. Im Gegenzug sind mangelnde Transparenz und fehlende Strukturen innerhalb des Unternehmens Aspekte, die für potenzielle Nachfolger:innen gegen eine Übernahme sprechen.

Bei einer Unternehmensnachfolge durch externe Dritte steht außer Frage, dass sowohl übergebende als auch übernehmende Partei am Verhandlungstisch sitzen. Ein gemeinsam gestalteter Prozess ist im Rahmen der innerfamiliären Unternehmensnachfolge ebenfalls häufig erfolgversprechend.

Es kann jedoch auch eine Lösung sein, die Unternehmensnachfolge zunächst durch die übergebende Generation zu gestalten, etwa durch ein Testament oder eine Familienstiftung.

Wichtig ist in dieser Phase, alle Wünsche explizit in die Regelungen einfließen zu lassen und möglichst wenig als selbstverständlich vorauszusetzen. Das Verständnis von einer „sinnvollen Lösung“ oder „fairen Verteilung“, wirtschaftliche Ziele oder unternehmerische Handlungsmaxime im Rahmen der Fortführung des Unternehmens sind stets subjektiv.

Ist die Einbeziehung der übernehmenden Generation zum aktuellen Zeitpunkt nicht möglich oder nicht gewünscht, so gilt es – gerade bei der Gestaltung eines Testamentes – die Motive und Erwägungen aufzunehmen, um den Nachfolgenden ein Verständnis der Regelungen und im Falle einer streitigen Auseinandersetzung dem Gericht eine Interpretation des letzten Willens zu ermöglichen.

Eine effektive Nachfolge ist erfahrungsgemäß nur möglich, wenn die Übernehmenden auch die Möglichkeit zur eigenen unternehmerischen Tätigkeit erhalten – falls dies nicht gewünscht ist (und dafür kann es gute Gründe geben) – sind Lösungen anzudenken, die ausschließlich die Nutzung oder Verteilung der wirtschaftlichen Vorteile regeln.

Zukunft & Veränderung

Rechtliche, wirtschaftliche und persönliche Umstände können sich ändern. Vor diesem Hintergrund empfehlen wir, bestehende Regelungen regelmäßig – und bei erheblichen Veränderungen der Lebensumstände gesondert – einer Revision zu unterziehen: So wurden Eheverträge 30 Jahre nach ihrer Beurkundung aufgrund der geänderten Rechtsprechung als unwirksam qualifiziert, der beabsichtigte Vermögensschutz schlug fehl. Die ausgewählte Person für eine Testamentsvollstreckung ist vielleicht zum Zeitpunkt des Erbfalls selbst bereits weit fortgeschrittenen Alters und nicht mehr in der Lage, dieses Amt in der angedachten Form umzusetzen. Die steuerrechtlich sinnvoll erscheinende Übertragung von Geschäftsanteilen zu Lebzeiten auf potenzielle Nachfolger:innen kann nachteilig sein, wenn kein Ehevertrag geschlossen wurde und im Falle der Ehescheidung diese

Anteile bewertet werden müssen und im Rahmen des Zugewinnausgleichs gegebenenfalls zu Zahlungspflichten führen. Der Wechsel des Rechtssystems durch einen Umzug in ein anderes Land (auch auf Zeit z. B. für ein Studium) kann erhebliche Veränderungen der Regelungen erforderlich machen.

Regelmäßig bedarf es korrespondierender Regelungen durch die nachfolgende Generation selbst (z. B. durch Eheverträge oder eigene letztwillige Verfügungen). Eine innerfamiliäre Nachfolge profitiert daher davon, den Austausch zwischen den Beteiligten zu fördern, ein Verständnis für die rechtlichen Konsequenzen von – als rein private Angelegenheit angesehenen – Handlungen zu schaffen und gemeinsame Werte abzustimmen, z. B. durch Familienverfassungen. Zudem kann die Satzung der Gesellschaft u. a. das Schicksal von Stimmrechten, Regeln für die Übertragung von Anteilen oder die Verpflichtung zum Abschluss von vorsorgenden Eheverträgen vorgeben.

In jedem Fall gilt: Voraussetzung für eine gelungene Unternehmensnachfolge ist, dass die Nachfolger:innen diese auch antreten wollen.

© Sabine Radtke

ISABEL GRUPP

Geschäftsleitung der Plastro Mayer GmbH

Welche Fragen hast du dir gestellt, um über die Nachfolge zu entscheiden?
Während meines Master-Studiums in New York hat mein Vater angerufen, dass er es schön fänd, wenn ich in unser Familienunternehmen einsteigen würde – und zwar direkt ohne Umwege über andere Unternehmen. Ich habe die Chance, die er mir geboten hat, genutzt. Das war eine schnelle Entscheidung ohne große Rückfragen. Was mein Vater mir empfiehlt, kann ja nicht schlecht sein. Dass ich etwas Unternehmerisches machen werde, war für mich klar. Chancen sollte man nutzen, wenn sie einem geboten werden.

Was hat dich daran fasziniert, Nachfolgerin zu werden?
Das waren und sind hauptsächlich: Dinge zu bewegen und selbst Entscheidungen treffen zu können.

Was hat dich darauf vorbereitet, Nachfolgerin zu werden?
Wenn man in eine Unternehmerfamilie hineingeboren wird, ist es sicherlich ein lebenslanges Vorbereiten auf eine eventuell mögliche Nach-

folgeposition. Von Kind auf bekommt man täglich das Leben einer Unternehmerfamilie mit. Dadurch, dass ich den Einstieg gewagt bzw. die Nachfolge direkt nach meinem Master-Studium angetreten habe, gab es nicht viel Zeit der Vorbereitung.

Wer war deine wichtigste Mentorin bzw. dein wichtigster Mentor?
Meine Eltern. Meine Mutter ist eine beeindruckende Frau mit viel Stil. Sie begleitet mich mit viel Liebe, Fürsorge und Vertrauen durch mein Leben und trägt einen großen Anteil daran, dass ich so selbstbewusst und zielstrebig geworden bin. Und mein Vater ist für mich auf geschäftlicher Ebene, als Unternehmer mit absoluter Leidenschaft und Energie, mein Vorbild, mein Mentor und mein bester Freund. Ich genieße es, mit ihm gemeinsam zu arbeiten.

Welches Wissen, das du nun hast, hättest du gerne bereits vor der Nachfolge gehabt?
Nach zwölf Jahren Berufserfahrung weiß man einiges mehr über sich selbst. Und natürlich auch über die Branche des Unternehmens, über Kunden-/Lieferantenbeziehungen, das Marktumfeld, die Herausforderungen im Bereich Personal und ebenso im zwischenmenschlichen, was die Familie angeht.

Mit diesem Wissen würde ich die Position als Nachfolgerin direkt von Anfang an etwas entspannter angehen. Zu Beginn steht man natürlich unter großem Druck, wird von allen gesehen und beäugt. Jeder Fehler wird bemerkt. Ich denke, ich habe mir auch selbst viel Druck in der Anfangsphase gemacht. Die große Erwartungshaltung mir selbst gegenüber hat mich etwas belastet. Von daher wäre ich heute definitiv lockerer in dem Prozess und von Anfang an ich selbst. Oft bin ich gefühlt einem Wesen nachgeeifert, das ich selbst nicht bin. Heute weiß ich, wer ich bin und was ich kann.

Was ist deiner Meinung nach das Schwierigste bei der Nachfolge?
Für mich persönlich ist es wichtig, bei mir selbst zu bleiben und keine Kopie eines Vorgängers zu sein. Es ist schwierig, sich abzugrenzen und

sich selbst ein Standing zu verschaffen. Im besten Fall sollte das Ganze harmonisch ablaufen, sodass im Nachfolgeprozess jeder Verständnis füreinander hat. Oft kommt es hier zu großen Diskrepanzen und Streitigkeiten. Man kann sicherlich von Mentoren viel lernen, diese haben auch eine wichtige begleitende Funktion. Aber es ist von großer Bedeutung seinen eigenen Stil und seine eigenen Themen, die man für wichtig erachtet, zu platzieren.

Wichtig empfinde ich ebenso: Niemals aufhören, an sich selbst zu arbeiten. Persönliche Weiterentwicklung und eine reflektierte Betrachtung seines eigenen Wirkens sind für mich essenziell.

JEDES UNTERNEHMEN HAT SEINE EIGENE DNA – KENNST DU DICH SELBST GUT GENUG?

Was kann ich? Was treibt mich an? Was begeistert mich? Aus meiner Sicht gibt es zahlreiche Fragen, die sich jeder Nachfolger selbst stellen sollte. Kennst du dich selbst gut genug, um hier zu antworten? Meine Erfahrung hat mich gelehrt, dass das Bewusstsein für die Antworten auf diese oder mehr Fragen helfen, um den eigenen richtigen Platz zu finden.

Die Unternehmensnachfolge ist daher meiner Erfahrung nach kein Prozess, der mit einem typischen Raster oder Weg beschrieben werden kann. Natürlich gibt es verschiedene Wege, die als Best-Practice-Beispiele verwendet werden können, aber gibt es wirklich den richtigen Weg? Du kannst dich an anderen orientieren und Möglichkeiten entdecken, wie diese es gelöst haben. Jeder Mensch ist verschieden, jedes Familienunternehmen hat seine eigene DNA und Tradition, und auch jede Unternehmerfamilie hat ihre Einzigartigkeit.

Werte, Familienerlebnisse, Erfahrungen, Mitarbeiter, Stärken, Schwächen, Krisen und externe Einflüsse: Für mich war es wichtig zu verstehen, wer ich wirklich bin, was ich wirklich kann, wo die Stärken von mir, meiner Familie, unserem Unternehmen und auch unsere Möglichkeiten liegen. Oftmals sieht man eine sogenannte Analyse über Stärken, Schwächen, Möglichkeiten und Potenziale eines Unternehmens, aber leider nur sehr selten die Einordnung der Menschen in dieses Umfeld gemäß den Kenntnissen. Jeder Mitarbeitende sollte aufgrund seiner Fähigkeiten auch im Unternehmensumfeld positioniert sein und bestmöglich eingesetzt werden.

Als Unternehmertochter bin ich in einem Umfeld mit vielen ambitionierten und starken Persönlichkeiten aufgewachsen. Die Chefs waren in den meisten Fällen männlich. Meine Mutter war in meiner Erziehung und in der Kindheit mein inspirierendes Vorbild an Fürsorge, Weiblichkeit und Menschlichkeit. Eigenschaften, die aus meiner Sicht auch jede Nachfolgerin braucht. Sie hat immer an mich geglaubt und mir alles zugetraut.

Ein großer Anteil der eigenen Zukunft steckt bereits in der Erziehung – in der Entwicklung eines gesunden Selbstbewusstseins.

Der bekannte Weg in meiner Familie war, direkt nach dem Studium in das eigene Unternehmen einzusteigen, ohne externe Berufserfahrungen. Das war unser Weg, das war mein Weg. Es war mir Folgendes bewusst: Von vielen wird empfohlen, erst mal in anderen Unternehmen Berufserfahrung zu sammeln, da dadurch Expertise aufgebaut wird und jedem Nachfolger scheinbar guttut. In unserem Fall haben wir aber einen anderen Weg gewählt, den ich selbst jederzeit wieder so gehen würde, auch wenn viele Consultingfirmen es vermeintlich anders empfehlen.

Aber kennen diese Personen mich gut genug, um so etwas beurteilen zu können? Wer bin ich? Was kann ich? Das waren zwei große Fragen, die mich in meinem Prozess begleitet haben. Nicht zu jedem Zeitpunkt konnte ich diese Fragen ganz für mich selbst beantworten, fraglich, wie das andere dann beurteilen wollen. Bin ich Tochter? Bin ich eine Unternehmerin? Bin ich eine gute Führungskraft? Wo liegen meine Stärken? Was sind meine Schwächen? In welchem Feld kann ich unserem Unternehmen einen Mehrwert bringen?

Fragen, die aus meiner Sicht in meinem Fall kein externer Berater oder Coach beantworten konnte. Die Antworten auf diese Fragen galt es, für mich selbst herauszufinden. Daher hatten wir bis zum heutigen Tag auch keine externe Beratung. Die entscheidenden Fragen habe ich mir selbst gestellt. Auch ein möglicher Weg. Ja, ich stellte mir selbst die Aufgabe, herauszufinden, mit welchem Potenzial, das in mir steckte, ich der Firma am meisten dienen konnte.

Das Trainee-Programm war meine erste Aufgabe: Zwölf Monate erhielt ich Einblick in verschiedene Abteilungen. Technik, Verwaltung, Produktion, Marketing, Personal – es war von allem etwas dabei. Als damals 24-Jährige konnte ich schlichtweg alle ausfragen, jede Frage hat man mir zugestanden. Ich war ja noch sehr jung und extrem wissbegierig. Keiner hatte die Erwartungshaltung, dass ich alles wissen muss. Wie wäre es gewesen, wenn ich als vermeintlich „gemachte“ Frau mit Mitte 30 in unser Unternehmen gekommen wäre? Ich weiß es nicht, aber sicherlich hätte ich mich nicht getraut, so viel zu fragen. Relativ schnell habe ich festgestellt: Ich habe zwar eine gute Grundlage durch meinen Bachelor und Master in BWL, aber kein technisches Know-how über unsere Verfahren- und Produktionsprozesse. Das war nicht zufriedenstellend für mich. Den Druck, alles zu verstehen und zu wissen, habe ich mir selbst gemacht. Fragen konnte ich jedem stellen, aber die technischen Antworten unserer Mitarbeiter konnte ich damals nicht bewerten. Waren die Antworten richtig oder falsch? Gibt es andere Wege als die bisher bekannten? Alle haben mich unterstützt, da sie gemerkt haben, dass ich die Firma verstehen und vor allen Dingen unseren USP erkennen möchte, um uns dann auch in die Zukunft zu führen.

Nach meinem Traineeprogramm war wegen Krankheit eines Mitarbeiters eine Stelle in der Produktionsplanung für ein paar Monate zu besetzen. Laut meines Vaters war es die Stelle, die ich antreten sollte. Ich wusste sofort, dass ich alles andere als diese Position wollte, da meine Leidenschaft doch im Vertrieb, im Marketing und im Personalbereich liegt. Weshalb diese Stelle, die nicht zu mir passt? Natürlich habe ich der Empfehlung meines Vaters dann nachgegeben, er war ja der Chef. Ich habe darauf vertraut, dass mein Vater es gut mit mir meint. Im Nachhinein war die Zeit in der Produktionsplanung das größte Learning für mich. Eine erste Selbsterkenntnis: Definitiv wusste ich danach, dass mein BWL-Studium und mein Wissen nicht ausreichen, um später in dieser Firma als Nachfolgerin oder CEO – und das auch noch als Frau – zu bestehen. Ich hatte mich daher entschlossen, mich nebenberuflich im Bereich Verfahrenstechnik am Institut für Kunststofftechnik technisch fit zu machen, weil ich für meine Nachfolgeposition kompetent und gut qualifiziert sein wollte. Ein gutes Vorbild eben. Gesagt, getan. Das nebenberufliche Studium hat mich viele Nerven und zahlreiche schlaflose Nächte gekostet. Aber dennoch habe ich die Prüfung bestanden und konnte im Anschluss mit Stolz mein Zeugnis und Know-how auch im Bereich Verfahrenstechnik nachweisen. Die Position im Vertrieb fiel mir danach leichter, ich konnte alleine externe Vertriebsgespräche führen oder Vertriebstouren planen. Auch technisch konnte ich die meisten Fragen der Einkäufer beantworten, das hat mir beruflich viel Selbstbewusstsein eingebracht. Kaufmännisch fühlte ich mich fit, technisch nun auch immer mehr.

Erst als ich das notwendige Know how hatte, fühlte ich mich ausreichend qualifiziert für weitere Steps im Unternehmen. Eine Quote für Frauen war zum damaligen Zeitpunkt kein Thema. Ich war ein klassisches Beispiel für eine Frau in MINT-Berufen, welche sich in diese Richtung qualifiziert hat. Es war mein persönlicher Anspruch, das Wissen zu haben.

Die anschließenden Abteilungen Finanzen, Personal und Marketing waren für mich pure Freude. Mein Vater hat mir, ähnlich wie meine Mutter in der Erziehung, nun auch beruflich sehr früh sehr viel zugetraut. Die Voraussetzung war allerdings, dass ich neue Impulse und neue Akzente selbst antreibe und als Projekt durchziehe. Vor allem aber war ihm wichtig, dass ich die unangenehmen Aufgaben, die eigentlich keiner machen wollte, auch übernahm. Das hat mich am meisten im Prozess stabilisiert. Als Nachfolgerin bekommt man zudem auch die Chance, bei vielen Gesprächen, Terminen und Meetings mit externen Partnern (Kunden, Lieferanten, Dienstleistern, Banken) schon sehr früh dabei zu sein. Das war meinem Vater immer wichtig, dass ich bei allem dabei bin. Ein Einblick, der mir viel gebracht hat. Ich konnte viel lernen und sehen. Ich war zu Beginn meist die Beobachtende und wurde immer sicherer, selbstbewusster und allmählich zur Frontfrau.

Um sinnstiftend als Unternehmensnachfolger dem Unternehmen zu dienen, sollte man sich im Klaren darüber sein, ob der angestrebte Weg, die Branche, das Umfeld einen Bereich darstellen, in welchem man sich wohlfühlen kann. Die Fragen können wahrscheinlich die wenigsten im Vorfeld beantworten. Im Laufe des Nachfolgeprozesses denke ich aber, dass jeder Nachfolger auf diese Fragen für sich selbst eine Antwort finden sollte bzw. permanent überdenken sollte, ob man sich in dem Prozess wiederfindet und sich dabei wohlfühlt.

Maßgeblich sind wesentliche Charaktereigenschaften, die ein Nachfolger mitbringen sollte: Mut, Resilienz, Leidenschaft und Begeisterungsfähigkeit. Ein gesundes Selbstbewusstsein durch Fachwissen und Knowhow stellt eine perfekte Grundlage für eine positive Zukunft dar.

Mittlerweile bin ich seit mehreren Jahren gemeinsam mit meinem Vater erfolgreich in der Geschäftsleitung. Eine Unternehmerin und Nachfolgerin in MINT-Berufen zu sein, erfüllt mich mit Stolz. Ich wünsche mir sehr, dass ich für viele, vor allem aber auch weibliche Nachfolger ein inspirierendes Vorbild sein kann. Zu jeder Zeit würde ich diesen Weg genau in dieser Form wieder gehen. Der Weg hat mich zu der Persönlichkeit gemacht, die ich heute bin. Und wer weiß, wohin mich mein zukünftiger Weg noch alles führt. Die Zukunft kann kommen.

FRANCINE DESTICKERE

Geschäftsführende Gesellschafterin der Rundum Meisterservice Bildungsträger GmbH

Welche Fragen hast du dir gestellt, um über die Nachfolge zu entscheiden?

Als das Thema der Unternehmensnachfolge zum ersten Mal aufkam, schossen mir automatisch die unterschiedlichsten Gedanken durch den Kopf. Nicht nur die damit einhergehende Verantwortung, auch Aspekte wie die Finanzierung, meine geringe Berufserfahrung und die vielen neuen Aufgaben, die eine Führungsposition mit sich bringt, beschäftigten mich lange. Nach reichlicher Überlegung spiegelte sich immer wieder meine Motivation für die Unternehmensnachfolge wider und ich wusste, dass dies die richtige Entscheidung für mich sein würde. Was sich durch meine unterschiedlichen Erfahrungen gezeigt hat, ist, dass man immer eine Möglichkeit findet, seine Ziele zu verwirklichen. Auch für mich war es zu Beginn schwierig, die beruflichen Herausforderungen einer Selbstständigkeit und meine privaten Interessen miteinander zu vereinbaren. Dennoch bin ich froh, diesen Schritt gegangen zu sein. Wichtig hierbei ist es nur, in beiden Bereichen genaue Absprachen zu treffen und besonders im Hinblick auf die Unternehmensnachfolge mit den betreffenden Personen gemeinsam zu agieren.

Wer war deine wichtigste Mentorin bzw. dein wichtigster Mentor?

Mein damaliger Vorgesetzter und jetziger Geschäftspartner Peter Mumbauer (nachfolgend Geschäftsführer genannt) hat mich auf meinem beruflichen Werdegang sehr geprägt. Bis heute ist er mein wichtigster Mentor und Lehrer in der Berufswelt. Innerhalb seines vielfältigen Unternehmens gab er mir die Chance, eine Ausbildung im kaufmännischen Bereich zu absolvieren und somit dank ihm die vielfältigen Aufgabenbereiche und betrieblichen Kenntnisse zu erlernen. Schon damals unterstützte er mich und gab mir das nötige Vertrauen, um mich weiterzuentwickeln. Dies brachte mir im Hinblick auf die Unternehmensnachfolge die nötige Selbstständigkeit und den Mut, mich für neue Aufgaben zu öffnen.

Welches Wissen, dass du nun hast, hättest du gerne bereits vor der Nachfolge gehabt?

Ich glaube, es ist wichtig, dass man sich immer vor Augen hält, wie viel Verantwortung man in einer Führungsposition hat. Somit ist es unmöglich, immer allem und jedem gerecht zu werden. Für mich war es schon immer von großer Bedeutung auf die Bedürfnisse meines Umfeldes einzugehen, obgleich du dir bewusst machen musst, dass du selbst nun die Verantwortung für ein ganzes Unternehmen trägst. Dies lehrte mich schnell, Entscheidungen nicht voreilig zu treffen und hierfür immer auch alle Faktoren miteinzubeziehen. Denn ich hatte nun nicht nur die Verantwortung für mich, sondern für alle Mitarbeiter:innen und das Unternehmen selbst.

Was ist deiner Meinung nach das Schwierigste bei der Nachfolge?

Meiner Meinung nach ist eine der größten Herausforderungen bei der Nachfolge, in die Fußstapfen des Gründers zu treten. Ein Unternehmen, welches über Jahre mit viel Fleiß und Zeit aufgebaut wurde, möchtest du selbstverständlich im Sinne des Gründers weiterführen und dennoch deine eigenen Ansichten und neuen Ideen als Führungsperson in ein solch bestehendes Unternehmen miteinfließen lassen.

VON DER AUSZUBILDENDEN ZUR GESCHÄFTSFÜHRENDEN GESELLSCHAFTERIN

Nach Vollendung meines Fachabiturs im Bereich Wirtschaft entschloss ich mich, eine Ausbildung zur Kauffrau für Büromanagement bei einem mittelständischen Handwerksunternehmen zu beginnen. Dieses Unternehmen war zu jener Zeit durch handwerklich geprägte Dienstleistungen in den Bereichen Dachdeckerarbeiten, Elektrotechnik, Trockenbauarbeiten und EDV-Dienstleistungen bekannt. Darüber hinaus führte das Unternehmen beiläufig noch einen kleineren Bildungsträger mit Berufsintegrationsprojekten von Jugendlichen und jungen Erwachsenen aus dem Bereich des SGBII. Während meiner Berufsausbildung erhielt ich die Chance, innerhalb des Handwerksbereiches sowie des Bildungsträgers Eindrücke zu sammeln und mich in die Verwaltungsaufgaben entsprechend einzuarbeiten. Hier zeigte sich auch schnell meine Stärke innerhalb des sozialen Bereichs. Die Zusammenarbeit mit Kolleg:innen und Kund:innen sowie Auftraggeber:innen und Kooperationspartner:innen fiel mir sehr leicht und bereitete mir viel Freude. Während und auch nach meiner Ausbildung wurde ich von dem Geschäftsführer kompetent und vertrauensvoll begleitet und unterstützt. Schnell entwickelte sich bereits hier eine auf Vertrauen basierende und gute Zusammenarbeit. Nach Abschluss meiner Berufsausbildung erhielt ich das Angebot, im Verwaltungsbereich des Bildungsträgers weiter tätig sein zu dürfen. Da ich mich innerhalb des Unternehmens sehr wohlfühlte, die Zusammenarbeit mit dem Geschäftsführer und meinen Kolleg:innen sehr zu schätzen wusste, nahm ich dieses Angebot dankend an und lernte in den folgenden Jahren immer mehr Aufgabenbereiche kennen, stellte mich neuen Herausforderungen und übernahm Verantwortung. In den darauffolgenden Jahren planten wir gemeinsam mit den beschäftigten Mitarbeiter:innen neue Projekte, sodass wir von ursprünglich zwei Mitarbeitenden mit einem Bildungsprojekt auf insgesamt 14 Mitarbeitende und fünf Bildungsprojekte wuchsen. Doch mit den wachsenden Aufgaben des Bildungsträgers nahmen auch meine Aufgaben- und Verantwortungsbereiche stetig zu. Im Jahre 2020 erteilte mir der Geschäftsführer die Prokura zur Vertretung seiner Person und ermöglichte mir hiermit den Schritt in die Geschäftsleitung. Auch trotz meines Geschlechts und des jungen Alters von 24 Jahren konnte ich mich innerhalb dieser Position gut durchsetzen und erlangte die entsprechende Anerkennung von Mitarbeiter:innen und Kooperationspartner:innen. Die Identifikation mit dem Unternehmen ist mein großes Anliegen sowie die Fürsorge gegenüber den Mitarbeiter:innen eines meiner größten Ziele war und ist. Eine Besonderheit innerhalb der gemeinsamen Zusammenarbeit zwischen dem Geschäftsführer und mir war die intensive Absprache und der Austausch aller Betriebsinhalte. Uns beiden war der rege Austausch über die Geschehnisse innerhalb des Unternehmens sehr wichtig, um die gegenseitige Vertretung und auch Professionalität gegenüber den Mitarbeiter:innen zu bewahren. Der Geschäftsführer überließ mir immer mehr Verantwortung, lehrte mir viele unternehmerische Kenntnisse und stellte mich diversen Kooperationspartner:innen vor. So bereitete er mich unbewusst auch auf die verantwortungsvollen Aufgaben einer Führungskraft vor.

Im Jahre 2021 kam ein wichtiges Thema auf uns zu: die Zukunft des Unternehmens. Da seitens der Familie des Geschäftsführers keine Unternehmensnachfolge gegeben war, sprachen wir über die Möglichkeiten der Fortführung seines Unternehmens. Das Unternehmen gehörte zu einem Teil meines Lebens und ich identifizierte mich voll und ganz hiermit. Ich wollte, dass das Unternehmen und die Mitarbeiter:innen eine Zukunft haben und den Nachfolger bzw. die Nachfolgerin bereits kennen und ihm oder ihr vertrauen. Da der Geschäftsführer und ich bereits ein eingespieltes Team waren, zogen wir die Unternehmensnachfolge durch meine Person in Betracht. Wir überlegten uns ab Januar 2022, gemeinsame Geschäftspartner zu gleichen Teilen zu werden und das Unternehmen bis zum Beginn des Ruhestandes des Unternehmensgründers gemeinsam zu führen. So hatte ich die Möglichkeit, mich in alle Betriebsabläufe und Führungstätigkeiten einzuarbeiten, die mir bisher noch unbekannt waren. Ich hatte zum einen die nötige Sicherheit durch ihn als meinen Mentor, zum anderen aber auch die notwendige Zeit in die Aufgabenbereiche gewissenhaft hineinzuwachsen. Zur Umsetzung unserer Überlegung dachten wir an die Neugründung einer GmbH, da der vorherige Bildungsträger entsprechend als GbR geführt wurde.

Hierfür sollte die neu gegründete Rundum Meisterservice Bildungsträger GmbH alle Vertragsinhalte, das gesamte Personal und Inventar der vorherigen GbR in vollem Umfang übernehmen und weiterführen. Hinter jeder Entscheidung stehen jedoch sowohl Chancen als auch Risiken und vor allem viel Arbeit. Das war mir bewusst. Doch wie umfangreich die Übernahme eines Unternehmens sein würde, war mir zunächst nicht klar. Auch die umfangreiche Überleitungsphase der Geschäftsübernahme der vorherigen GbR durch die neu gegründete GmbH war mir bis zu diesem Zeitpunkt hinsichtlich des Arbeitsaufwandes nicht bewusst. So folgten in den nachfolgenden Wochen viele Gespräche und Termine zur Einleitung meiner Selbstständigkeit und der Neugründung des Unternehmens.

Die Hürden, die sich mir in den Weg stellten

Eine besonders große Herausforderung, die für den Kauf der Unternehmensanteile unausweichlich war, stellte sich mir bei der Finanzierung des Kaufpreises. Aufgrund meines jungen Alters und meiner geringen Berufserfahrung hatte ich der Bank keine Sicherheiten vorzuweisen. Diverse staatliche Förderungsmodelle für Unternehmensgründer kamen für mich aufgrund unterschiedlicher Faktoren nicht infrage. Mit großer und intensiver Betreuung meiner Hausbank wurden mehrere Darlehensarten für meine Situation geprüft. Dieser Prozess dauerte eine ganze Weile und ließ mich zwischenzeitlich an der Möglichkeit einer Selbstständigkeit zweifeln. Meine Zweifel waren jedoch unbegründet und so konnte ich auch ohne Eigenkapital mithilfe einer Bürgschaftsversicherung und der langjährigen Geschäftsbeziehung meiner Hausbank meinen Traum der Selbstständigkeit verwirklichen. Fortan bestimmten vielfältige Termine mit meiner Hausbank, meinem Notar sowie dem Steuerbüro der Firma meinen Arbeitsalltag. Weiterhin beschäftigte ich mich mit der Erstellung eines Businessplans, der Darlegung meiner finanziellen, privaten Situation gegenüber der Hausbank sowie mit den vertraglichen Inhalten für die Betriebsübernahme. Ein Zitat habe ich in dieser Zeit besonders verinnerlicht: „Nur wer fleißig, strebsam ist und sich Mühe gibt, wird auf Dauer belohnt werden.“ Und in der Tat zahlten sich die zahlreichen Termine, Absprachen und organisatorischen Schritte mit dem Aufbau meiner eigenen beruflichen Zukunft aus. Die Entscheidung in das Unternehmen einzutreten, war nicht nur für mich ein großer Gewinn, sondern auch der bestehende Mitarbeiterstand und das bisher aufgebaute Netzwerk an Kund:innen und Kooperationspartner:innen hatten hiermit eine Zukunftsperspektive.

Ein wichtiger Aspekt, den ich Existenzgründer:innen nahelegen möchte, ist die Unterstützung durch eine vertraute Person. In meinem Falle hatte und habe ich jederzeit die Unterstützung eines erfahrenen, vertrauenswürdigen, kompetenten und loyalen Geschäftspartners, der das Unternehmen einst gründete und aufbaute. Der Weg in die Selbstständigkeit ist ein langer Prozess, welcher mit viel Fleiß, Herausforderungen und Arbeit verbunden ist. Im Endeffekt gibt es jedoch keine bessere Weiterbildung als die Erfahrung und nur durch Fehler lernt man. Diese fehlende Erfahrung und damit verbundene „Hürde“ wurde jedoch durch die Unterstützung meines Geschäftspartners kompensiert. Ich hatte zum einen die Chance der Selbstständigkeit geboten bekommen, zum anderen aber auch Sicherheit in Form von Unterstützung, sowohl bei der Einarbeitung in die Führungstätigkeiten als auch bei der Unternehmensführung. Diese vertrauensvolle Unterstützung ist für mich ein weiterer wichtiger Aspekt, den Schritt der Unternehmensübernahme zu gehen. Denn dies gibt dem vielleicht noch unerfahrenen Nachfolger oder der unerfahrenen Nachfolgerin die Ruhe und Sicherheit, dass bei Fragestellungen immer jemand vor Ort ist, der sich mit den Betriebsabläufen auskennt. Es gibt immer Mittel und Wege, um sein persönliches Ziel zu erreichen und Hürden zu umgehen. Daher lege ich allen Leserinnen und Lesern dieses Beitrags nahe, sich von keinem noch so schwierig erscheinenden Hindernis von dem Ziel abbringen zu lassen. Wenn ich nun an meinen beruflichen Werdegang zurückdenke und dies bis zum jetzigen Zeitpunkt reflektiere, kann ich es manchmal selbst noch nicht glauben, dass ich diesen Schritt gegangen bin. Niemals hätte ich gedacht, den Mut und die Stärke aufzubringen, eine Führungsposition zu übernehmen und den Weg in die Selbstständigkeit zu gehen. Heute weiß ich: Manchmal bremst du dich selbst am stärksten aus und entfaltest nicht dein Potenzial. Doch meine Situation zeigt mir auch, dass man genau deswegen mutig und selbstbewusst sein sollte. Man sollte an sich und seine Ziele glauben. Mit meinen 26 Jahren arbeite ich in dem Betrieb, in dem ich einst meine Ausbildung absolvierte, mittlerweile als geschäftsführende Gesellschafterin, das erfüllt mich mit viel Stolz und Freude. Natürlich war der Weg dorthin nicht immer einfach und auch die betrieblichen Geschehnisse des Alltags bringen mich oftmals an die persönlichen Grenzen. Dennoch beherzige ich immer ein Zitat meines ehemaligen Vorgesetzten und jetzigen Geschäftspartners: „Alles wird gut“. Solange du von deiner Arbeit, deiner Person und deinen Absichten voll und ganz überzeugt bist, wird am Ende auch alles gut, du solltest dich nur nicht zu leicht verunsichern lassen. Denn wer etwas will, sucht Wege. Wer etwas nicht will, sucht Gründe.

LINA ELSNER

Geschäftsführerin der Elsner Elektronik GmbH

Was hat dich daran fasziniert, Nachfolgerin zu werden?

Während meines Bachelor- und Masterstudiums habe ich in verschiedenen Betrieben als Praktikantin gearbeitet. In dieser Zeit habe ich die Arbeitsweise und Prozesse ständig mit unserem Betrieb verglichen und überlegt, wie die verschiedenen Vorgänge bei uns ablaufen. Ab diesem Zeitpunkt habe ich gemerkt, dass ich nirgendwo anders arbeiten möchte als bei uns im Familienunternehmen. Daraufhin habe ich entschieden, dass die Nachfolge der richtige Weg ist.

Welche Fragen hast du dir gestellt, um über die Nachfolge zu entscheiden?

Für mich war es ein bedeutender Schritt, die Nachfolge im Familienunternehmen anzutreten. Anfangs habe ich mir folgende Fragen gestellt: Werde ich Nachfolgerin, weil ich ein schlechtes Gewissen habe und sonst meine Eltern im Stich lasse? Welche Erwartungen muss ich erfüllen? Bin ich die Richtige für die Position? Meine Eltern haben nie Druck auf mich ausgeübt oder mich überredet, die Nachfolge anzutreten. Vielmehr hat die Dankbarkeit gegenüber meinen Eltern und unserem Unternehmen letztendlich den Ausschlag gegeben, dass ich mich für die Nachfolge entschieden habe. Elsner Elektronik wurde im Jahr 1990 gegründet und hat eine führende Position auf dem Markt der intelligenten Gebäudetechnik. Ich bin stolz darauf, dass ich all das, was meine Eltern sich über die Jahre aufgebaut haben, nun weiterführen darf. Ich weiß, wie viel ich durch meine Position bewegen kann und das schätze ich sehr!

Wie lief die Zusammenarbeit mit der Familie?
Das Besondere ist, dass ich nicht alleinige Nachfolgerin bin, sondern die Unternehmensnachfolge gemeinsam mit meinem Bruder Bastian Elsner meistere. Durch die familienübergreifende Zusammenarbeit können wir neue Arbeitsweisen und Methoden mit den langjährigen Erfahrungen unserer Eltern vereinen. Mein Bruder und ich stammen aus einer komplett anderen Generation als unsere Eltern. Wir haben unterschiedliche Denk- und Verhaltensweisen und legen im Hinblick auf die Unternehmensführung einen großen Wert auf Innovation und Digitalisierung. Wir denken Strukturen und Prozesse neu. Dabei ist uns wichtig, dass wir ihren Rat einholen und uns untereinander absprechen. Auf die jahrelange Berufserfahrung unserer Eltern zurückgreifen zu können, ist in der Nachfolge Gold wert! Eine klare Voraussetzung in der Zusammenarbeit mit der Familie ist, dass wir alle die gleiche Vision verfolgen. Der Fokus liegt auf dem Wohlergehen unserer Mitarbeiter:innen und dem Unternehmen!

WIE KANN DIE NACHFOLGE IM FAMILIENUNTERNEHMEN UNTER GESCHWISTERN FUNKTIONIEREN?

Zusammen stark: Wieso die Zusammenarbeit mit der Familie so besonders ist!

Zu Anfang stand für mich fest: Ich werde alleinige Nachfolgerin von Elsner Elektronik! Mein Bruder wollte zunächst nichts von der Nachfolge wissen und seinen eigenen Weg gehen. Es macht mich froh, dass Bastian sich vor knapp drei Jahren dazu entschieden hat, sich mir anzuschließen und wir die Nachfolge im Familienunternehmen gemeinsam meistern.

Ich bin dankbar, dass ich meinen Bruder an meiner Seite habe und wir uns gegenseitig in den verschiedensten Bereichen unterstützen. Bei der Planung von Projekten oder der Neueinführung von Programmen fragen wir zuerst den anderen nach seiner Meinung. Wenn wir beide überzeugt sind, arbeiten wir gemeinsam an einer Strategie. Digitalisierung ist ein Schwerpunkt meiner Arbeit. Ich lege großen Wert darauf, dass wir auf der Höhe der Zeit arbeiten und uns weiterentwickeln. Zum Beispiel habe ich mich um ein digitales Dokumentenmanagementsystem, die Personalakten und unser Mitarbeiterportal gekümmert.

Wir sind als Geschwisterpaar ein gutes Team! Wenn wir eine Entscheidung durchsetzen möchten, halten wir zusammen und geben alles, um unsere Eltern von der Idee zu überzeugen! Trotzdem ist es uns wichtig, nicht Hals über Kopf eine Entscheidung zu fällen. Eine erfahrenere Sichtweise einzuholen, ist bei entscheidenden Schritten das A und O. Bastian und ich treten nicht in die Fußstapfen unserer Eltern, sondern wir versuchen, neue Wege zu gehen. Elsner Elektronik wird auch unter unserer Führung ein traditionelles Familienunternehmen bleiben, das schließt aber Innovation und Digitalisierung nicht aus. Im Gegenteil: Eine Unternehmensnachfolge hat immer Wandel und neue Ideen als Kernelemente. Veränderung ist ein großer Teil der Nachfolge.

Wie funktioniert die Nachfolge unter Geschwistern?

Bastian und ich hatten schon immer ein gutes Verhältnis zueinander. Natürlich gab es im Kindesalter auch schwierige Phasen und die ein oder anderen Streitigkeiten. Trotzdem behaupte ich, dass die Zusammenarbeit im Familienunternehmen unsere Geschwisterbeziehung sogar gestärkt hat! Dabei ist es wichtig, dass wir in getrennten Aufgabengebieten tätig sind und es klare Vereinbarungen gibt. Mein Schwerpunkt liegt auf dem Bereich Finanzen, Personalwesen und Controlling. Bastian ist im Vertrieb und Marketing tätig. So hat jeder sein Spezialgebiet und wir kommen uns gegenseitig nicht in die Quere. Die gemeinsame Nachfolge macht unsere Arbeit zu etwas Besonderem, kann aber auch die Basis für Konflikte sein. Unter Geschwistern ist es üblich, dass es zu Meinungsverschiedenheiten kommt. Bastian und ich sind nicht nur Bruder und Schwester, sondern auch Kollegen. Dementsprechend verbringen wir viel Zeit miteinander und es kann schneller Konfliktpotenzial entstehen. Aus diesem Grund gilt bei uns das Motto „Communication is Key". Ich kann niemanden in den Kopf schauen und weiß nicht, was mein Gegenüber denkt. Deshalb ist es wichtig, miteinander zu sprechen! Nach einer Aussprache ist die Sache erledigt und niemand verhält sich nachtragend. Ich finde Diskussionen sogar sehr wichtig, Konflikte sind nicht immer etwas Negatives! Dadurch können auch neue Ideen und Strategien entstehen.

Wie herausfordernd ist die Zusammenarbeit in der Familie?

Da wir alle im selben Unternehmen tätig sind, ist es so gut wie unmöglich, Privates und Berufliches zu trennen. Beim gemeinsamen Sonntagsessen ist es normal, am Mittagstisch über geschäftliche Dinge zu sprechen. Es ist schwer, einen klaren Cut zu ziehen. Wenn wir mit unseren Eltern für ein paar Tage in den Skiurlaub fahren, ist es selbstverständlich, dass wir trotzdem erreichbar sind. Wir telefonieren oder beantworten zwischendurch E-Mails. Bastian und ich sind im Familienunternehmen aufgewachsen und haben schon früh gelernt, was Selbstständigkeit und Verantwortung bedeuten. Ein Unternehmen führt sich eben nicht von selbst.

Da ich bereits als Werkstudentin in unserem Betrieb gearbeitet habe, kenne ich unsere Prozesse, Vorgänge und Produkte sehr gut. Das hat mir auch bei der Nachfolge geholfen. Damals habe ich verschiedene Lötarbeiten übernommen oder Teile für unsere Wetterstationen zusammengebaut. Viele der Kolleg:innen, die damals mit mir im Unternehmen tätig waren, arbeiten heute noch bei uns im Betrieb. Einige unserer Mitarbeiter:innen sind schon über 20 Jahre lang im Unternehmen aktiv und kennen Bastian und mich, seit wir Kinder sind. Sie waren bei unserem Erwachsenwerden dabei und haben mitbekommen, in welche Richtung wir uns entwickeln. Einerseits ist es schön, nicht neu im Betrieb zu sein und sich auszukennen. Andererseits war es für mich am Anfang schwer, als Chefin aufzutreten. Anfangs habe ich mir die Frage gestellt: Wie kann eine junge Frau mit nicht mal zehn Jahren Berufserfahrung überhaupt schon eine Führungskraft sein? Ich bin kein „Tekkie" und besitze nicht das gleiche technische Verständnis und Wissen wie einige der Mitarbeiter:innen. Ich muss mich auf meine Kolleg:innen verlassen können.

Wenn ich Kritik äußere oder Verbesserungsvorschläge anbringe, möchte ich, dass diese ernst genommen werden. Bastian und ich sind gleichberechtigt, keiner ist der Chef des anderen und ich werde als Führungskraft genauso ernst genommen wie mein Bruder. Anders wäre die gemeinsame Nachfolge nicht möglich. Im Laufe der Zeit sind meine Zweifel und Unsicherheiten immer weniger geworden. Ich weiß, dass ich mir meine Position im Familienunternehmen selbst verdient und erarbeitet habe. Keiner von uns hat sich in „das gemachte Nest" gesetzt. Meines Empfindens wird die Arbeitsweise als „Tochter der Geschäftsleitung" noch genauer unter die Lupe genommen.

Die Unternehmensnachfolge kann manchmal übermächtig und beängstigend wirken. Aus diesem Grund bin ich sehr froh, dass ich meinen Bruder als Sparringspartner habe. Wir können miteinander über Sorgen, Probleme, Ängste und Unsicherheiten sprechen. Auch unsere Eltern haben immer ein offenes Ohr und stehen uns zur Seite. Unsere Nachfolge hat während der Pandemie und der Bauteilkrise, sowie weiteren kleineren Hürden, begonnen. Diese Faktoren haben uns zusätzlich herausgefordert und den Gesamtprozess nicht gerade erleichtert. Die Nachfolge ist für beide Seiten eine große Herausforderung: Mein Bruder und ich müssen in unsere Rolle hineinwachsen, wir lernen tagtäglich dazu und entwickeln uns weiter. Unsere Eltern hingegen müssen lernen, langsam loszulassen und uns die vollständige Verantwortung zu übertragen. Dieser Prozess geschieht nicht von heute auf morgen und benötigt Zeit, auf beiden Seiten.

Was ich an meiner Rolle als Nachfolgerin schätze?

Ich kann durch meine Position etwas bewegen! In die Arbeit im HR-Bereich bin ich mehr oder weniger zufällig hineingerutscht. Als Personalerin habe ich eine Tätigkeit gefunden, die mich komplett erfüllt! Zurzeit wird die HR-Abteilung von meiner Mutter geleitet und ich konnte mir schon während meiner Zeit als Werkstudentin viel bei ihr abschauen. Am meisten schätze ich, dass das Themenfeld so vielseitig ist und ich nah mit Menschen zusammenarbeite. Während meiner Fortbildung als Personalfachkauffrau habe ich gemerkt, wie facettenreich der Beruf als Personalerin sein kann! Die Kombination aus den vertraglichen Arbeiten, die Führung unserer Mitarbeiter:innen und der zwischenmenschliche Bereich machen den Job für mich besonders! Ich bin für die operative Arbeit und Ausbildung unserer Nachwuchskräfte zuständig. Es macht mir Spaß, junge Menschen bei ihrem Einstieg in die Berufswelt zu begleiten, ihnen neue Wege aufzuzeigen und Verantwortung zu übertragen!

In der Zusammenarbeit mit Menschen kommt es auch vor, dass etwas nicht nach Plan läuft. Wenn Fehler passieren, muss ich das Gespräch suchen und mit meinem Gegenüber an einer Lösung arbeiten. Als Führungskraft ist es wichtig, Konflikte zu bewältigen und lösen zu können. Mittlerweile trete ich in solchen Situationen selbstbewusster auf und vertrete klar meinen Standpunkt. Die Rolle als Nachfolgerin steigert definitiv auch das eigene Selbstbewusstsein! Ich würde mich zu jeder Zeit wieder für die Nachfolge entscheiden und meine Position gegen keine andere tauschen wollen! Durch meine Mitgliedschaft im Verband deutscher Unternehmerinnen (VdU) und durch meine Personal Brand auf dem B2B-Netzwerk LinkedIn möchte ich junge Frauen dazu ermutigen, den entscheidenden Schritt zu gehen! Die Nachfolge und die Position als weibliche Führungskraft ist zwar herausfordernd, bietet aber so viele Chancen und Möglichkeiten, die ich nicht missen möchte! Es braucht mehr weibliche Führungskräfte und Nachfolgerinnen: Traut euch, ihr werdet es nicht bereuen!

DR. KIRSTEN SCHUBERT

Unternehmerin, Aufsichtsrätin, Nachfolgeexpertin

Was fandest du vor der Übernahme am Unternehmen gut, was wolltest du unbedingt ändern?

Ich hatte von Kindheit an eine große Bewunderung für meinen Vater und sein Lebenswerk.
Meine Ausbildung richtete ich danach aus, um später seine Nachfolge anzutreten.

Mit erfolgreicher Promotion in Betriebswirtschaft baute ich für unser Familienunternehmen den österreichischen Markt auf, mit allem, was dazugehört:

- Kundenakquise,
- Mitarbeiterführung,
- Kostenrechnung.

Innerhalb von fünf Jahren wuchs das Unternehmen auf 500 Mitarbeitende. 2002, mein Vater ging auf die 65 zu, war es an der Zeit wieder nach Deutschland zurückzukehren, um die Nachfolge anzutreten. Das patriarchalisch geführte Unternehmen benötigte einen dringenden Relaunch, damit es weiter für Kund:innen und Mitarbeiter:innen attraktiv blieb.

Gemeinsam mit Mitarbeitenden aus unterschiedlichen Hierarchieebenen und Unternehmensbereichen haben wir ein Leitbild und gemeinsame uns verbindende Werte entwickelt und an alle 5000 Mitarbeitenden ausgerollt.

Mein Vater hielt sich aus diesem Prozess heraus, für ihn als „Kostenrechner" zählten nur Daten und Fakten. Mir wurde in dieser Zeit deutlich bewusst, wie wichtig die emotionalen Faktoren bei der Führung eines Unternehmens sind. Diese Erkenntnisse prägten meinen weiteren Berufsweg.

Was hat dich darauf vorbereitet, Nachfolgerin zu werden?
Durch den plötzlichen und unerwarteten Tod meines Vaters 2010 war ich eben nicht im Geringsten darauf vorbereitet! Deswegen kann ich diese Frage nur bedingt beantworten. Zwar hatte ich mit den eigenen Erfahrungen in Österreich und der Leitbildentwicklung in Deutschland einige Grundlagen, aber durch den plötzlichen Tod des Vaters wurde mehr als deutlich, dass die Nachfolgefrage nicht geklärt war.

Was ist deiner Meinung nach das Schwierigste bei der Nachfolge?
Meine Erfahrung zeigt: Nicht vorbereitet sein ist fatal!
Unser Unternehmen musste innerhalb von 28 Tagen verkauft werden, ansonsten hätte eine automatisch greifende Dauertestamentsvollstreckung unter Leitung unseres Steuerberaters eingesetzt. Dieser Zeitraum war nicht verhandelbar, stand er doch schwarz auf weiß im Testament meines Vaters. Mein ganzes Streben bestand nun darin, die Berufung des Testamentsvollstreckers zu verhindern, denn als Mandat waren wir eine wahre Goldgrube, da er bei Weiterführung des Unternehmens durch die Mehrheit der Anteile in der Gesellschafterversammlung, die er dann übertragen bekommen hätte, sowohl über die Geschicke des Unternehmens als auch über die Versorgung seiner Kanzlei mit Aufträgen bestimmen konnte.

Es gab 32 Untergesellschaften in Deutschland und eine Holding in der Schweiz.

Mit der Unterstützung professioneller Berater:innen sowie dem familiären Rückhalt von Mutter und Schwester, die ebenso Anteile am Unternehmen hielten, schaffte ich es, alle notwendigen Beschlüsse zum Verkauf zum Stichtag zusammenzubringen.

Daher kann ich nur jeder Unternehmerfamilie das PROBESTERBEN empfehlen.

Und damit meine ich die Auseinandersetzung mit den familiären, unternehmerischen und juristischen Aspekten im Todesfall; d. h. das Einbeziehen persönlicher Wünsche und Ziele sowie die Sicherstellung der unternehmerischen Handlungsfähigkeit durch klare Nachfolgeregelungen.

WENN DER PLÖTZLICHE TOD ZUR VERÄNDERUNG ZWINGT – 28 TAGE FÜR EIN GANZES LEBENSWERK!

Nachfolge? Ja klar!

Wenn man mich im Jahr 2010, mit 42 Jahren, gefragt hätte, ob die Nachfolge bei uns geregelt ist, hätte ich voller Inbrunst „JA" gesagt.

Hatte ich doch in den vergangenen Jahren auf dieses Ziel hingearbeitet:

- das Studium der BWL in Münster,
- die Promotion zum Thema Facility Management in Graz,
- dazu in fast 15 Jahren unterschiedliche Stationen im Familienunternehmen bis hin zur Sprecherin der Geschäftsführung.

... so wie es idealerweise läuft.

Doch dann starb mein Vater unerwartet im Urlaub und statt mich auf die Beisetzung zu konzentrieren, musste ich schauen, wie das Unternehmen in 28 Tagen verkauft wird.

... eine Zeit voller Widersprüche begann: Getäuscht und enttäuscht!

Das Testament wirkte wie ein Misstrauensvotum an uns Hinterbliebene. Würden wir nicht binnen Monatsfrist das Unternehmen verkaufen, träte eine Dauertestamentsvollstreckung ein. 30 Jahre in den Händen unserer Steuerberatungsgesellschaft. Üblich ist so ein Vorgehen bei minderjährigen oder geschäftsunfähigen Erben. Meine Schwester und ich waren zum Todeszeitpunkt beide über 40 und hatten erfolgreich studiert. Wie konnten wir uns nur so in unserem langjährigen Berater getäuscht haben? Er durfte als Verwalter mit sich selbst Geschäfte machen und alle steuerlichen und juristischen Beratungstätigkeiten über sein Haus laufen lassen. Als Mandat waren wir eine wahre Goldgrube. Und unser Vater ... Warum hatte er nur dem einen Berater vertraut und so ein Vorgehen durch Überprüfung des Testaments durch einen zweiten Berater verhindert? Warum hatte er uns nicht mehr zugetraut? Enttäuschung kam hoch.

Eigentlich hat uns unser Vater immer nur beschützen wollen. Er hat uns aus Liebe entmachtet.

Der Facility-Markt war geprägt von hohem Preisdruck, geringen Margen und einer Vielzahl an Wettbewerbern. Ihn selbst prägten Sorgen um Gesetzesänderungen, Steuerprüfungen und mögliche Fehlentscheidungen von angestellten Geschäftsführer:innen. Mit diesem existenziellen Dauerstress wollte er uns nicht belasten und sah einen Verkauf des Unternehmens nach seinem Tod als beste Alternative an.

Geredet über diese Entscheidung hat er mit uns nicht. Sich mit der eigenen Endlichkeit auseinandersetzen wollte er nicht.

„Kann es vor dem Tod einen friedlichen Abschied des Patriarchen geben? Nein", schreibt Sven Murmann in seinem Buch. „Patriarchen treten in der Regel nicht freiwillig ab, sonst wären es keine. Schon der bloße Gedanke an Szenarien des Abschieds stresst ihre Psyche." Genauso war es bei meinem Vater.

Für eine Unternehmerpersönlichkeit wie ihn, der sein Geschäft mit strategischem Weitblick zum Erfolg geführt hatte, war das schon ziemlich paradox. Ausgerechnet bei der sorgfältigen Planung des Generationenwechsels leistete er sich eine strategisch offene Flanke.

Coup der drei Blondinen

Sein Wille geschehe – Nein! Nach der Beerdigung und kurz vor Ablauf der 28-Tage-Frist wollte der Testamentsvollstrecker seines Amtes walten. In einem Gespräch, das ich von einem befreundeten Anwalt für Erb- und Gesellschaftsrecht begleiten ließ, teilte ich ihm mit, dass der Familienrat beschlossen hatte, das Unternehmen zu verkaufen. Damit hatte er nicht gerechnet, zumal das für ihn das AUS seiner Tätigkeit bedeutete. Er war sichtlich konsterniert, sein Tonfall war nicht mehr – wie gewohnt altväterlich – sondern schon leicht aggressiv. Seiner Gegenrede hörte ich nicht mehr zu, sondern ließ den Anwalt alles Weitere erläutern. Auf dem Weg zu meiner Mutter und Schwester fuhren wir an zwei wutschnaubenden, sich gegenseitig anschreienden Herren mit hochroten Köpfen vorbei. Das war meine Bestätigung: Ich hatte die Pläne der Herren durchkreuzt und nun die Fäden wieder in der Hand. Den Kontakt zur Kanzlei habe ich danach abgebrochen und alle Verträge gekündigt.

Von der Eigentümerin zur Führungskraft

In der Folge galt es nun, den Verkaufsprozess vorzubereiten. Eine Risikoprüfung zeigte zum einen die Schwachstellen im Unternehmen auf, zum anderen bekamen wir eine Vorstellung davon, wie viel das Unternehmen am Markt wert war. Dass mein Vater uns hier zu Lebzeiten einen höheren, weil emotionalen Wert vorgerechnet hatte, wurde mir dann klar, hatte ich seine Berechnungen schon zu Lebzeiten infrage gestellt.

Mit der WISAG fanden wir ein in der Branche bedeutendes Familienunternehmen, das ähnliche Werte zu haben schien wie wir. Die Übernahme erfolgte in allen Phasen des Verkaufsprozesses wertschätzend und konstruktiv. Im Kaufvertrag war meine Begleitung zunächst nur für ein Jahr angesetzt. Im Verlauf wurde diese auf drei Jahre ausgeweitet. Meine Weiterbildung im Bereich der Organisations- und Change-Beratung half mir zu verstehen, dass es in beiden Unternehmen Ängste gab. Die emotionale Komponente im Verkaufsprozess konnte ich täglich spüren. Und an manchen Tagen beschäftigten wir uns mehr mit uns selbst als mit den Kund:innen.

Insgesamt dauerte der ganze Verkaufsprozess über ein Jahr! In dieser Zeit erlebte ich eine große Zerrissenheit in dem Doppelrollenspiel zwischen der positiven Einstimmung der Mitarbeitenden in Bezug auf ihre Zukunft und den notwendigen Terminen rund um den Verkauf. Versteckspiele und Zurückhalten von Wahrheiten waren an der Tagesordnung.

Kamen Anfragen vom Betriebsrat oder der Presse zum Thema Verkauf, so kommentierte ich das mit der Aussage: „Ich führe das Unternehmen im Sinne meines Vaters weiter."

Die eigene Persönlichkeit stärken und die Kraft der Herausforderung annehmen

Nach den drei Jahren bei der WISAG galt es für mich, neue Aufgaben zu definieren. Dies bedeutete für mich eine neue Freiheit und gleichzeitig auch eine gewisse Unsicherheit. Innerlich bestärkt war ich durch all das, was ich bisher erlebt und erreicht hatte. Insbesondere der Erfolg meiner Aktivitäten in den 28 Tagen ließ mich gestärkt aus dieser gesamten Phase heraustreten.

Ganz wichtig war es mir in dieser Phase, mein Wissen in Vorträgen und Beratungsprojekten an andere Familienunternehmen weiterzugeben, auf dass sie weniger Stolpersteine auf ihrem Weg der Nachfolge vorfanden. Dies war für mich insofern bedeutsam, als ich durch zeitgleiche Recherchen herausfand, dass dieses Vorgehen von (Steuer-) Berater:innen nicht nur uns, sondern auch andere prominente Familien wie Krupp, Sartorius, Fresenius, Springer und Tönnies betraf. Ich führte Interviews mit 20 Familien und sammelte das Wissen in meinem Buch.

Aktuell bin ich als „Könnerin" in Sachen Nachfolge unterwegs und nutze

- das betriebswirtschaftliche Wissen,
- die eigene Nachfolgeerfahrung,
- die psychologische Kompetenz, um besonders die emotionale Fragilität innerhalb der Familie zu erkennen.

Mein Fazit: Eine erfolgreiche Nachfolge gelingt nur dann, wenn ...

Sie sich frühzeitig um die Nachfolge kümmern.

- Sie sich intensiv damit auseinandersetzen, was Sie testamentarisch verfügen möchten und welche Konsequenzen sich daraus ergeben können.
- Sie offen und transparent mit der Familie über die geplanten Regelungen sprechen.
- Sie im Rahmen von Beratung GEMEINSAM unter der Berücksichtigung der Interessen aller am Prozess Beteiligten mitarbeiten.

Das Ziel: Sicherheit vor Überraschungen bei dem Thema Nachfolge!

Erfahren Sie mehr über meinen persönlichen Weg im Buch: „Plötzlich und unerwartet, der steinige Weg der Erben und Unternehmensnachfolger."

Meine Erkenntnis aus dieser Analyse lautet: Eine gute juristische und steuerliche Beratung ist essenziell, allerdings bestimmen letztlich die mitschwingenden Emotionen, was aus dem Erbe wird. Ob bis aufs Blut gekämpft wird und dabei viel Geld und Emotionen verbrannt werden oder ob aus einer inneren Kooperationsbereitschaft jeder Beteiligte sich ernst- und wahrgenommen fühlt und daher auch bereit ist, Kompromisse zu schließen.

JEANNETTE PETERS

Gründerin und Inhaberin, JPeters Consult

Welche Fragen hast du dir gestellt, um über die Nachfolge zu entscheiden?
Ich bin nicht ganz klassisch in die Nachfolge meiner Mutter eingetreten. Ich habe zwar ihr Vertriebsgebiet im selben Unternehmen übernommen, doch das Unternehmen gehörte ihr nicht. Gefragt habe ich mich: Ist das der Beruf, den ich mein Leben lang oder mindestens eine sehr lange Zeit ausüben möchte? Kann ich dort das einbringen, was ich für wichtig erachte, was ich – in der handwerklichen Ausbildung, im Studium und in den unterschiedlichen Ländern – gelernt hatte? Ich habe mich tatsächlich weniger gefragt, ob ich nachfolgen, übernehmen möchte. Das war abstrakter als die Tätigkeit selbst, für die ich eine klassische Quereinsteigerin war.

Was hat dich daran fasziniert, Nachfolgerin zu werden?
Ich bin fasziniert davon, Weg-Begleiterin von Veränderungsprozessen und vor allem von Nachfolgeprozessen zu sein. Als Historikerin und Kunst- und Literaturwissenschaftlerin wollte ich immer schon diejenigen Dinge verstehen, die sich oft hinter den anderen sichtbaren verbergen. In den Unternehmen, vor allem in Familienunternehmen und in den häu-

fig ungeklärten Nachfolgesituationen, bleibt vieles unausgesprochen, weil „man sich ja kennt“. Die Familienmitglieder, aber auch die Mitarbeitenden, haben sich „ein Bild gemacht“, an dem nicht gerüttelt wird. Veränderungen brauchen jedoch Klarheit, lesbare Signale und Zeichen. Und die analysiere ich mit geisteswissenschaftlichen Methoden gerade in der ersten Phase der Begleitung. Zudem ist die Klärung der erste Schritt für Lösung und Fortschritt.

Wenn du keine Nachfolgerin geworden wärst – welchen Beruf hättest du dann heute?
Ich würde es in meinem Fall anders ausdrücken, denn in meiner Geschichte treffe ich mit meinem aktuellen Beruf als Unternehmerin, Gründerin und Nachfolgecoach beide Aspekte. Ich wäre gerne die Nachfolgerin meines Urgroßvaters mütterlicherseits geworden und hätte am Niederrhein Pferde gezüchtet. Wichtig für meine Geschichte ist, dass mein Urgroßvater Unternehmer und Mühlenbesitzer war. Obwohl er fünf Kinder hatte, hat keines von ihnen seinen Betrieb übernommen, denn alle waren Töchter und kamen daher aufgrund der Erbfolgeregelungen im ausgehenden 19. Jahrhundert nicht infrage. So hat auch meine Großmutter, die ich leider nie kennengelernt habe, keine Nachfolge angetreten. Sie war dennoch für ihre Generation erstaunlich durchsetzungsstark. Das hat sie an uns weitergegeben, sodass es heute schließlich unternehmende Frauen in der Familie gibt.

Was hat dich darauf vorbereitet, Nachfolgerin zu werden?
Meine Eltern. Sie haben mich zur Selbstständigkeit und Unabhängigkeit wachsen lassen, gaben mir Gestaltungswillen und Mut, anders an Dinge und Herausforderungen heranzugehen. Sie sind nach wie vor meine wichtigsten Vorbilder für mich als Unternehmerin, noch lange nach ihrem Tod. Für ihre Generation waren sie erstaunlich modern. Beide wurden in den frühen 1920er-Jahren geboren und lebten im Rollentausch von Mann und Frau: Mein Vater war freiberuflich tätig und für Kinder sowie Haushalt zuständig, meine Mutter war die Haupternährerin.

Und dieser andere Blick auf die Welt prägt und stärkt mich bis heute.

NACHFOLGE IST WIE GRÜNDEN, NUR KRASSER!

Was hat Unternehmensnachfolge mit Neugründung gemeinsam? In beiden Fällen geht es um Unternehmensentwicklung und Zukunftsfähigkeit. Für Gründende wie Nachfolgende erfordert das vor allem Mut, Durchsetzungskraft und Verantwortung, das Mindset für Unternehmertum.

Warum ist Nachfolge krasser und besser?

Es ist bereits das meiste vorhanden: ein etabliertes Geschäftsmodell, das mit frischen Ideen weiterentwickelt und nicht von null aufgebaut werden muss. Es gibt Produkte, eine Präsenz im Markt, ein funktionierendes Netzwerk an Partnern und Lieferanten sowie bewährte Geschäftsbeziehungen. Es gibt die Kunden mit langjährigen Beziehungen, das spart Zeit und Geld! Die Mitarbeitenden mit ihrem wertvollen Wissen und ihrer Erfahrung stehen sofort zur Verfügung, damit sinkt die Fehlerquote enorm. Und idealerweise sind die Prozesse der Teamarbeit etabliert.

Ein gern übersehener Faktor ist außerdem die Finanzierung aller Unternehmensbelange, die um ein Vielfaches leichter ist, weil das Unternehmen mit der Hausbank oft langjährig verbunden ist.

Was ist krasser und schwieriger?

Unternehmensnachfolge ist immer eine hochemotionale Veränderung. Die Kunst besteht darin, das Bestehende zu bewahren und es zugleich in die Zukunft zu führen. Vor allem aber können die zwischenmenschlichen Faktoren und unausgesprochenen Gefühle und Befindlichkeiten wie „aus dem Nichts“ den Nachfolgenden im Wege stehen.

Frauen in Familienunternehmen – eine stiefmütterliche Rolle?

Noch komplexer beziehungsweise komplizierter wird es, wenn es sich um eine familieninterne Nachfolge handelt. Hier stehen nicht nur die Konfliktpotenziale im Raum, die eine Übernahme generell mit sich bringt. Oft kommen noch private, familiäre Unwägbarkeiten hinzu sowie eingeschliffene, verfestigte Familienstrukturen, über die jedoch nicht gesprochen wird.

In meiner Arbeit wird immer wieder klar, dass bei Familienübergaben die Frauen nach wie vor erst gar nicht für die Nachfolge in Erwägung gezogen werden. Auch dann, wenn sie im Unternehmen langjährig arbeiten – und das kompetent, führend und erfolgreich. Es herrschen die alten Rollenbilder vor, nach denen der Sohn oder Schwiegersohn automatisch übernehmen soll.

Tatsächlich gibt es für ein Unternehmen viele Vorteile, wenn Frauen in führender, unternehmerischer Position sind oder wenn Doppelspitzen gemischt besetzt werden. Frauen schätzen die vielfältigen Dynamiken im System Unternehmen anders und differenzierter ein. Meist denken sie über das reine BWL-Wissen hinaus und verbinden harte und weiche Faktoren.

Nur sind sich Frauen in diesen familiären Unternehmensstrukturen ihrer Rolle und ihrem Potenzial sehr oft nicht bewusst. Deswegen möchte ich mit den folgenden Praxisbeispielen das Bewusstsein schärfen, damit sich vor allem junge Frauen aus der ihnen zugedachten und undefinierten Rolle der Mitarbeitenden lösen. Auf dieser Grundlage können sie sich schließlich mit der Rolle der Nachfolgenden gezielt auseinandersetzen und das Ruder übernehmen.

Beispiel 1: Eigenwahrnehmung bei der Übergabe

Ein auf Maschinenbau spezialisiertes Familienunternehmen im Ruhrgebiet mit circa 80 Mitarbeitenden sollte auf die nächste Generation übergehen. Beide Generationen arbeiteten parallel im Unternehmen: Auf der Seite der Übergebenden standen die Mutter des Unternehmensnachfolgers und deren Bruder, auf der Seite der Nachfolgenden standen die beiden Söhne sowie die Schwiegertochter – und um sie geht es hier.

Während des Prozesses konzentrierte sich die Familie vor allem auf die schrittweise Übergabe von Vermögenswerten und auf steuerliche Aspekte. Die internen, weichen Faktoren fielen dabei eher unter den Tisch, sodass die operative Übergabe ungezielt neben dem Tagesgeschäft herlief. Klärende Gespräche und organisatorische Belange gingen die Beteiligten nicht an.

Das hatte in diesem Fall vor allem Auswirkungen auf die Schwiegertochter, die sich ihrer Rolle als Übernehmende gar nicht bewusst war. Für sie stand ihre Arbeit im Unternehmen im Vordergrund und es war selbstverständlich, dass sie diese gut erledigt. Dennoch gab es Konflikte mit der Schwiegermutter, die sie aber nicht auf die Nachfolge bezog, sondern auf sich als Person – je nach Situation entweder in fachlicher Hinsicht oder bezüglich ihrer Position als Schwiegertochter.

Ein Bewusstsein dafür, was die Nachfolgesituation zwischen den Beteiligten auf den unterschiedlichen Ebenen wirklich bedeutet, fehlt häufig – gerade bei Familienübernahmen. Es gehört nicht zum operativen, langjährig erlernten Tagesgeschäft. Das führt zu dem Gefühl von vermeintlich kaum lösbaren Schwierigkeiten, die sich aber durch einen kontinuierlichen und externen Begleitprozess sehr wohl lösen lassen.

Bereits im ersten Gespräch konnte ich der Schwiegertochter zeigen, dass sie nicht die einzige Übernehmende mit Konflikten dieser Art ist. Fast im selben Moment sah sie ihre Situation klar vor sich! Ihre Reaktion: erleichtertes Erstaunen. In der Folge erarbeiteten wir für sie die richtigen Werkzeuge sowie den Weg im Unternehmen und als Nachfolgerin. Die ersten Erfolge stellten sich schnell ein und stärkten sie. Es gibt noch einiges zu tun, aber der Weg ist erfolgreich eingeleitet.

Bei Familienübernahmen sind private, unterschwellige Konflikte keine Seltenheit. Lasst euch davon nicht abschrecken, denn eine neutrale, externe Begleitung dieses Prozesses kann zu einer erfolgreichen Übernahme führen – und damit in die Zukunft des Unternehmens. Deswegen: Seid euch eurer Position bewusst und sucht euch frühzeitig entsprechende Sparringspartner:innen!

Beispiel 2: Fremdwahrnehmung und alte Rollen

Der Inhaber eines mittelgroßen Handwerksunternehmens mit circa 30 Mitarbeitenden in Westfalen wollte das Geschäft an seinen Sohn in dritter Generation übergeben. Das Unternehmen war gut aufgestellt, serviceorientiert und dachte über klassisches Handwerk hinaus.

Es ging bei der Übernahme vor allem darum, wie die Übergabe erfolgen sollte sowie um die geeigneten Rechtsformen. Und um die Frage, wie der kaufmännisch ausgebildete Sohn, der sich am Ende seines BWL-Studiums befand und seit einem Jahr im Unternehmen mitarbeitete, das Geschäft lernen soll.

Nach dem Kennenlerngespräch mit Vater und Sohn via Video gab es den ersten Vor-Ort-Termin. Die Themen: gegenseitiges Kennenlernen und eine erste Analyse des Unternehmens sowie die Vorstellungen und Erwartungen an die Nachfolge und an mich. Zwischendurch kam die Tochter, die mir von der Webseite als Mitarbeiterin bekannt war, herein, brachte uns Kaffee und verließ stumm den Raum sofort wieder. Das wunderte mich, da sie doch zur Familie und zum Unternehmen gehörte. Über meine Frage, ob wir sie nicht in die Gespräche mit einbeziehen sollten, zeigte sich der Sohn verwundert, stimmte jedoch schließlich zu, und so baten wir sie wieder zu uns.

Es stellte sich heraus, dass die Tochter keineswegs nur zum Kaffeebringen angestellt worden war, sondern seit zweieinhalb Jahren – länger als der Sohn – als Quereinsteigerin mitarbeitete, und zwar in einer durchaus zentralen Funktion der Projektplanung und Koordination. Ich schlug daraufhin vor, die Tochter in die Nachfolge einzubeziehen. Es erfolgte ein Blickwechsel zwischen Vater und Sohn, zwischen Bruder und Schwester und, etwas verhaltener, zwischen Vater und Tochter. Dieser eine Moment bildete prägnant die Familienstrukturen ab und löste sich dann in einer positiven Reaktion auf: Sie wollten es versuchen!

Das sind die entscheidenden Momente, die wir für mehr Frauen in der Unternehmensnachfolge brauchen!

Wie ging es weiter?

Beim zweiten Vor-Ort-Termin circa drei Wochen später war die Tochter auf meine erneute Initiative hin mit dabei. Die Stimmung und der Umgang zwischen den Beteiligten war dabei ruhig, respektvoll und engagiert – es gab aber auch Unsicherheiten über die jeweilige Rolle.

In der weiteren Beratungsarbeit wurde immer deutlicher, dass keines der Kinder eine Nachfolge im Unternehmen ausdrücklich geplant, der Vater sich das vom Sohn aber gewünscht hatte. Die Tochter war nie in Betracht gezogen worden – sie war in diesem Sinne unsichtbar. Je mehr ich sie kennenlernte, umso sicherer war ich mir, dass sie ein großartiges Gespür hatte für die Mitarbeitenden, strukturierte Planung, den Umgang mit Kunden, und insgesamt ein Talent für unternehmerisches Denken und Handeln besaß.

In Einzelgesprächen und in Gesprächen mit beiden Geschwistern konnte ich ein starkes Geschwister-Team mitgestalten. Und was für ein Team!

Trotz der positiven Auswirkungen auf das Verhalten des Vaters änderte das nichts an seiner Entscheidung: Der Sohn sollte übernehmen, die Tochter kam weiterhin nicht in Betracht. Es schien eine unüberwindbare Barriere zu geben. Die Ursache wie so häufig: die festen traditionellen Rollenvorstellungen – mitunter auf beiden Seiten. In der letzten Phase der Projektlaufzeit zog die Tochter dennoch aktiv eine Doppelspitze zusammen mit ihrem Bruder in Erwägung und war angetan von diesen Überlegungen. Am Ende entschied sie sich dagegen, sah sich besser aufgehoben in der Position der wichtigen Mitgestaltung.

Letztlich verlangen solche Konstellationen immer eine große Kraftanstrengung, um als Frau sichtbar zu werden, präsent zu bleiben und sich die Rolle zu erarbeiten. Das kommt zu den ohnehin schon vorhandenen Herausforderungen einer Nachfolge hinzu.

Deswegen: Verbündet euch im und außerhalb des Unternehmens und geht euren Weg! Wenn der eben nicht der der Nachfolgerin ist, dann ist es wichtig, dass ihr genau das durchdacht und erprobt habt!

Traut euch – die Zukunft braucht starke Unternehmerinnen, starke Nachfolgerinnen!

Wenn ihr ein Unternehmen aufbauen, führen und entwickeln wollt, schaut euch das eigene (Familien-)Unternehmen an, und unbedingt auch einige andere.

Wenn ihr euch eine Übernahme vorstellen könnt, dann bleibt bei euren Ideen, eurem Mut und unternehmerischem Gestaltungswillen. Setzt euch durch – denn nur so können Frauen in Unternehmen auf Dauer sichtbarer werden.

© slingshot

JULIA TERDENGE

Nachfolgerin Wienker & Terdenge GmbH

Welche Fragen hast du dir gestellt, um über die Nachfolge zu entscheiden?

Als die Nachfolge für mich mit 16 Jahren recht wahrscheinlich wurde, habe ich mich oft gefragt, ob es Berufsalternativen gibt, die für mich infrage kommen oder die sich besser anfühlen würden und was mich im Allgemeinen erfüllen würde. Mit der Beantwortung der Fragen kamen ab und an Zweifel auf: Traue ich mir die Nachfolge zu? Bin ich ihr gewachsen? Ich habe mich gefragt, ob und inwieweit ich die Fähigkeiten habe, die mein Vater hat und die ich an ihm bewundere. Um mir wirklich sicher zu sein, bei meiner Entscheidung für die Nachfolge, habe ich mich gefragt, warum ich diesen Weg gehen möchte. Für mich wichtig waren auch die Antworten darauf, wer an mich glaubt und was ich mache, wenn ich scheitern sollte. All die Fragen habe ich für mich nicht nur einmal beantwortet; ich glaube vielmehr, dass ich immer weiter Antworten auf meinem Weg finden werde.

Was hat dich daran fasziniert, Nachfolgerin zu werden?

Schon immer hat mich die Leidenschaft meines Vaters fasziniert. Das Gefühl, welches er vermittelt hat, wenn er von der Arbeit heimkam und von seinem Tag erzählt hat, hat mir gezeigt, dass ich das Gleiche auch für mein späteres Leben möchte. Daneben fasziniert mich die Möglichkeit, wirklich etwas bewirken und realisieren zu können und frei zu sein. Auch unabhängig in der Gestaltung meiner Arbeit zu sein und dabei nach meinem Gefühl entscheiden und handeln zu können, fand ich immer toll. Dabei macht mich die Vorstellung, mit einem Team eine Einheit zu sein, einfach glücklich. Aber auch mein Wille zu beweisen, dass man als junge Frau in die Fußstapfen des Vaters treten und ein Handwerksunternehmen leiten kann, treibt mich an.

Was fandest du vor der Übernahme am Unternehmen gut, was wolltest du unbedingt ändern?
Als gut empfinde ich das persönliche Miteinander und den Austausch untereinander, aber auch, dass man neben der Arbeit füreinander da ist. Richtig und wichtig finde ich die Entscheidung, sich auf mehrere Unternehmensleistungen zu konzentrieren und nicht nur einen Schwerpunkt zu haben. Einführen würde ich die Klarheit über Strukturen und Prozesse sowie mehr Mitarbeitendengespräche und natürlich das Thema meiner Generation, die Digitalisierung.

Wichtig ist es aber für mich zu sagen: Das Unternehmen läuft seit vielen Jahren erfolgreich und die Änderungen resultieren zu großen Anteilen daraus, dass ich aus einer anderen Generation komme. Ich glaube, dass die Änderungen die Chance für neuen Schwung und frischen Wind bringen, aber ich sehe dennoch die Art und Weise, wie mein Vater das Unternehmen führt, als Vorbild.

Was ist deiner Meinung nach das Schwierigste bei der Nachfolge?
Für mich ist das Schwierigste, an mich selbst zu glauben, und mich nicht durch zu viele Meinungen anderer beeinflussen und verbiegen zu lassen. Als schwierig empfinde ich es auch, dem Gegenwind standzuhalten und dabei mit einem guten Gewissen und Gefühl weiterzumachen. Ich muss mich auch daran gewöhnen, es nicht allen recht machen zu können. Auf der emotionalen Ebene empfinde ich es am schwierigsten, wenn mein Vater irgendwann das Unternehmen verlässt und alles in meine Hände legt. Denn damit legt er auch sein Lebenswerk in meine Hände.

SCHAFFE ICH DAS? – DAUERBAUSTELLE NACHFOLGE IM HANDWERK

Wenn ich eines zugeben muss, dann, dass ich handwerklich nicht sonderlich begabt bin. Wenn ich sehe, wie mein Papa denkt und handelt, ist das für mich meist unbegreiflich. Aber ich finde unser Handwerk absolut anziehend, weil es so vielseitig und fordernd ist und bin davon einfach fasziniert. Ich möchte im und für das Handwerk arbeiten. Ich spüre die Leidenschaft in mir.

Dass ich das Handwerk der Kälte-, Klima- und Lüftungstechnik an sich gar nicht ausüben kann und möchte, hat mich aber hinsichtlich der Unternehmensnachfolge lange verunsichert, wenn es das nicht auch jetzt noch tut. Wenn ich mir die tägliche Arbeit von meinem Vater so anschaue und dann mit dem vergleiche, was ich gerade an Aufgaben übernehme und auch später an Aufgaben ausführen möchte, dann passt das nicht wirklich zueinander. In 80 Prozent seiner Zeit schreibt er Angebote, entwickelt spezielle Lösungen für außergewöhnliche oder komplizierte Projekte, fährt zu Kund:innen und Baustellen, löst technische Probleme und beantwortet Fragen am Telefon, führt Auftragsverhandlungen und Baubesprechungen. In den Augen einer Tochter weiß und kann er einfach alles. In der Zeit, die noch übrigbleibt, finden Mitarbeitendengespräche, interne Abläufe und auch nicht-technische Aufgaben ihren Platz.

Ich hingegen sehe meine Aufgaben zum Beispiel in Mitarbeitendengesprächen und dem Recruiting, im Marketing, in der Entwicklung und Festigung von internen Prozessen und Strukturen sowie im Controlling. Aber eben nicht in den rein technischen und handwerklichen Aufgaben. Beide Arbeitsbereiche sind unabdingbar für unser Unternehmen, aber gleichzeitig zu umfangreich für nur eine Person.

Mittlerweile höre ich (zu meiner Erleichterung) oft, dass es für die Nachfolge gar keine handwerkliche Ausbildung und allumfassende Fachkenntnisse braucht. Viel wichtiger ist das Wissen darüber, wie ich meine Mitarbeiter:innen führe, wie ich neue Mitarbeitende gewinne und halte und wie ich das Unternehmen effizient weiterführe. Das kommunikative Thema „Menschen“ wird für mich viel wichtiger sein als das handwerkliche Thema „Kälte-, Klima- und Lüftungstechnik“. Ich merke daher tatsächlich mehr und mehr, dass sich der Schwerpunkt in der Ausbildung und Arbeit zwischen Nachfolgenden und Übergebenden verschiebt. Besonders deutlich wird mir dies auch in den Gesprächen zwischen meinem Vater und mir. Wir reden nicht über die Inhalte von Angeboten oder über technische Probleme. Wir reden über Probleme bei internen wie externen Abläufen, über die Gewinnung und Einstellung neuer Mitarbeiter:innen und über den Umgang mit ihnen. Wir unterhalten uns über Gespräche mit Lieferanten und über Veränderungen. Daneben kann es dazu kommen, dass wir uns auch gemeinsam über Umstände aufregen, die die Führung eines mittelständischen Handwerksunternehmens ganz schön kompliziert machen.

Und dann bleibt da die Lücke, die entsteht, wenn Papa das Unternehmen verlässt. Den Platz, den er seit Jahrzehnten einnimmt, den kann ich nicht übernehmen. Ich habe meinen eigenen Platz.

Herausfordernd wird in Zukunft sein, im Team zu schauen, wie wir die Lücke füllen, wie wir umstrukturieren können und wie alle im Unternehmen ihren Platz finden, an dem sie gerne sind. Ich weiß, dass ich auf Mitarbeitende angewiesen bin, die das technische und handwerkliche Know-how haben und zu ihrer Leidenschaft zählen. Dass ich auf das Team angewiesen bin, ist auch in Ordnung. Ich kann und möchte nicht allein arbeiten oder sagen, dass ich allein erfolgreich bin. Ich möchte im Team zusammenarbeiten und als Unternehmen erfolgreich sein. Ich wünsche mir Menschlichkeit, Ehrlichkeit und gemeinsame Leidenschaft.

Denke ich über die Zukunft nach, kommen mir Gedanken, wie es wohl ist, als Frau ohne großes handwerkliches und technisches Wissen in einer Männerdomäne zu sein, mich zu beweisen und Dinge zu verändern. Sowohl das Team als auch alle Kund:innen, Geschäftspartner:innen und Lieferunternehmen sind einen Mann als Geschäftsführung gewohnt. Wie reagieren sie dann auf mich als Frau und wie gehen sie, im Vergleich zu meinem Vater, mit mir um?

Papa und ich unterscheiden uns ganz objektiv gesehen erst einmal vom Geschlecht. Für ihn war das „Bekommen“ von vier Kindern unternehmerisch nicht so ausschlaggebend, wie die Geburt von auch nur einem Kind für mich wäre. Es gibt weder einen Mutterschutz vor der Geburt noch einen danach und die Aufgaben als alleinige Geschäftsführerin können leider auch nicht mal eben an einen Kollegen oder eine Kollegin abgegeben werden. Dazu kommen die physischen und psychischen Verpflichtungen gegenüber dem eigenen Kind, aber auch die gegenüber dem Unternehmen. Daneben gibt es aber auch viele subjektive Unterschiede zwischen uns.

Ein Tipp, den ich immer wieder zu hören bekomme, ist, dass ich mich frei von den Meinungen und Vorurteilen anderer machen soll. Gut, und wie mache ich das genau? Ich mache mir nämlich leider meistens zu viele Gedanken mit einem großen Hauch von Selbstzweifeln. Ich möchte mir keinesfalls ein so dickes Fell aneignen, dass mir jede Meinung egal ist und alles nur noch so abprallt. Ich möchte gerne das gesunde Mittelmaß.

Meine größte Sorge ist aber, das Lebenswerk meines Vaters kaputt zu machen. Was meine Sorgen am meisten verringert ist tatsächlich, dass mein Papa an mich glaubt. Er ermutigt mich, traut mir fast alles zu, steht ausnahmslos hinter mir und gibt mir die Freiheit für Veränderungen und andere Denkweisen. Er möchte meine Meinung hören, redet offen über Probleme und möchte, dass ich „einfach mache“. „Einfach machen“: Das war schon immer seine Devise für mich. Im Hinblick darauf, was ich dadurch alles gelernt habe, muss ich gestehen, dass er meistens das richtige Händchen dafür hat, mich in den passenden Momenten ins kalte Wasser zu werfen. Das kann ich aber auch nur rückblickend mit einem Schmunzeln im Gesicht zugeben.

Im Nachhinein sind Veränderungen und der Sprung ins kalte Wasser wertvoll und toll. Wenn sie aber so vor mir stehen, dann habe ich doch schon eher das Bedürfnis nach Sicherheit und vor allem nach Kontrolle. Gegen Ängste und die Unsicherheiten sind meine Träume und Antreiber, die ich mir immer wieder vor Augen halte, Gold wert.

Ich sehe den Sinn, in dem was ich tue. Für meinen Vater, für das ganze Team, für die Kundschaft, für die Zukunft, für unser Handwerk und für mich. Wenn ich darüber nachdenke, mit dem Team, und hoffentlich vielen neuen Teammitgliedern, in die Zukunft zu gehen, die Zukunft und unser Handwerk positiv zu beeinflussen und gemeinsam etwas zu schaffen, dann kommt jedes Mal Freude, Motivation und Stolz in mir auf und ich habe einfach nur „Bock drauf".

Ich bereite mich seit Jahren auf die Nachfolge vor. Sichtbar sind dabei meistens folgende Leistungen wie in meinem Fall: Fachabi, Praktika, Bachelor und Master, Nebenjobs und das stetige Arbeiten im Familienunternehmen. Müsste ich jedoch mit diesem Paket an Vorbereitung die Nachfolge antreten, würde ich mich nicht gewappnet genug fühlen. Kann man sich überhaupt bereit genug fühlen, wenn man in so große Fußstapfen tritt? Die Frage stelle ich mir nicht selten.

Was mir als Ergänzung zu dem Studium und der Arbeit wirklich hilft, ist der Austausch mit meinem Vater über seine tägliche Arbeit, wie auch mit jeglichen anderen Personen, die persönlich oder fachlich zu mir und meiner Situation passen. Ich finde es toll, über Bücher, Podcasts und soziale Netzwerke die Erfahrungen und Gedanken anderer Nachfolger:innen kennenzulernen und von ihnen zu lernen. Als sehr wertvoll empfinde ich auch das Besuchen von Tagungen und Terminen mit meinem Vater oder Mitarbeitenden, bei denen ich Menschen aus unserer Branche kennenlernen kann, zuschauen und mitmachen darf. Mir ist es wichtig, die Menschen, die mein Vater trifft, kennenzulernen, aber vor allem auch mein eigenes, junges Netzwerk aufzubauen. Das ist leider nicht immer ganz so einfach, da ich oft mit Abstand die Jüngste und dabei dann auch noch die einzige Frau bin.

Ich möchte mich aber auch mit unserem Team vorbereiten. Ich möchte den Job von allen verstehen und zeigen, dass ich das nicht wegen des Chefsessels mache, sondern weil mich das große Ganze interessiert.

Mein Vater und ich ergänzen uns gut. Erst mal natürlich in den Arbeitsbereichen und der Aufgabenverteilung. Darauf bezogen ist es eigentlich schade, dass es bei uns um eine Nachfolge geht und nicht um ein gemeinsames Gründen. Im Hinblick auf die Nachfolge ist es aber auch sehr gut, dass wir uns unterscheiden und ergänzen. Mein Vater kennt seine Grenzen und Schwächen und ist dankbar, Aufgaben wie das Marketing, kreative Ideen und die Digitalisierung an mich abgeben zu können. Ich freue mich darüber, weil mir diese Aufgaben liegen und ich sie gerne mache, aber auch, weil ich dann mal etwas kann, was er nicht so gut kann. Er gibt mir die Freiheit, meine Aufgaben anzugehen, Vorstellungen, Wünsche und auch meine Meinung zu äußern. Manchmal sagt er, dass er auf gewisse Veränderungen wie zum Beispiel die Digitalisierung keine Lust mehr hat. Ich habe dabei allerdings ein Schmunzeln im Gesicht, weil ich hingegen einfach Lust auf die Digitalisierung habe. Weil ich weiß, wie wichtig diese ist und wie viel sie uns vereinfachen würde.

Genau diese Freiheit ist ein wesentlicher Grund, warum ich mich für die Nachfolge entschieden habe. Ich möchte mit einem Team an meiner Seite Ideen ausprobieren und leben können, ohne „von oben" immer wieder ausgebremst zu werden. Ich möchte meine Energie in meine Leidenschaft stecken und andere dafür ebenfalls begeistern.

Ich vertraue meinem Vater blind. Er weiß, was er tut und aus welchen Gründen er es tut. Dennoch gibt es mit der Zeit zunehmend Dinge, die ich anders sehe. Umso mehr Erfahrungen ich sammeln darf, umso öfter hinterfrage ich seine Entscheidungen oder Sichtweisen, frage nach seinen Gründen und möchte das „Warum" verstehen. Ich möchte davon lernen, meine Meinung anpassen oder auf dieser Grundlage dann sagen, dass ich das anders sehe. So pendeln wir uns ein und lernen unser Denken immer mehr kennen. Nicht als Vater und Tochter, sondern als Team, das irgendwann die Rollen tauscht.

SUSANNE DAHNCKE

Family Business Coach

Was hat dich darauf vorbereitet, Nachfolgerin zu werden?

Die einfache Antwort lautet: nichts. Meine Nachfolgegeschichte begann vor über 35 Jahren. Nach ihrem Ende formulierte ich damals, dass der Nachfolgeprozess gescheitert ist. Aus heutiger Sicht war diese Zeit – wie so vieles im Leben – ein Geschenk für mich und die ganze Familie.

Mit 26 (1992) hatte ich schon sieben Jahre im Unternehmen meines Vaters gearbeitet, begonnen mit der Ausbildung zur Bürokauffrau, seit 1989 als BWL-Studentin. Ich kannte jede Schraube, jede Zahl und jeden Mitarbeitenden. War kaufmännische Leiterin einer Tochterfirma, fuhr einen BMW und hatte ein anständiges Gehalt. Ich arbeitete mehr, als ich studierte. Die Praxis war für mich interessanter als die Theorie, zumal die nie wirklich zu unserem mittelständischen Unternehmen mit 300 Mitarbeitenden passen wollte. Von außen betrachtet sah es so aus, als ob ich in der Zukunft die Leitung der Firma übernehmen würde. Doch in mir drin?

Dieser Beitrag handelt von meinem inneren Prozess. Ich wage in der Rückschau einen intimen Blick auf meine Gefühle, Ängste, Wünsche und unbewussten Motive. Auf mein persönliches Erleben in dieser Zeit.

Welches Wissen, das du nun hast, hättest du gerne bereits vor der Nachfolge gehabt?

Ich hätte gern um die Komplexität gewusst, die jedem Familienunternehmen zugrunde liegt, die strukturell angelegt ist. Das Drei-Kreise-Modell[1] für Familienunternehmen öffnete mir die Augen – lange nachdem ich mich gegen die Nachfolge entschieden hatte. Eine psychologische Perspektive hätte mir geholfen, mich selber besser zu verstehen im Spannungsfeld zwischen meinen Eltern, der Familie und dem Unternehmen. Und schließlich hätte der familiensystemische Blick bis in unsere Ahnenreihen hinein mir gezeigt, welche Dynamiken in meiner Herkunftsfamilie und der unserer Vorfahren herrschen.

Wie lief die Zusammenarbeit mit der Familie?

Ein Spiel, das ich erst Jahre später wirklich verstand und durchschaute. Was es für mich so komplex machte, zeige ich in diesem Beitrag.

[1] Informationen zum Drei-Kreise-Modell: Praxishandbuch weibliche Nachfolge, Selbstcoachingtools für den gelungenen Einstieg ins Familienunternehmen, Jäkel-Wurzer, Dahncke, Buck, Springer Gabler 2017, Seite 115.

DER NACHFOLGEPROZESS ALS ACHTERBAHNFAHRT

Wie alles begann: Meine Position in der unternehmerischen Herkunftsfamilie

Ich bin die erste von drei Kindern, vier Jahre älter als mein Bruder, 13 Jahre älter als meine Schwester. Meine Grundschulzeit war behütet, ich baute Staudämme im Bach, kletterte auf Bäume. Der Weg aufs Gymnasium war da schon steiniger, war ich doch nach Ansicht der Lehrer nur „bedingt geeignet“. Trotzdem wagten meine Eltern mit mir den Versuch. An der neuen Schule war ich schüchtern, meldete mich kaum und freute mich immer mehr auf die Pausen als auf den Unterricht. Mit der Zeit und abnehmenden schulischen Erfolgen zog ich mich immer mehr in mich zurück und die Selbstzweifel mehrten sich. Ich arbeitete viel, um den Anforderungen gerecht zu werden. Insbesondere denen meiner Eltern.

Die Familiendynamik zu Hause fühlte sich für mich bizarr an. Da war der offen ausgesprochene Leistungsdruck – für jede gute Note gab es ein zusätzliches Taschengeld. Und das Vorbild meines Vaters, der als Unternehmer immer im Einsatz war. Und die diffuse Energie, die meine Mutter für mich ausstrahlte. Inhaltlich unterstützte sie die Leistungsanforderungen. Ich nahm sie Zeit ihres Lebens als eher ängstliche Person wahr, die sich in der Öffentlichkeit am liebsten hinter ihrer Sonnenbrille zeigte. Die gute Freunde hatte, aber niemals vor einer größeren Anzahl von Menschen sprach. Diese Angst übernahm ich, völlig unbewusst, wie ich heute weiß. Daran konnte auch ein Rhetoriktraining, zu dem ich mit 14 geschickt wurde, nichts ändern. Ich schaffte das Abi mit Ach und Krach und nahm das Gefühl mit, nicht gut genug zu sein.

Emotional fühlte ich mich damals mehr zu meiner Mutter hingezogen. Sie war immer fürsorglich für uns da, mein Vater war nur am Wochenende zu Hause. Und auch das führte zu einer für mich diffusen Gefühlslage. Das Role Model meiner Mutter passte so gar nicht zu dem, was die Außenwelt von mir erwartete. Die meisten meiner Freundinnen gingen aufs Gymnasium, um einmal „etwas zu werden". Wenn ich meiner Mutter gegenüber andeutete, dass ich nicht nur Mutter und Hausfrau werden wollte, gab es ihrerseits heftigen Widerspruch. Was sich – wie ich heute weiß – insbesondere auf das „Nur" in diesem Satz bezog, denn damit fühlte sie sich abgewertet. Schwierig für mich, zu meinen Wünschen und Motiven zu stehen.

Auch die Beziehung meiner Eltern war für mich aufreibend: eine eher konfliktbehaftete Ehe, in der immer wieder um die Macht gerungen wurde. Wegen der emotionalen Nähe nahm ich meist die Position meiner Mutter ein, worunter mein Verhältnis zu meinem Vater immens litt. Auch schwierig für mich, ich fühlte viel Misstrauen gegenüber Menschen insgesamt und wenig Wohlwollendes.

Wie es ablief: Der Nachfolgeprozess als Achterbahnfahrt

Mein Vater übernahm 1968 einen kleinen Handwerksbetrieb der Alarm- und Sicherheitstechnik von einem Kollegen, der in dem Geschäftsmodell keine Chancen sah. Mit Fleiß, viel Zuversicht und großem unternehmerischen Engagement baute er die Firma aus, gründete bundesweit Niederlassungen. Mit seinem Charisma scharte er viele Menschen um sich, die an seinen Erfolg glaubten. Eine Erfolgsstory!

Für mich war das Unternehmen, das seit ich denken konnte zu unserer Familie gehörte, erst Spielplatz am Wochenende, dann eine Möglichkeit, mein Taschengeld aufzubessern. Und schließlich ein sicherer Hafen: Für die Ausbildung zur Bürokauffrau dort entschied ich mich, weil ich mich ängstlich und minderwertig fühlte. Die zweijährige Lehrzeit ließ mich selbstbewusster werden, ich verstand schnell und übernahm schon früh die Urlaubsvertretung in der Buchhaltung.

Die Nachfolge wurde erst Thema, nachdem der Berufsabschluss mit guten Noten erreicht war. Jetzt BWL studieren, so die Vorstellung meines Vaters. Ich hatte damals schon großes Interesse an Psychologie, wollte ich doch die zwischenmenschliche Dynamik in unserer Familie verstehen – wie mir heute klar ist. Aber natürlich wollte ich auch meinem Vater gerecht werden – erhoffte ich mir damit mehr Nähe und Anerkennung von ihm. So nahm ich das BWL-Studium auf und beschäftigte mich im Nebenfach mit Psychologie. Fünf Jahre lang, die ich überwiegend im Unternehmen verbrachte, denn wenn ich nachfolgen wollte, müsste ich den Betrieb wirklich gut kennen und zeigen, was ich kann. So meine Überzeugung damals.

Mein Unterbewusstsein hatte anderes mit mir vor: Kurz vor Abschluss des Studiums wurde ich Mutter – eine der größten und intensivsten Erfahrungen meines Lebens! Dieses kleine Wesen rührte meine gefühlige Seite an. Empfindsamkeit, Empathie, Liebe – da blieb für den Leistungsgedanken kaum noch Raum. Trotzdem teilte ich mir mit dem Kindsvater die Betreuung und machte weiter. Und ignorierte dabei die latent aufkommenden Gefühle von Zweifel. Ist die Nachfolge für mich wirklich das Richtige? Die Zerreißprobe begann. Zu Hause mit dem Kleinen – hier lebte ich ganz klar meine weibliche Seite. In der Firma – inzwischen als Mitglied des erweiterten Führungskreises – versuchte ich hart und kompetent zu sein, verdrängte meine wahren Gefühle und kam immer weiter von mir weg. Ein Mentor hätte mir damals sicher helfen können, mein damaliger Mann gab sich alle Mühe – doch mein Selbstwertgefühl schwand mit jedem Tag hinter der Maske. Konflikte mit meinem Vater, die meist emotional ausgetragen wurden, verschärften die Situation. Drei Jahre lang gab ich mein Bestes, bis ich meinen Ausstieg ankündigte. Mein Vater war zunächst schockiert, heute weiß ich, dass er im Stillen damit rechnete. Und er machte dann aus dieser Situation das Allerbeste: 1996 wurde die Unternehmensgruppe verkauft und in eine Konzernstruktur eingegliedert.

Die größten Fallen im Nachfolgeprozess

Mit dem Diplom sah mein Vater mich als Unternehmensnachfolgerin an und so wurde ich in den erweiterten Führungskreis integriert. Mehr wurde nicht geregelt – das findet sich schon!

Damit war Rollenunklarheit vorprogrammiert: Meine Tätigkeit als Marketingleiterin war ziemlich klar, ich kümmerte mich um die Werbung der Unternehmensgruppe. Im Alltag gerieten alle Beteiligten immer wieder in unangenehme Situationen. So trafen wir uns im Unternehmenskontext immer wieder als Vater und Tochter. Teilweise fühlte ich mich so angesprochen, als säße ich zu Hause in der Sandkiste. Vor Mitarbeitenden sehr verwirrend. Die wiederum setzten dieses Spiel fort und sahen in mir ebenfalls eher die Tochter als die Kollegin. Was sich u. a. an der Art zeigte, wie sie Themen bei mir platzierten – immer in der Erwartung, ich würde dies dann „nach oben" weitergeben, wie ich heute weiß. Das Wissen um die komplexen Rollen in Familienunternehmen hätte an vielen Stellen augenöffnend helfen können.

Damit einher ging Motivunklarheit: Warum genau wollte ich die Nachfolge antreten? Um Nähe zu meinem Vater herzustellen? Seine Wünsche zu erfüllen? Um mich in den vermeintlich sicheren Hafen zu flüchten? Um Abstand zu meiner Mutter zu gewinnen? Um das Unternehmen zu führen? Mit der Zeit wurde der Sicherheitsaspekt immer deutlicher. Doch auf der Suche nach Sicherheit im Außen konnte ich kaum Selbstsicherheit entwickeln.

Vor diesem Hintergrund geriet ich in eine Art Opferfalle: Mein Umfeld projizierte seine Erwartungen auf mich. Und ich nahm diese Projektionen an, lange dachte ich, ich müsste so sein, wie man es von mir erwartete. So fühlte ich mich gefangen als Opfer dieser Umstände. Erst mit meinem Ausstieg aus dem Unternehmen und der klaren Abgrenzung von den äußeren Erwartungen und Aufträgen konnte ich mich selber entdecken.

Mein größtes Talent damals war meine Anpassungsfähigkeit: Ich war leistungsbereit ohne Ende, wollte es meinen Eltern unbedingt recht machen. Dies hatte ich dermaßen perfektioniert, dass ich meine eigenen Gefühle nicht wahrnehmen konnte. Bis ich schließlich (kriegs-) traumatische Familienmuster in meinen Ahnenreihen erkannte und begann, zu fühlen und zu verstehen. Mich selbst und die Beteiligten.

Die größten Geschenke, die bis heute nachwirken

Mein Ausstieg und der Unternehmensverkauf führten über die Jahre zur Harmonisierung unserer Familiendynamik, jeder von uns fand seinen Platz. Das Aufarbeiten meiner Erlebnisse prägt mich seitdem: Ich habe große Freude an Persönlichkeitsentwicklung und sehe hinter jeder Herausforderung ein Geschenk für meine Reifung. Damit einher geht eine Selbstsicherheit, deren Grad ich für mich selbst damals mit 30 nicht für möglich gehalten hätte. So kann ich schließlich auf diese Erfahrung in großer Dankbarkeit zurückblicken, eines meiner Leitmotive in allen Lebenslagen.

Der Entscheidungsprozess bereitete mir viele schlaflose Nächte, die Erfahrungen auf dem Weg dahin haben meine Nerven noch lange Zeit danach strapaziert. Mit einem anderen Blick auf die Lage wäre es vermutlich leichter gewesen: Die Frage: „Welches Geschenk steckt für mich im Familienunternehmen?" hätte mir gänzlich neue Perspektiven eröffnet.

Ich hätte erkennen und verstehen können, dass hinter jedem Konflikt die Chance liegt, sich selber besser kennenzulernen. Dass mein Wunsch nach Vereinbarung von Familie und Beruf gut mit der Führung des eigenen Unternehmens hätte in Einklang gebracht werden können. Dass der Purpose des Unternehmens – Sicherheit – perfekt zu meinem inneren Sicherheitsbedürfnis gepasst hätte. Dass mein damaliges Misstrauen gegenüber Menschen gepaart mit meiner Sensitivität die Basis für eine achtsame und respektvolle Führungshaltung bilden. Dass mein Leistungsanspruch in keiner Weise meiner Sehnsucht nach sinnstiftender Lebensführung widerspricht, sondern ihn eher befördert. Und dass mein angegriffener Selbstwert nur wenig mit den Beteiligten zu tun hatte, sondern allein mit der mangelnden Liebe zu mir selbst.

Seit 20 Jahren unterstütze ich inzwischen als Coach Unternehmerfamilien und ihre Nachfolger:innen. Meine Erfahrung auch aus dieser Perspektive ist, dass Nachfolge – ob angetreten oder abgelehnt – immer auch ein intensiver Persönlichkeitsentwicklungsprozess ist, um zu reifen und ein von innen heraus selbstbestimmtes Leben zu führen.

© Guntmar Fritz

MIRJA GERLACH

Geschäftsführende Gesellschafterin der MÜNCH-Edelstahl GmbH

Was hat dich darauf vorbereitet, Nachfolgerin zu werden?

Ad hoc würde ich sagen: nichts. Je länger ich jedoch darüber nachdenke, desto klarer wird mir, dass das Aufwachsen in einer Unternehmerfamilie durchaus Vorbereitung bedeutet, die die Grundlage für die Nachfolge legen kann. Bereits als Schülerin kontrollierte ich bei Abwesenheit meiner Eltern täglich die Post, ich musste tagesaktuell die Daten der Kontoauszüge der Firma sowie wichtige Nachrichten durchgeben. Wir (die Kinder) wurden bei Kundenbesuchen, die zu uns nach Hause kamen, vorgestellt und mussten uns mit den Kund:innen unterhalten, anfangs nur auf Deutsch, später auch auf Englisch oder Französisch. In den Ferien, in denen mein Vater dabei war (was oft nur an den Wochenenden der Fall war), haben wir auf dem Weg regelmäßig Kundenbesuche dazwischengeschoben. Krisen wie finanzielle Engpässe und gesundheitlich kritische Zustände meines Vaters waren keine Seltenheit, ich habe daher früh Krise als ein normales Element kennengelernt und empfinde diese heute als spannende Abwechslung. Eine indirekte Vorbereitung fand also bereits zu Schulzeiten bei uns Kindern statt. Eine aktive Vorbereitung der Nachfolge hat jedoch nicht stattgefunden.

Welches Wissen, das du nun hast, hättest du gerne bereits vor der Nachfolge gehabt?

Hätte ich vor Eintritt in die Firma – der jedoch nie als Nachfolge bezeichnet wurde, denn ich war nur Platzhalter, bis mein ältester Sohn oder ein anderer familienfremder männlicher Kandidat das Amt übernehmen konnte – das Wissen von heute gehabt, hätte ich durchaus manches anders gehandhabt. Ich wäre erst später in das Unternehmen eingetreten, hätte mir mehr Wissen bei anderen Arbeitgeber:innen angeeignet. Ich hätte mehr Selbstbewusstsein in Bezug auf meine Fähigkeiten erworben und wäre auf Augenhöhe zu meinem Vater in das Unternehmen eingestiegen. Den Zeitpunkt des Ausscheidens meines Vaters hätten wir vor meinem Eintritt in die Firma einvernehmlich festgehalten. Ich habe 22 Jahre neben meinem Vater im Unternehmen als Assistenz, „Mädchen für alles", Sachbearbeiterin, später kaufmännische Leitung und Back-up für den Fall der Fälle verbracht, bis dann schließlich die Nachfolge auch tatsächlich stattfand. Diese musste ich mir jedoch nehmen, mein Vater hat die Nachfolge bis heute nicht offiziell anerkannt. Den Schritt zur Unternehmensnachfolge würde ich jedoch auch mit dem Wissen von heute wieder machen, sonst wäre das Unternehmen heute nicht mehr existent und alles, was mein Vater aufgebaut hat, wäre verloren. Aber wichtiger als Pflichterfüllung und Verantwortung: Die Aufgabe macht mir Spaß und ich bin gerne und erfolgreich Unternehmerin.

Wie lief die Zusammenarbeit mit der Familie?

Der Familie hat der Ablauf der Unternehmensnachfolge stark geschadet. Sie hat den Prozess nicht überstanden und ist heute zerrissen, der Kontakt ist auf geschäftliche Aspekte reduziert. Die mangelnde Kommunikation, der Versuch, alle gleich zu behandeln, dabei jedoch nicht gerecht zu sein, sind die Ursachen für die familiären Zerwürfnisse.

Was ist deiner Meinung nach das Schwierigste bei der Nachfolge?

Das ist meines Erachtens eine zu jeder Zeit offene Kommunikation. Wird diese nicht gepflegt und gelebt innerhalb der Unternehmerfamilie vor Beginn des Nachfolgeprozesses, und das war bei uns nicht der Fall, so muss es unweigerlich zu Konflikten kommen.

UNTERNEHMENSNACHFOLGE IN DER UNTERNEHMERFAMILIE – KEIN SELBSTLÄUFER

Es fing irgendwann nach meinem 15. Geburtstag an. Mein Vater zog mich regelmäßig zur Seite, um mir einen Überblick über die Finanzen seines Unternehmens, eines kleinen stark exportorientierten mittelständischen Maschinenbauers, das er Anfang der 1970er-Jahre aufgebaut hatte, zu geben. Für den Fall, dass ihm etwas zustoßen sollte. Dies war eine reale Möglichkeit, da er – seit ich zurückdenken kann – immer wieder gesundheitliche Probleme hatte. Er „warf" dann diverse Zahlen auf ein Blatt Papier, um mir einen Einblick zu geben und gab mir die Telefonnummer eines guten Freundes, den ich anrufen sollte, damit er mir helfen könnte. Diese mögliche Verantwortung für das Unternehmen und damit für das finanzielle Wohl der Familie prägte mich und ist bis heute präsent.

Aufgrund der immer wiederkehrenden Liquiditätsengpässe in der Firma bis hin zu einer Beinahe-Insolvenz war ich mir sicher, ich würde nie selbstständig sein wollen. Ich bekam hautnah mit, was es bedeutete, nachts aufgrund von Schwierigkeiten in der Firma nicht schlafen zu können, und welche Auswirkungen dies auf das Familienleben hatte. Mein Vater war bis zu acht Monate im Jahr unterwegs, meine Mutter aufgrund der Dauerbelastung gesundheitlich angeschlagen. „Bergfeste", bei denen wir schön essen gingen, um das Überstehen einer Krise zu feiern, waren keine Seltenheit und meine Mutter pflegte zu sagen: „Kinder, ihr wisst, nach jedem Berg kommt wieder ein Tal, also genießt es."

Ich absolvierte ein BWL-Studium an der WHU und begann anschließend, bei einem Baukonzern im Bereich der Auslandsbeteiligungen zu arbeiten. Dinge, die „wachsen", sowie andere Länder haben mich immer fasziniert. Nach einem Jahr war jedoch klar, dass ich nicht für das Konzernleben gemacht war. Die notwendige Politik, nicht „einfach machen können" sowie die Langatmigkeit eines Konzerns entsprachen nicht meinem Naturell.

Gleichzeitig suchte mein Vater erneut jemanden, der mit ihm zusammenarbeitete. Wieder einmal war ein potenzieller Nachfolger im Unfrieden aus der Firma ausgeschieden und mein Vater war wie so oft gesundheitlich beeinträchtigt. Wohlwissend, dass ich einspringen müsste, sollte meinem Vater etwas zustoßen, entschloss ich mich, direkt in die Firma einzusteigen, um für den Notfall optimal vorbereitet zu sein. Es gab jedoch keinerlei Absprachen zwischen uns, was genau meine Position sein würde. Rückblickend war mein Einstieg also naiv – unkoordiniert und ungeplant, was ich heute definitiv anders gestalten würde. Ich wurde „Mädchen für alles", die beste Assistentin, die es gibt und stellte mich freiwillig dauerhaft in die zweite Reihe. Es war für ihn klar, dass ich nicht seine Nachfolgerin sein würde, denn Frauen führen keine Unternehmen, sie kümmern sich um die Kinder und das Zuhause. Dass er so denkt, habe ich jedoch erst Jahre später verstanden. In den ersten 17 Jahren nach meinem Einstieg habe ich potenzielle (männliche) Nachfolger meines Vaters kommen und gehen sehen. Dies aber gab mir die Möglichkeit, „im Schatten" groß zu werden. Die normalen Machtkämpfe, die es vermutlich mit einem Sohn gegeben hätte, blieben mir lange Zeit erspart, da ich gar nicht in seinem Blickfeld war. Das gab mir Gelegenheit, mich frei zu entwickeln.

Meine Aufgaben suchte ich mir sukzessive selbst und begann, sämtliche Bereiche des Unternehmens kennenzulernen. Es gab keine gezielte Einarbeitung durch meinen Vater, sondern alles funktionierte gemäß seiner Maßgabe „mir hat es auch keiner beigebracht". Also fing ich an, mir nach und nach alles selbst beizubringen, vor allem, indem ich andere beobachtete und mir so Ideen und Anregungen holte.

Mein Vater war ein brillanter Vertriebler, seine Kund:innen (wie auch wir) liebten ihn. Neue Ideen sprudelten kontinuierlich aus ihm heraus und führten zum Aufbau zahlreicher Firmen im In- und Ausland. Zum Zeitpunkt meines Einstiegs 1997 hatten wir ein Joint Venture in China sowie Anteile an einer Produktionsstätte in Frankreich. Beides war von ihm Anfang der 1990er-Jahre aufgebaut worden. Daneben gab es weitere Firmen, die er mit aufgebaut hatte, die aber zu diesem Zeitpunkt in anderen Händen waren. Es war also klar für mich, dass mein Vater weiterhin den Bereich Vertrieb betreuen würde, während ich mir andere Aufgaben suchen würde.

Mein Schwerpunkt im Studium waren Finanzen. Zahlen haben mir immer Spaß gemacht, und so begann ich, zunächst den Finanzbereich an mich zu ziehen. Wir hatten in der Firma zahlreiche Privatdarlehen zur Finanzierung von Maschinenkäufen aufgenommen. Diese Darlehen hatten sich über die Jahre aufgebaut und beinhalteten keinerlei Tilgungsplan. Die Entwirrung dieser Konstrukte sowie der Aufbau einer ordentlichen Buchhaltung mit regelmäßigem Mahnwesen und Zahlungsabläufen beschäftigte mich die ersten Jahre. Ich lernte die Buchhaltung von Grund auf kennen, spätestens als unsere Buchhalterin mit vier Wochen Kündigungsfrist und zwei Wochen Resturlaub eines Tages kündigte.

Die Fluktuation im Unternehmen war hoch und wenige Mitarbeitende im kaufmännischen Bereich oder in Leitungsfunktionen blieben dauerhaft. Dies führte dazu, dass ich regelmäßig unterschiedliche Positionen ausfüllen musste, da Personal fehlte. Das sehe ich heute als Segen, da es mir ermöglichte, das Unternehmen von Grund auf in allen Funktionen kennenzulernen und mir eine Basis gab, auf der ich heute noch meine Entscheidungen fälle. Es ist schwierig, jemanden etwas vorzumachen, der den gleichen Job auch gemacht hat.

Zu dieser Zeit stellte unser damaliger Betriebsleiter – ein großartiger und kreativer Techniker, bedauerlicherweise aber mit krimineller Energie sowie der Unfähigkeit, Dinge zu Ende zu bringen, ausgestattet – meinem Vater ein Ultimatum. Nachdem ich begonnen hatte, Maschinenbelegungspläne sowie Auftragsvorbereitung einzuführen, sagte der Betriebsleiter: „Entweder sie geht oder ich." Glücklicherweise traf mein Vater damals die Entscheidung zu meinen Gunsten (dies wäre Jahre später anders ausgegangen) und der Betriebsleiter musste das Unternehmen verlassen. Viele weitere Betriebsleiter sollten kommen und gehen.

Nach und nach begann ich Strukturen im Unternehmen aufzubauen und zu versuchen, die alleinige Ausrichtung auf meinen Vater in allen Bereichen auf verschiedene Mitarbeitende zu verteilen und damit das Unternehmensrisiko zu minimieren. Allerdings kam ich deshalb in Konflikt mit meinem Vater, der die alleinige Kontrolle und Entscheidungsgewalt nicht abgeben wollte. Ehrgeizige Mitarbeitende entschlossen sich daher früher oder später, das Unternehmen zu verlassen.

Zehn Jahre nach meinem Einstieg in die Firma trat meine jüngere Schwester, eine gelernte Juristin, in das Unternehmen ein. Dies freute mich, da die Verantwortung nun geteilt war und ich nicht mehr der alleinige Back-up unseres Vaters und allein zuständig für die Finanzen der Familie war. Meine Schwester übernahm die rechtliche Betreuung des Unternehmens.

Was jedoch in dem Prozess des Einstiegs sowohl mir als auch meiner Schwester fehlte, war offene Kommunikation und ein Konzept. Weder bei mir noch bei ihr war klar, welche Verantwortung jede tragen sollte. Offene Kommunikation in der Familie über schwierige Themen wie Vergütung, Aufgaben und Verantwortung war wegen Konfliktvermeidung nur marginal möglich, wenn überhaupt solche Themen angesprochen wurden. Heute weiß ich, dass fehlende Kommunikation in der Hoffnung auf Konfliktvermeidung sowohl in der Unternehmensführung als auch in der Unternehmerfamilie genau das Gegenteil bewirken. Klare Entscheidungen und Ansagen, auch wenn sie unangenehm sind, sind essenziell. Der Kontakt von mir zu unserer Familie beschränkt sich heute auf den geschäftlichen Austausch.

Um die Familie sowie Mitarbeitende unabhängig von Familienangehörigen abzusichern, regte ich 2012 an, die Auslandsgesellschaften sowie das Unternehmen zu veräußern. Dies gelang für unsere Auslandsgesellschaften sowie Teile unserer Produktion, die wir allesamt 2014 – im Nachhinein zum bestmöglichen Zeitpunkt – veräußerten. Der Investor für die deutschen Unternehmensteile sprang jedoch kurzfristig ab und wir entschieden uns für die Fortführung des Unternehmens.

2014 erkrankte mein Vater an Krebs und fiel von einem auf den anderen Tag für ein Jahr komplett aus. Der Ernstfall war eingetreten. Wir übernahmen die Unternehmensführung. Wir nutzten das Jahr, Dinge in unserem Sinne umzugestalten, weitere Strukturen einzuführen, Digitalisierung voranzutreiben und das Unternehmen verändert auszurichten. Unser Vater ging jedoch nach seiner Rückkehr nach einem Jahr davon aus, dass alles in gewohnten Bahnen laufen würde. Dies verbunden mit einer beginnenden Demenz führte in den Folgejahren schließlich zu Konflikten ungeahnten Ausmaßes. In dem Prozess, der letztlich im Ausscheiden unseres Vaters Ende 2019 mündete, verloren wir die Hälfte unserer Mitarbeitenden, unter anderem unseren kompletten Vertrieb, die Chefbuchhalterin sowie den Betriebsleiter. Mitarbeitergespräche, teilweise im Stundentakt, waren an der Tagesordnung. Wir fürchteten das Monatsende, wohlwissend, dass neue Kündigungen auf unserem Tisch landen würden. Wir hatten deutliche Umsatzeinbrüche und kämpften um unsere Existenz.

In den Folgejahren begann ein intensiver Prozess des Neuaufbaus des Unternehmens, des Vertriebs, der Unternehmensstrategie sowie -kultur und vor allem der Kommunikation – raus aus den patriarchalischen Strukturen, hin zu offener Kommunikation und Teamwork. Zahlreiche Verantwortungsträger:innen statt eines einzelnen. Schlüsselmitarbeitende, die das Unternehmen heute zusammen mit mir führen, auf die ich mich jederzeit uneingeschränkt verlassen kann und deren Input unerlässlich ist.

Das vergangene Jahr, 2022, war das erfolgreichste Jahr der Unternehmensgeschichte.

© Karl Jens Hannewald

MARTINA REISCHMANN

Partnerin bei PETER MAY Family Business Consulting

Welche Fragen hast du dir gestellt, um über die Nachfolge zu entscheiden?

Meine Fragestellungen in Bezug auf die Nachfolge waren in jeder Lebensphase unterschiedlich. Mit 18 Jahren war es für mich insbesondere wichtig, mich so zu qualifizieren, dass ich jederzeit in unser Familienunternehmen eintreten kann, aber nie muss. Als es dann konkret um einen Einstieg ging, habe ich mich gefragt: Werde ich damit glücklich? Kann ich eine so große Verantwortung tragen und gleichzeitig Momente der Ausgelassenheit und Freiheit empfinden? Bin ich die Richtige, um dieses Unternehmen wirklich nach vorne zu entwickeln und wenn ja, wie würde ich dies tun? Was wären die Hürden und Widerstände, denen ich begegnen würde? Welche meiner Stärken und Ressourcen könnte ich nutzen? Wie würde ich mich persönlich verändern und entwickeln, wenn ich die Nachfolge antrete?

Heute gehe ich beruflich darin auf, ebensolche Fragen mit Nachfolger:innen im Rahmen von Coachings zu diskutieren und individuelle Antworten darauf zu finden.

Wenn du keine Nachfolgerin geworden wärst – welchen Beruf hättest du dann heute?

Tatsächlich lebe ich heute meinen „Plan B". Ursprünglich hatte ich vor, als älteste der sechsten Generation die Nachfolge in unserem Familienunternehmen anzutreten – gemeinsam mit meinem Mann. Das Familienunternehmen wurde damals von meinem Vater und meinen beiden Onkeln geführt. Während mein Vater von unseren Plänen begeistert war, haben seine Brüder mit Skepsis reagiert. Aus heutiger Sicht für mich nachvollziehbar. Beide haben eigene Kinder und da sie jünger sind als mein Vater, war die Nachfolge für sie damals gedanklich noch weit weg. Nach einem mehrmonatigen Prozess, der für uns als Familie herausfordernd war, wurde entschieden, dass nur einer von uns einsteigen dürfte. Daraufhin habe ich abgelehnt und bin meinen eigenen Weg gegangen, was für meinen Vater und mich ein sehr emotionaler Moment war. Dieser Prozess und generell meine Wurzeln im Familienunternehmen haben meine spätere Berufswahl entscheidend geprägt.

Vor drei Jahren habe ich mich als Coach und Beraterin für Unternehmerfamilien in Nachfolgeprozessen selbstständig gemacht und mich kurze Zeit später als Partnerin der PETER MAY Gruppe angeschlossen. Die Gründung war ein sehr spannender und prägender Prozess für mich. Ich habe mir viel Zeit genommen, um zu überlegen, wo meine Stärken liegen, was mich in meinem Kern ausmacht, wofür ich stehe und was ich geben kann und will. Heute bin ich Sparringspartnerin vieler Unternehmerfamilien und im besonderen Maße auch vieler Nachfolgerinnen. Dazu beitragen zu können, dass Nachfolge gelingt, ist jeden Tag aufs Neue Motivation und Erfüllung für mich.

Wer war deine wichtigste Mentorin bzw. dein wichtigster Mentor?

Sehr inspiriert hat mich Prof. Dr. Peter May. Eine von vielen Erkenntnissen aus gemeinsamen Gesprächen: Man kann viel von anderen lernen und sich inspirieren lassen, letzten Endes geht es aber darum, den eigenen individuellen Weg und Stil zu finden. Heißt: Es ist nicht erstrebenswert, möglichst gut in die Fußstapfen eines anderen zu treten, vielmehr geht es darum, jeden Tag daran zu arbeiten, die „beste Martina" zu werden, die ich sein kann.

Ebenfalls Vorbild, Mentor und Inspiration für mich – besonders als Unternehmer – ist mein Vater. Er hat mir vorgelebt, an die eigenen Ideen und eine übergeordnete Vision zu glauben, auf die eigene Kraft zu vertrauen und diese auch umzusetzen.

KÖNNEN WIR ALLES HABEN? EIN DENKANSTOSS ZUM BALANCEAKT

„Du willst immer alles", sagte mein Mann neulich zu mir. Und so ganz unrecht hat er damit nicht. Wir leben in einer Welt, in der uns u. a. durch Social Media kontinuierlich suggeriert wird, was alles möglich ist. Das kann inspirieren oder auch frustrieren, je nachdem, wo wir mit unserer eigenen Lebenszufriedenheit und unseren Ambitionen aktuell stehen.

In meiner Profession als Begleiterin und Coach in Nachfolgeprozessen begegnet mir das Thema regelmäßig. Seniorunternehmer, die ihr Leben zu 100 Prozent dem Unternehmen gewidmet haben und Next Gens, die parallel zur Führung des Familienunternehmens ein aktives Familienleben führen wollen, Start-ups gründen oder Freunden und Hobbys mehr Zeit einräumen möchten – sie wollen eben „alles". Damit Übergaben „trotzdem" gelingen, sprich unternehmerisch erfolgreich und mit den Vorstellungen der Next Gens von persönlichem Lebensglück vereinbar sind, braucht es einen intensiven Diskurs über die Definition von Erfolg, der Priorisierung von Zielen und exzellente Selbstführung. Dieses zentrale Thema – insbesondere für die weibliche Nachfolge – möchte ich hier beleuchten.

Während die Rollenmodelle vor 100 Jahren noch eng gefasst waren, haben Frauen – und auch Männer – heute grundsätzlich das Privileg vielfältiger Lebensmodelle. Daraus resultiert die Anforderung, herauszufinden, was zu uns passt und dieses Rollen- bzw. Familienmodell mit unserem Partner, der Familie, dem Seniorunternehmer bzw. Arbeitgeber zu diskutieren.

Viele Nachfolgerinnen haben – wie ich auch – einen Vater als Role Model erlebt, der sich 24/7 für das Familienunternehmen eingesetzt hat. Schon als Teenager habe ich mir die Frage gestellt, wie ich als Frau die Rolle der Unternehmerin mit meinem Kinderwunsch vereinbaren könnte. Vorbilder fehlten mir damals.

Heute habe ich das Glück, einige Nachfolgerinnen zu kennen, die solche Modelle leben. Was sie eint, sind eine große intrinsische Motivation, ein hoher Anspruch an sich selbst und eine große Freude daran, Dinge zu verändern. Was sie ebenfalls eint, ist die zeitliche Herausforderung, all das, wofür sie brennen und stehen wollen, unter einen Hut zu bekommen und dabei den vielfältigen Rollen und der großen Verantwortung gerecht zu werden. Dabei bewegen sich viele immer wieder nur knapp unterhalb der Belastungsgrenze. Ein gefährliches Unterfangen.

Im Kern ist die Herausforderung vieler Nachfolgerinnen in der „Rushhour" des Lebens die, dass unsere hochgesteckten Ziele in vielen Bereichen mit der begrenzten Ressource Zeit im Widerspruch stehen. Abgeleitet daraus sind dies auch die beiden Hebel, an denen wir ansetzen können, um etwas zu verändern. Da es sich oft erst mal schlecht anfühlt, die eigenen Ziele (sowohl die unternehmerischen als auch die persönlichen) nach unten zu korrigieren, da es unserem inneren Anspruch widerspricht, versuchen wir uns selbst weiß zu machen, dass wir uns nur (noch) besser organisieren müssen, (noch) effizienter arbeiten müssen, quasi die Zeit austricksen müssen, damit wir unsere hochgesteckten Ziele doch erreichen können. Darin liegt eine große Gefahr. Wir werden Getriebene im eigenen System. Wenn wir uns stattdessen als aktive Gestalterinnen unseres eigenen Lebens verstehen wollen, braucht es beides: Die Bereitschaft, die eigenen Ziele zu überdenken und ggf. anzupassen und darüber hinaus die aktive Auseinandersetzung damit, wohin unsere Zeit aktuell fließt und wohin sie zukünftig fließen sollte.

1. Nachfolgerinnen brauchen eine klare Ausrichtung an individuellen Zielen

Akzeptieren wir eine von außen kommende gesellschaftliche Definition von Erfolg vor unserer eigenen, jagen wir den falschen Zielen hinterher. Definieren wir Erfolg hingegen als die Erreichung unserer selbst gesteckten Ziele, so sitzen wir selbst im „Driver Seat". Im Kontext der Nachfolge bedeutet das, dass wir die Zielsetzung und auch die Arbeitsweise der Seniorgeneration nicht einfach übernehmen, sondern an unsere eigenen Vorstellungen, Stärken und Lebensumstände anpassen.

Individuelle Ziele für sich herauszuarbeiten, ist im wahrsten Sinne des Wortes Arbeit. Dafür braucht es die Fähigkeit zur Selbstreflexion sowie die Bereitschaft zur schonungslosen Ehrlichkeit uns selbst gegenüber. Wenn wir bereit sind, die eigenen Grenzen anzuerkennen, werden die Ziele, die wir uns setzen, realistischer und passender. Haben wir unsere Ziele auf Basis der eigenen Stärken und Grenzen definiert, muss eine Zielhierarchie folgen, da diese es uns im Alltag deutlich erleichtert, nachhaltig richtige Entscheidungen zu treffen.

Jede Entscheidung hat Konsequenzen und Kosten, derer wir uns bewusst sein müssen. Denn eine Entscheidung für etwas beinhaltet auch die Entscheidung gegen etwas anderes. Ich persönlich habe mich entschieden, dass Familie für mich einen hohen Stellenwert hat. Gleichzeitig war mir immer klar, dass ich beruflich ambitioniert bin und hohe Ansprüche an meine persönliche Entwicklung stelle. Wenn ich beides anstrebe, geht dies mit dem Preis einher, dass die Tage oft vollgepackt sind und es sehr guter Organisation, Selbstführung und Unterstützung bedarf.

Wenn ich mir klarmache, dass ich genau das will, weil ich meinen Beruf liebe und daraus viel Positives ziehe, fällt dies leichter. Diese innere Haltung und das Wissen, dass ich diese Entscheidung auch heute wieder genauso treffen würde, ist in herausfordernden Situationen sehr hilfreich. Es fällt mir dann leichter zu sagen, dass es ein Glück ist, beides vereinbaren zu können, statt damit zu hadern, beiden Lebensbereichen nicht zu 100 Prozent gerecht werden zu können.

Wenn es darum geht, uns selbst und unseren Zielen (auch gegen Widerstände) treu zu bleiben, hilft ein Netzwerk an Nachfolgerinnen, die mit uns in die gleiche Richtung schauen, die unsere Situation nachempfinden können, die aus der eigenen Erfahrung Impulse mitgeben und uns motivieren können dranzubleiben.

2. Der bewusste Umgang mit der knappen Ressource Zeit

„Ich habe gerade einfach keine Zeit dafür." Ein Satz, den ich oft höre und auch schon oft genug selbst gesagt habe. Dabei ist er einfach nicht richtig! Wir alle haben Zeit. Was wir mit dieser Zeit anfangen, ist eine Frage unserer Prioritäten und manchmal eine Frage der Disziplin. Seitdem ich mir das bewusst gemacht habe, habe ich beschlossen, die Formulierung zu ändern in „ich habe aktuell andere Prioritäten". Dies hat zur Folge, dass sich der Aussage automatisch die Frage anschließt: Ist das richtig? Ist das, was ich jetzt tue, wirklich das, was mir aktuell am wichtigsten ist? Gerade als Nachfolgerin ist es wichtig, frühzeitig zu lernen, welche Themen so zentral sind, dass ich sie selbst erledige, welche ich delegiere und zu welchen ich „Nein" sage (das gilt im Privaten wie auch beruflich).

Seit ich Kinder habe und sehe, wie sich deren Bedürfnisse und Fähigkeiten im Eiltempo verändern, denke ich das Leben viel mehr in Phasen. Ich habe ein klares Bild davon, dass ich vielfältige Rollen ausfülle (Unternehmerin, Coach, Ehefrau, Mutter, Nachfolgerin etc.) und dass sich der Schwerpunkt der einzelnen Rollen auch in Abhängigkeit von meinem Umfeld verändert. Je kleiner meine Kinder waren, desto mehr hatte ich das Gefühl, dass sie mich brauchten. Dem wollte ich gerecht werden und Raum geben. Je größer sie nun werden, desto flexibler werden die Betreuungs-Modelle und umso mehr Spielraum empfinde ich für mich selbst. Aktuell hat sich mein Mann – trotz erfolgreicher Karriere – aktiv dafür entschieden, seine Zeit zu 100 Prozent den Kindern zu widmen. Meinem Eindruck nach profitiert die gesamte Familie davon. Die Kinder erleben andere Rollen-Modelle, wir als Ehepaar lernen die andere Seite dieser tradierten Modelle kennen, mit all den Anforderungen und Vorzügen, die jeweils damit verbunden sind, und wir lernen uns selbst besser kennen, weil wir uns aus der Komfortzone bewegen und uns ein Stück weit neu erfunden haben – individuell und als Familie. Meine Sorge, dass sich die stark reduzierte Zeit, die ich aktuell für unsere Kinder habe, negativ auf meine Beziehung zu ihnen auswirkt, hat sich für mich persönlich nicht bewahrheitet. Da die momentane Ausrichtung sehr gut mit meinen Stärken und auch mit meinen Bedürfnissen im Einklang steht, kann ich den Kindern in der Zeit, die wir gemeinsam verbringen, viel mehr geben und besser auf sie eingehen, als ich das vorher konnte. Die Qualität der gemeinsamen Zeit hat sich deutlich verbessert, während die Quantität sich reduziert hat. Für mich fühlt sich das stimmig an und ich bin dankbar, einen Mann an der Seite zu haben, mit dem ich über Alternativen sprechen kann, wenn sich dieses Gefühl ändern sollte – das gilt natürlich beidseitig.

Mit all diesen Überlegungen sind wir nicht allein. Wir sind Teil eines Systems und immer in gewisser Weise auch abhängig von anderen. Während die Wirtschaft nach wie vor stark von Wettbewerb getrieben ist, spüre ich, dass einige Nachfolgerinnen dazu einen Gegenpol bilden möchten. Gerade dann, wenn wir vielfältige Rollen haben, unterschiedlichen Anforderungen gerecht werden wollen, flexibel auf unerwartete Situationen reagieren müssen, brauchen wir starke Teams. Innerhalb unseres Unternehmens brauchen wir Führungskräfte, die mit hoher Selbstständigkeit agieren und mit uns in die gleiche Richtung schauen – auf der privaten Seite brauchen wir ein Support-Netzwerk von Menschen, auf das wir uns zu 100 Prozent verlassen können und die eine hohe Flexibilität mitbringen. Nachfolgerinnen können das gezielt nutzen, da die Verantwortung, die sie tragen, oft mit einem gewissen Gestaltungsfreiraum der eigenen Rolle und des eigenen Teams einhergeht.

Mein Fazit ist, dass wir das Glück haben in einer Zeit zu leben, in der sehr vieles möglich ist. Gleichzeitig sollten wir uns nicht blenden oder frustrieren lassen von denen, die den Anschein erwecken, dass wir mit Leichtigkeit alles haben können, sondern offen über die Herausforderungen und Lösungsansätze für die „Rushhour" des Lebens sprechen und uns dabei gegenseitig unterstützen.

SASKIA STELLA GLEITSMANN

Geschäftsführende Gesellschafterin der Gleitsmann GmbH & Co. Verwaltungs KG

Was hat dich darauf vorbereitet, Nachfolgerin zu werden?

Freie Entscheidungen aus mir selbst heraus zu treffen, vielfältige Erfahrungen in meinem Leben zu sammeln, zu lernen, die Verantwortung für meine eigenen Entscheidungen zu übernehmen, mich zu erleben und zu erfahren, wer ich bin mit meiner Lebenskraft. Die Gabe, mich aus dem Geschehen für einen Augenblick herauszunehmen und immer wieder neu zu gestalten. Familie und Unternehmertum bedeutet Gestaltung in jedem Moment. Wie ist im Augenblick die Dynamik in der Familie, wie ist im Augenblick die Dynamik im Unternehmen und welche Schritte sind notwendig, möglich und unmöglich für ein konstruktives Unternehmen? Das Ganze im Blick zu behalten und eine Balance herzustellen, immer wieder zu trainieren, um zum Florieren beizutragen. Meine Gedanken proaktiv zu kommunizieren innerhalb der Familie und einen klaren Weg zu gehen, der offen für Feedback ist, jedoch in gewissen Elementen unverhandelbar. Eine klare Führungssicht zu entwickeln und danach zu handeln, Entscheidungen klar zu treffen und aus Fehlern auf dem Weg lernen, die eigene menschliche Entwicklung fortzusetzen und mir selbst treu zu bleiben. Immer wieder die eigene innere Stimme und Vision im Blick behalten.

Welches Wissen, das du nun hast, hättest du gerne bereits vor der Nachfolge gehabt?
Ich wäre mir gern noch mehr darüber im Klaren gewesen, dass Nachfolge in Familienunternehmen die tiefste Tiefe des Beziehungsgeflechts in der Familie spiegelt und wie sehr die eigene Fähigkeit, sich verletzlich zu zeigen, auch die Möglichkeit des Wachstums innerhalb der Familie und des Unternehmens prägt.

Was ist deiner Meinung nach das Schwierigste bei der Nachfolge?
Die Übergabe ist ein stetiger Prozess, der über Jahre Transformation bedeuten kann, um die Identifikation mit dem Unternehmen und einem selbst in Einklang zu bringen. Anzuerkennen, dass es keine Lösung für die Ewigkeit gibt, sondern das Leben ein einziger Transformationsprozess ist und wir uns immer wieder verändern, anpassen und feinjustieren in dieser Zeit. Ich würde sogar so weit gehen und sagen, dass Nachfolge so individuell ist und die größte Herausforderung darin besteht, immer wieder Lösungen zu finden, die das Gebilde Familie und Unternehmen in Balance hält. Das bedeutet ein präzises Visionieren, ein klares Kommunizieren, ein ständiges Loslassen und Neu-Erfinden, um im Zeichen der Zeit zu handeln. Im Familien-Unternehmertum geht es viel um die eigene Identifikation mit dem Unternehmen. Das ist sicher auch die größte Herausforderung in der familiären Nachfolge, sich selbst weiterzuentwickeln, aus dem Konstrukt der Generationen hinauswachsen, erwachsen werden und dabei das Unternehmen so zu transformieren, dass es marktfähig und innovativ bleibt, während die Familie eingebunden ist und verbunden bleibt. Bei meiner eigenen Nachfolge habe ich mich nach der Geburt unserer drei Kinder so schnell weiterentwickelt aus meinen jeweiligen Rollen heraus, dass ich mich irgendwann nicht mehr mit dem Kern-Unternehmensgeschäft identifiziert habe. Das ist etwas, was im Leben nur bedingt zu beeinflussen ist. Die Annahme des Flusses des Lebens. Und dann den Mut zu fassen unter Wahrung von Respekt und Liebe für das, was vorher erbaut wurde, klar zu entscheiden und neue eigene Wege mit dem, was bis dato erschaffen wurde, zu

gehen und dabei die Verbundenheit der Familie zu wahren – eine Kunst und ein ewiges Lernen fürs Leben.

VIER GENERATIONEN GLEITSMANN KG – FAMILIENUNTERNEHMEN: DAS RAD DES LEBENS

In generationsübergreifenden Familienunternehmen steckt das Fundament unserer Gesellschaft, in der Art und Weise, wie wir als Familie zusammenleben und in der Art, wie wir gemeinsam Projekte realisieren und die Unternehmung weiter ausbauen.

Es ist sieben Jahre her, dass ich unsere Unternehmungen, die Holzwerke Gleitsmann GmbH und die Gleitsmann KG übernommen und in die nächste Generation überführt habe. Nach dieser Zeit kann ich sicher sagen, dass die Art, wie wir zusammenleben und gemeinsam Projekte realisieren, sich über die vergangenen Jahre neu gestaltet hat. Dazu hat sicherlich auch die tiefere Beziehung zu meinem Partner und die Geburt und Begleitung meiner drei Kinder enorm beigetragen. Die Selbstverständlichkeit, wie wir als Familie mit uns in den ehrlichen Dialog gehen und in die ständige Weiterentwicklung von Unternehmung und Familie eintreten, wirkt sich eins zu eins auf die Prägung der nächsten Generation aus und beeinflusst unsere Gesellschaft stark, unternehmerisch zu wirken und etwas Neues in die Welt zu tragen.

Als ich die Unternehmungen 2016 übernommen habe, betrieben wir drei Sägewerke und einen Holzfachmarkt. Heute ist es so, dass ein ökologisch zirkulär wirtschaftendes, voll digitalisiertes Laubholz-Sägewerk besteht und wir weite Teile unseres Geschäftsmodells neu gedacht haben. So betreiben wir ein Familienparadies auf einer der ehemaligen Sägewerksflächen – einen besonders familienfreundlichen und naturnah gebauten Ferienort für die Region, der im Augenblick weiter ausgebaut wird. So sind wir außerdem Energiedienstleister an unserem größten Unternehmensstandort mit E-Ladesäulen, der Gewinnung von zertifizierter Holzasche als Dünger für die Landwirtschaft, Photovoltaik-Energiedienstleister und arbeiten eben auch mit dem Rohstoff Holz.

Für mich ist im Laufe der Zeit in der Gestaltung der Zukunft des Unternehmens immer wieder die wichtigste Betrachtung gewesen: Wie steht die

Unternehmung gerade da und was ist es, was ich geben kann, das zur Weiterentwicklung der Unternehmung einen Beitrag leistet? Dabei mich als Beobachter zu sehen, die Marktentwicklung zu betrachten und dabei auch das eigene Wirken zu schätzen. Sehr früh habe ich beispielsweise für mich entschieden, dass das Sägewerksgeschäft keines ist, womit ich mein eigenes Wirken verbinde. So trat mit meiner Übernahme des Familienbetriebs in der 4. Generation mit mir erstmals ein familienneutraler Geschäftsführer in das operative Geschäft des Sägewerks mit ein. Das ist sicherlich eine Besonderheit unserer Nachfolgegeschichte.

Familiäre Wurzeln weitertragen: Das ist im Augenblick die Phase meines Lebens, die auch das unternehmerische Dasein prägt. Als Mutter gemeinsam mit meinem Partner und Vater der Kinder diese zu begleiten, ist die wohl wichtigste Verantwortung meines menschlichen Daseins. Und die Verantwortung, meine Kraft und Ausdauer zwischen Unternehmensgestaltung und Familiengestaltung sinnvoll zu balancieren und die grundlegenden Werte für das Leben mit meinem eigenen Handeln vorzuleben. Ich habe mich vor einiger Zeit für eine neue Vision entschieden, diese mit der Grundlage der familiären Ressourcen in Form der Flächen des Unternehmens umzusetzen. Dabei gilt für mich die Prämisse, langfristige Lösungen zu entwickeln, mir dafür den Raum und die Zeit zu nehmen, dafür zunächst weniger Wachstum zu generieren, also mehr Langsamkeit, aus der später eine neue Schnelligkeit erwächst. Das heißt für mich, die Flächen des Unternehmens regenerativ weiterzuentwickeln und das Konzept in weitere Länder dieser Welt zu tragen.

Meine Verantwortung als Familienunternehmerin sehe ich darin, die menschliche Entwicklung mit unserem Unternehmen positiv zu beeinflussen. Mit der Politik, dass natürliche Ressourcen günstig ins Ausland verkauft werden, ist es nur unter großer Anstrengung möglich, den Mitarbeitern einen attraktiven Arbeitsplatz zu bieten. So bin ich und mein Co-Geschäftsführer in den letzten Jahren von einer sehr spitzen Führung in eine gleichwertige Führung gekommen. Die Beziehungen, Verletzlichkeit und Menschlichkeit in der Unternehmung stehen mehr im Vordergrund und der Gestaltungsrahmen und die Flexibilität in der Art der Arbeit des Einzelnen nehmen zu. Seit mehr als vier Jahren schließen wir den natürlichen Kreislauf in unserem Sägewerk. Unser Familienunternehmen ist ein sehr gutes Beispiel dafür, wie der Wandel und die Transformation in den Generationen auch das Geschäftsmodell maßgeblich über die Zeit beeinflusst. Heute erweitert sich das Portfolio unseres Geschäfts vom Sägen und Trocknen von Schnittholz um Energiegewinnung und regenerativer Nutzung der Flächen für Familien. An der Veränderung der Nutzung unserer Flächen des Unternehmens ist sichtbar, dass eine enorme Transformation über die letzten Jahre stattgefunden hat. Wir gehen in eine neue Zeitqualität und davon bleibt auch das Unternehmen nicht unberührt. Der ewige Kreis des Lebens macht sich hier bemerkbar.

Es ist und war in der Übernahme der Gesellschaften sehr essenziell und wichtig, dass ich mich eingehend mit der Familienhistorie auseinandergesetzt und ein Bewusstsein für die Entwicklungen im Unternehmen und in der Familie entwickelt habe. Es ist ein Geschenk, unternehmerisches Denken mit der Familie teilen zu können und gleichzeitig ist es wahrscheinlich die größte Herausforderung, etwas zu verändern und neu zu machen, da ein gewisses Verständnis und gemeinsame Historie vorhanden und der Freiraum und die Vorstellungskraft für Neues dann nicht immer gegeben sind. So habe ich mich gelöst von dem, was war und die Geschichte für mich neu geschrieben, dass auch in mir und nach außen Neues entstehen kann. Das war rückblickend mein Anspruch und ist bis heute eine große innere Motivation, die Gesellschaften, Produkte und Angebote so weiterzuentwickeln, dass sie zu mir authentisch passen und die Menschen um mich herum zu suchen und zu finden, die gemeinsam mit mir gestalten. So sage ich aus Erfahrung, dass Familienunternehmen ein wunderbares Geschenk sind und viel Potenzial tragen, karmische Familienstrukturen zu erkennen und zu transformieren. Dabei ist es sicher so, dass es viel Energie zur Veränderung auch im Unternehmen freisetzt, und in der Beziehung zu meinen Eltern, Geschwistern und eigenen Kindern.

Ich spüre, dass sich nach sieben Jahren meiner Übernahme ein großer Kreis in der Familie und im Unternehmen schließt. Ich bin als Mensch in meiner Ich-Kraft enorm gefragt, das, was ich mir vorstelle, mit viel Ausdauer und Liebe in die Realität zu transformieren und mein Lebenswerk zu erschaffen. Ja, es ist möglich, durch viel Durchhaltevermögen und einem ständigen Dialog in Familie und Unternehmen die eigene Bestimmung zu leben und das, was aufgebaut wurde, in Dankbarkeit zu übernehmen und in dem Maße zu bewahren und zu verändern, dass es zu mir selbst als Übernehmerin und zum Geist der Zeit passt.

Ich lernte im Rahmen der Übernahme mir selbst treu zu bleiben. Das bedeutet auch über viele Jahre in eine Transformation mit mir, der Familie, den Mitarbeitern und dem Unternehmen als Ganzes zu gehen.

Gleichwohl für was du dich im Leben entscheidest, das Rad des Lebens bleibt nicht stehen. Familienunternehmen, mit ihrem Zentrum der Familie und dem unternehmerischen, verantwortungsbewussten Handeln, sind das Rückgrat unserer Gesellschaft und prägen in essenziellem Ausmaß mit den Angeboten, der Kultur und dem Ansatz des Wirtschaftens das Leben in unserer Gesellschaft.

CHARLOTTE OTTE

Geschäftsführerin vom Obsthof Otte

Welche Fragen hast du dir gestellt, um über die Nachfolge zu entscheiden?
Die entscheidende Frage war für mich: Will ich das wirklich? Ich war mir darüber im Klaren, dass das eine herausfordernde Aufgabe sein würde und wusste, dass ich zu 100 Prozent dahinterstehen müsste: Love it or leave it.

Was hat dich daran fasziniert, Nachfolgerin zu werden?
Ich empfinde die Möglichkeiten, die sich mir mit der Übernahme bieten, als große Chance, die Obstfamilientradition fortzuführen und meine eigene Vision zu gestalten.

Wenn du keine Nachfolgerin geworden wärst – welchen Beruf hättest du dann heute?
Da ich vorher bereits in verschiedensten Projekten zwischen Kunst, Kultur, Politik und Marketing gearbeitet habe, wäre ich sicher auch weiterhin in diesen Bereichen aktiv geblieben. Vielleicht schließt sich in Zukunft der Kreis auch mit dem Antritt der Nachfolge wieder.

Was fandest du vor der Übernahme am Unternehmen gut, was wolltest du unbedingt ändern?
Als Unternehmerin bieten sich viele Freiheiten, Ideen und Projekte so umzusetzen, wie man es sich selbst vorstellt – zumindest mehr als im Rahmen von Auftragsarbeiten oder Angestelltenverhältnissen. Mir ist es besonders wichtig, die Unternehmenskultur mit den vielen tollen Persönlichkeiten, die sie zu dem machen, was sie ist, gemeinsam zu leben und weiterzuentwickeln. Die vielen neuen Ideen und Projekte sind dann am erfolgversprechendsten, wenn das Bewährte und das Innovative ineinandergreifen.

Was hat dich darauf vorbereitet, Nachfolgerin zu werden?
Wahrscheinlich bereite ich mich, ohne es genau zu wissen, seit dem ersten Tag meines Lebens auf diesem Obsthof darauf vor. Konkreter waren es jedoch die ungefähr fünf Jahre von der Entscheidung bis zum Einstieg in die Leitung des Unternehmens. In dieser Zeit habe ich sowohl meine inhaltlich-fachlichen Kenntnisse durch ein weiteres Studium der Gartenbauwissenschaften vertieft als auch meine Vision von Management und Leadership weiterentwickelt.

DER APFEL FÄLLT NICHT WEIT VOM STAMM

Na klar habe ich gespürt, wie die Kraft der Wurzeln an der Entscheidung gezogen hat: Bilder in Kopf und Herz, wie meine Großeltern mit ihren eigenen Händen die ersten Apfelbäume gepflanzt haben, nachdem sie aus den Gebieten der ehemaligen DDR und nach dem 2. Weltkrieg mit nichts außer eiserner Willenskraft, Disziplin und Durchhaltevermögen im Westen einen neuen Anfang gesucht haben. Meine Urgroßeltern, die 1920 als Obstbaupioniere mit die ersten in Deutschland waren, die Obstplantagen angelegt haben. Meine Eltern, die Jahrzehnte ihre ganze Kraft in die Entwicklung ihres Lebenswerks gesteckt haben. Die Liebe zu den Pflanzen, das Gespür, die Erkenntnisse und Erfahrungen, die nun schon seit drei Generationen von Vater an Sohn weitergegeben wurden, ließen bisher keinen Zweifel zu: Der Apfel fällt nicht weit vom Stamm. Das ist ein Erbe, das verbindet. Diese Verbindung zu meinen Wurzeln zu spüren war eine starke Triebfeder, aber die Entscheidung für die Nachfolge durfte für mich nicht allein auf reiner Verpflichtung gegenüber Tradition und Familie basieren.

Nachdem ich mich in meinem Studium mit Soziologie, Politik, Medien, Kultur und Kunst beschäftigt und im Event- und Marketingbereich gearbeitet hatte, war es nicht sonderlich naheliegend, von heute auf morgen als Obstbauexpertin anzutreten. Nur weil man auf einem Obsthof aufgewachsen ist, sind die umfassenden Fachkenntnisse, die es im professionellen Obstbau braucht, leider nicht naturgegeben. Doch als mein Bruder mir sagte, dass er nicht mehr vorhatte, die Unternehmensnachfolge anzutreten, musste ich eine wichtige Entscheidung treffen: Möchte ich den Obsthof unserer Eltern übernehmen? Ich nahm mir Zeit, gründlich darüber nachzudenken, meine Vision zu entwickeln und schließlich eine, vielmehr meine, Entscheidung zu treffen: Ich will das machen.

Schnell wurde uns klar, dass der Nachfolgeprozess eine richtige Aufgabe ist, die viel Aufmerksamkeit, Zeit, Geduld, Verständnis und Großzügigkeit auf allen Seiten erfordert. Heute kann ich sagen, dass wir über mehrere Jahre eine riesige Herausforderung gemeistert haben: Der Generationswechsel ist geschafft und unsere Familie ist noch viel stärker zusammengewachsen. Wir wissen nun umso mehr, dass wir uns immer und um jeden Preis aufeinander verlassen können, komme, was wolle. Vielleicht und gerade, weil es auch Situationen gab, in denen nicht sicher war, ob es weitergehen würde.

Unternehmen und Familien folgen einer jeweils unterschiedlichen Logik und basieren auf vollkommen entgegengesetzten Währungssystemen: Geld und Liebe. Wir haben es in Familiensystemen also mit einer Paradoxie zu tun, die gegensätzlicher kaum sein könnte und dementsprechend die Ausgangssituation für Konflikte par excellence darstellt.

Jede Familie hat ihre eigenen Geschichten und Rollenbilder, die sich in die unternehmerischen Bereiche einschleichen. Eine vollständige Trennung zwischen Familie und Unternehmen ist wohl eher utopisch. Es ist absolut hilfreich, die verschiedenen Rollen Unternehmer:in, Vater, Tochter, Sohn, Nachfolger:in, Mutter etc. zu reflektieren, Muster zu erkennen und bewusste Grenzen zu ziehen, allerdings ist kein Idealzustand erreichbar. Schließlich vereinen wir als Mensch all diese Rollen in uns und müssen täglich neu abwägen, ob in dem Prozess familiären oder unternehmerischen Themen vorrangig Aufmerksamkeit geschenkt wird. Prozess ist dabei ein wichtiges Stichwort: Es braucht Geduld und das Verständnis dafür, den anderen Prozessbeteiligten ihren Raum und sie die Dinge in ihrem individuellen Tempo entwickeln zu lassen.

Der Zauberschlüssel: Kommunikation. Als wir an einem Punkt das Gefühl hatten, uns in kommunikativem Unverständnis verfangen zu haben, suchten wir uns Unterstützung. Das Coaching hat uns einen gemeinsamen Rahmen gegeben, uns bewusst Zeit und Raum zu nehmen, uns vollständig auf die Themen des Nachfolgeprozesses zu konzentrieren und auf einer Metaebene zu reflektieren.

Mindestens zwei fundamentale Prozesse im Leben von, in unserem Fall drei, Menschen geschehen: Zwei Personen geben ihr Lebenswerk ab, ihr Baby, um das sich 30 Jahre lang all ihr Denken und Tun gedreht hat. Sie setzen sich mit dem Altern, dem Abgeben, dem Ruhestand und dem Abschied auseinander. Eine andere Person ist dabei, sich darauf vorzubereiten, eine große Verantwortung zu übernehmen, viel Unbekanntes anzugehen, mit verschiedensten Unsicherheiten konfrontiert, ihren Platz zu finden, die Zukunft zu gestalten. Beide – Eltern und Tochter – haben das noch nie gemacht.

Die verschiedenen Argumentationen basierend auf verschiedenen Positionen, Perspektiven, Interessen und Rollen, die ein jeder in so einem Generationswechsel einnimmt, scheinen manchmal unauflösbar. Sind sie eigentlich auch. Die Kunst liegt darin, diese Paradoxie als gewisse Normalität zu akzeptieren, um mit ihr umgehen zu können. Unser Erfolgsrezept: Wir hatten uns ein gemeinsames Ziel gesetzt, darin waren wir uns einig. Den Weg dahin würden wir schon finden.

Die Notwendigkeit, uns auf das Geschäftliche zu fokussieren, hat uns geeint: Die Herausforderungen, die sich mit dem Kriegsausbruch in der Ukraine zu Beginn des Jahres 2022, mit der einsetzenden Energiepreiskrise, der Inflation in Kombination mit Lohnsteigerungen von fast 25 Prozent in gut eineinhalb Jahren, stellten, überstiegen die des Generationswechsels bei Weitem. Viele Branchen haben aktuell vielfältigste Herausforderungen zu meistern, unsere gehört dazu. Vor allem Perspektiven in diesen „wilden Gewässern" zu entwickeln, während einerseits Nachhaltigkeit und in diesem Kontext auch regional erzeugte Lebensmittel das Thema unserer Zeit sind und andererseits landwirtschaftliche Produktion mit großem Handarbeitsanteil, wie bei uns im Obstbau, zunehmend ins Ausland abwandert. Nachfolge erfordert eben nicht nur hohe Motivation, sondern auch eine stabile wirtschaftliche Basis für Zukunftsperspektiven.

Zumindest die politischen Rahmenbedingungen, die bestimmbar sind, sollten dazu beitragen, dass junge Menschen auch in Zukunft noch die Motivation entwickeln, Unternehmen zu führen. Dabei sollte das Ziel immer sein, dass sowohl die Wettbewerbsfähigkeit als auch die ökologischen und sozialen Ansprüche an die Produktionsbedingungen in den Blick genommen werden. Warum findet fast die Hälfte der Unternehmer:innen keine Nachfolge für ihre Unternehmen?

Sicher, es mag viele, auch individuelle Gründe dafür geben. Aber ein wirklich gewichtiger Punkt ist, dass wir zunehmend eine Atmosphäre der Verhinderung und unüberwindbarer Problematiken spüren. Wir werden zunehmend mit Konsequenzen des Klimawandels konfrontiert. In der Landwirtschaft und speziell im Obstbau nehmen die Auswirkungen spürbar zu. Unsere digitale, vernetzte, globalisierte Welt gibt ein rasantes Tempo vor. Für viele digitale Bereiche sind noch keine Gesetze ausgearbeitet oder sinnvolle Regelungsmechanismen im Kontext globaler Megakonzern-Strukturen entwickelt.

Anstatt die Energie vieler junger Unternehmer:innen zu nutzen, nachhaltige, innovative Ansätze zu fördern, stoßen wir auf Bürokratie, veraltete Paragrafen, die wie Handlungskorsetts wirken. Und in der Vergangenheit wurde es versäumt, bestimmte Maßnahmen zu ergreifen. Jegliches Engagement, Neues zu erschaffen, wird so schon im Keim erstickt und wertvolle Ressourcen werden für Zukunftsentwicklungen gebunden. Dabei brauchen wir neue Konzepte – dringend und schnell.

Dazu gehört auch eine Überwindung der etablierten politischen Denkmuster. Es geht nicht um neoliberal geclusterte Auffassungen von Wirtschaftsliberalität. Vielmehr müssen kleinen, mittelständischen und großen Unternehmen Handlungs- und Gestaltungsspielräume geboten werden, Perspektiven zu gestalten, die fundamental für unsere gesellschaftspolitische und wirtschaftliche Entwicklung sind. Es ist höchste Zeit, das große Ganze in den Blick zu nehmen und innovative Energien zur Zukunftsgestaltung an den Start zu lassen – übrigens auch und insbesondere die weiblichen Energien.

Das könnte auch ein Schlüssel für viele Unternehmer:innen sein, die bisher keinen Nachfolger oder keine Nachfolgerin gefunden haben. In Familien mit ausschließlich weiblichen Nachkommen treten deutlich häufiger als früher eben diese Frauen als Nachfolgerinnen an. Würden Unternehmer:innen bei der „Ausbildung" ihrer Nachfolge häufiger ihre Töchter in den Blick nehmen, könnte die Erfolgsquote deutlich steigen.

Wir leben in einer Zeitenwende. Zeit ist nie statisch und vieles befindet sich im Wandel: Fundamentale Veränderungen stellen die Bedingungen und damit unsere gewohnten Realitäten infrage. Innerhalb von kürzester Zeit müssen lang bewährte Geschäftsmodelle überdacht und womöglich neu aufgestellt werden. Pessimistische Prognosen haben schon lange dunkle Wolken am Horizont aufziehen lassen, nun haben sie sich durch die verschärften wirtschaftlichen Bedingungen wie ein Turbo-Booster in raue Realitäten verwandelt. Vielleicht ist es möglich, diesen Turbo-Booster für die Realisierung neuer Ideen und Ansätze zu nutzen. Ich wage zu bezweifeln, dass einer Nachfolgerin oder einem Nachfolger „das haben wir aber schon immer so gemacht" erspart bleibt. Gewohnheiten, die sich in 30 Jahren gefestigt haben, schlagartig zu durchbrechen, ist allerdings auch nicht zielführend. Wenn jedoch für alle spürbar der Wind schärfer weht, sollte es gelingen, ein Team zu formen und gemeinsam alles daran zu setzen, die Situation zu meistern, denn dann entsteht eine unglaubliche Energie und Dynamik. Neue Ansätze, Ideen und vielleicht auch eine Spur female leadership können mit dieser Energie womöglich einen dynamischen Changeprozess entfachen, der selbst dreißigjährigen, tief verwurzelten Bäumen neue Triebe sprießen lässt.

HEIKE EBERLE

Dipl.-Betriebswirtin, Geschäftsführende Gesellschafterin von Eberle Bau

Was hat dich daran fasziniert, Nachfolgerin zu werden?

Ich bin geschäftsführende Gesellschafterin und habe 2015 als erste weibliche Nachfolgerin den Baubetrieb in der dritten Generation übernommen. Als sensible Frau in der Männerwelt ihren „Mann" zu stehen und als Pionierin voranzugehen, faszinierte mich schon immer.

Bereits in der Abiturklasse war ich das einzige Mädchen mit dem Leistungsfach Mathematik. Dieser Faden wob sich weiter, als ich in unsere Baufirma einstieg. Ich war und blieb die einzige Frau in der männerdominanten Welt. Während ich mich früher der Männerwelt anpasste, bringe ich heute meine weiblichen Anteile nutzbringend für alle Beteiligten ein. Intuition, Kreativität und Empathie dürfen meines Erachtens auch in der Baubranche nicht zu kurz kommen. Ja, mit diesen weiblichen Qualitäten darf die Branche revolutioniert und „weicher" werden. Dadurch, dass ich meine männlichen und weiblichen Qualitäten gleichermaßen einbringe, stärke ich meine Mitte und meine Kraft, sodass die Führung des Baubetriebes entspannter gelingt.

Was hat dich darauf vorbereitet, Nachfolgerin zu werden?
Auf meinem Weg musste ich mich in der Männerwelt durchsetzen lernen, hierbei half mir meine Weiterbildung als Kommunikationstrainerin. Ebenso half mir 2019 die Weiterbildung als Feng-Shui-Beraterin, Wohlfühlräume zu schaffen und zu gestalten. Aber auch zu verstehen, wie eine Unternehmensnachfolge durch die Ausrichtung, Anordnung, Farbgestaltung des Arbeitsplatzes gefördert sowie gestärkt werden kann.

Welches Wissen, das du nun hast, hättest du gerne bereits vor der Nachfolge gehabt?
Auch wenn sich meine Nachfolge steinig anfühlte, präge ich mit meinem Vorangehen den aktuellen Zeitgeist und trage dazu bei, dass die Frau im Bauhandwerk zum Selbstverständnis wird und das „hemdsärmelige" Geschäft feinere Antennen bekommt. Die grobstoffliche und die feinstoffliche Welt kommen zusammen.

Auch wenn sich meine Nachfolge holprig anfühlte, weiß ich heute um die energetischen Möglichkeiten, den Übergabeprozess leichter und flüssiger zu gestalten. Dieses unbewusste Wissen hätte mich vor einigen Wachstumsschmerzen bewahrt.

Die krisenbedingten Anhaftungen der schwierigen Baujahre und das Mindset meiner zwei Vorgänger mit allen Bewertungen und Ansichten wirkten stark auf das Feld meiner Übergabe. Heute weiß ich, dass diese unsichtbaren Energien gedreht werden können, damit alle Beteiligten ein leichteres Standing bekommen. Dieses Wissen darf ich jetzt als Vorbildunternehmerin weitergeben und in die Welt tragen.

Was ist deiner Meinung nach das Schwierigste bei der Nachfolge?
Die Nachfolge ist hochkomplex, gerade in Familienunternehmen, da betriebliche und persönliche Belange miteinander verstrickt sind. Was in den Köpfen der abgebenden und übernehmenden Generation vorgeht, wird manchmal verschwiegen und gelangt nicht auf den Tisch. Unausgesprochene Worte können den Übernahmeprozess ungemein blockieren. Ein neutraler Moderator mit empathischem Fingerspitzengefühl vermag die unausgesprochenen Spannungen erkennen und zur

Aussprache anregen. Das befreit und macht den Weg frei für eine gelungene Nachfolge zum Wohle der gesamten Bau- und Volkswirtschaft.

DIE FÜNF PHASEN MEINER UNTERNEHMENSNACHFOLGE

Die Nachfolge beginnt bei einigen mit dem Erblicken dieser Welt, mit der Geburt. Als Stammhalter wird immer noch dem Sohn, der noch kaum seine Meinung kundtun, geschweige denn laufen kann, das Unternehmerimperium anvertraut. Ob er fähig ist, ob er dafür eine Leidenschaft entwickelt, ob er in das Unternehmensmilieu passt – all das ist erst mal zweitrangig. An erster Stelle steht sein Geschlecht. Denn schließlich sind Söhne passgenau für die Unternehmensnachfolge gemacht. Dass es noch ein Mädchen in der zweiten Reihe gibt, wird übersehen. So ist es nicht verwunderlich, dass Frauen in Führungs-, Leitungs- oder Nachfolgepositionen nicht gesehen und sogar übergangen werden. So war auch ich die 2. Wahl. Mein Bruder war der designierte Nachfolger. An Frauen in der ersten Reihe wagte damals keiner zu denken.

Jung und ungezähmt – die 1. Phase der Nachfolge

Mit Anfang 30 wechselte ich in die Baufirma meines Vaters. Damals war der Beginn meiner Tätigkeit als Angestellte zäh. Widerstände an allen Fronten. „Was will diese junge, zierliche Person bloß in unserer Firma?" In der Baubranche wurde gegen mich gemauert. Meine Aufgabe sah ich darin, neuen Schwung in die Firma zu bringen. Neue EDV, neues Baustellen-Management-System, neue Sichtbarkeit und Positionierung im Außen. Ich rüttelte alte Strukturen auf und ebnete neue Wege. Solange ich keine Widersacher im Weg hatte, ging alles gut und glatt. Doch sobald ich mich an technische Schnittstellen wagte, wurde es gefährlich und ich sah mich gebrandmarkt. Ein einschneidendes Erlebnis waren damals meine eingeführten Polierbesprechungen. Eine dieser Besprechungen war die Einführung von Akkordlohn. Ich tastete mich vorsichtig an das Thema heran. Doch ich wurde durch den Kakao gezogen, keine Unterstützer weit und breit. Ich stand ganz alleine auf meiner Insel und trocknete aus.

Obwohl ich dieses Gefühl der Ablehnung hatte, machte ich weiter. Ich hätte Grund genug gehabt, dieses System von alteingefahrenem

Denken „das haben wir schon immer so gemacht“ zu verlassen. Mir eine schönere Zukunft vorstellen können. Doch ich blieb. Ich lernte gegen massive Widerstände anzutreten und die Baumenschen noch besser kennen, was mir bei der Geschäftsführung heute zum Vorteile ist.

„Bin ich gut genug?“, dieser Zweifel beschäftigte mich jahrelang in der Frage der Nachfolge. Ich zweifelte sehr an meiner Führungskompetenz, an meinen technischen Fähigkeiten, sodass ich viele Jahre kein eindeutiges Ja zur Firmenübernahme verspürte. So suchte ich in Persönlichkeitsseminaren die Antwort auf meine Fragen: Soll ich die Firma übernehmen? Schaffe ich es, unsere Mitarbeiter über die Runden zu bekommen? Wird alles gutgehen?

Ich hatte die Erfahrungen meiner Altvorderen mitbekommen, ihren Kampf mit der Auftragslage, ihren Kampf mit unterschiedlichen Baukrisen, die Öffnung der europäischen Grenzen, die den Baumarkt schwieriger machten, den Verfall der durchsetzbaren Baupreise – all diese negativen Anhaftungen machten meine Entscheidung nicht leichter.

Die Suche nach der Selbstwert-Nadel – die 2. Phase der Nachfolge

Dieses Imposter-Syndrom begleitet viele Frauen und es wird endlich Zeit, dass wir kollektiv diesen Selbstwert-Dämon endgültig austreiben.

Mein Weg zur Stärkung des Selbstwertes und Anerkennung meiner Stärken, Potenziale und Gaben war der Anschluss an Netzwerke wie die Initiative „Frauen unternehmen“, „Nachfolge ist weiblich“ und ein Nachfolgecoaching mit dem Ziel zu erkennen, dass ich befähigt bin, eine Baufirma zu führen. Es ist schon verrückt, dass ich im Außen suchte, obwohl der Weg zu mir selbst viel kürzer gewesen wäre.

Diese Phase der mentalen Vorbereitung auf eine mögliche Nachfolge war mit achterbahnartigen Gefühlsschwankungen verbunden, die fast zum Ausstieg führten, wenn ich es nicht geschafft hätte, ein Bündel eingehämmerter Glaubenssätze loszulassen. Dies war mitunter möglich, als ich in einer geführten Meditation meinem Großvater begegnete, der mir ausdrücklich seinen Segen und seine Erlaubnis mitgab.

Der Notarvertrag – die 3. Phase der Nachfolge

Die innere Bereitschaft öffnete sich fortan wie eine Blüte, die sich dem Wind und Wetter aussetzte. Die innere Stimme sagte Ja zu der Firmenübernahme. Jetzt mussten die äußeren Rahmenbedingungen folgen. Ich musste meine Familie in mein Boot holen, die steuerlichen und vertraglichen Rahmenfaktoren klären. Ein Mammutprogramm.

Meinen Vater zu überzeugen war die härteste Nuss. Er konnte nicht loslassen und nickte unter der Abredung ein, dass alles beim Alten blieb. Dass genau dieses Abkommen eine energetische Blockade verursachte, erkannte ich erst später.

Die erbschaftssteuerlichen Voraussetzungen fügten sich dann auch noch, sodass die Firmenübernahme notariell besiegelt werden konnte.

Vor der amtlichen Beurkundung, die in unserem Betriebsurlaub lag, war die vertragliche und steuerliche Komponente nochmals ein hochkonzentrierter Kraftakt, der meine gesamten Energiereserven aufzehrte. Und so saßen meine Familie und ich an einem schwülheißen Sommertag im Wartezimmer des Notars und mir gingen die vielen Jahren der inneren Kämpfe, die vielen Gespräche mit Steuerberater und Vertrauten durch den Kopf, als wir schließlich zur Unterschriftszeichnung aufgerufen wurden. Für mich war dieser Moment eine Erleichterung: Endlich wurde das Firmenerbe gesichert und in die nächste Generation überführt. Das war längst überfällig: Das Zaudern und Zweifeln wurde besiegelt.

Ich war mutig, ich sprang in eine undefinierte Zukunft. Ich wusste nicht, ob es gutgeht oder nicht. Und doch war da immer noch ein Bauchgrummeln.

Mit der notariellen Besiegelung unseres Eigentümerwechsels änderte sich gar nichts in unserer Firma. Es fühlte sich an wie ein Eisklumpen, der jetzt zu mir gehörte. Junior-Chefin war ich seit Eintritt in die Firma. Der Aufstieg zur Chefin blieb aus, äußerlich wie innerlich. Nur, weil ich jetzt auf dem Papier die Gesamtverantwortung für den Laden hatte, hieß das noch lange nicht, dass ich mich als Chefin des Ladens sah und fühlte. Noch immer mischte mein Vater im Tagesgeschäft mit und ich fühlte mich unter seiner Anwesenheit klein. Doch ein Loslassen seinerseits kam für mich nicht infrage. Zu sehr war seine technische Kompetenz ein wertvoller Beitrag für mich und unseren Betrieb.

Die Übernahme ging sang- und klanglos über die Bühne – so wie die ganze Familie tickte. Bescheiden und unauffällig. Kein würdevoller Feierakt. Kein Schreiben an wichtige Kund:innen und Lieferanten. Es sollte so weitergehen, wie es war. Doch diese Haltung zerstört die Entfaltungsenergie einer Übernahme. Ähnlich einer Eheschließung, die unter Ausschluss der Öffentlichkeit ohne Familie und ohne feierliche Würdigung begangen wird.

Die unauffällige Übernahme, das stillschweigende Vorgehen und Handeln hatte ich somit in meiner Haltung mit übernommen. Für mich war es damals im Jahre 2015 absolut normal, nach dem Notartermin zur Tagesordnung überzugehen und an der „Front" weiterzukämpfen. Erst als ich später mit dem reflektierenden Blick auf das Geschehen draufschaute, wurde mir, auch über mein später erworbenes Feng- Shui-Wissen klar, dass neben den vertraglichen Regelungen auch eine emotionale, psychologische und energetische Komponente mitschwingt, die zwar unsichtbar ist, aber trotzdem einen entscheidenden Einfluss auf das Geschehen nimmt.

Der Gesundheits-Crash – die 4. Phase der Nachfolge

Zwei Jahre später gab es die versäumte Feier in Verbindung mit unserer 70-jährigen Unternehmergeschichte, der 50-jährigen Betriebszugehörigkeit eines wichtigen Mitarbeiters mit Schlüsselrolle und meines 50-jährigen Geburtstages.

Nun komme ich aber wieder zurück auf die unmittelbare Zeit nach der Übernahme. Das Tagesgeschäft rief, tausend To-dos am Tag, Kosten-

und Termindruck waren die täglichen Begleitparameter. Ein Geschäft, vergleichbar mit einer Börse, mit stündlich neu hereinkommenden Meldungen, die eine Entscheidung erforderten.

Die Kunden änderten sich, das Geschäftsfeld änderte sich. Frauen nahmen zunehmend das Umbauprojekt in die Hand. Ein Generationswechsel in der Bauleitung kündigte sich an.

Ich spürte, meine körperlichen Ressourcen waren nicht unerschöpflich. Die ersten Körpersymptome machten sich bemerkbar: Tinnitus, Schwindel und nächtliches Zähneknirschen. Ich übergang diese Symptome, nahm sie zwar wahr, aber sie störten meinen Lebens- und Aktivitätsplan so sehr, dass ich mir die überfällige Regenerationspause nicht erlaubte, sondern weiter marschierte und funktionierte. Dies ging noch ein Jahr gut. Dann kam der große Einsturz. In einem Kurzurlaub im Allgäu brach ich komplett zusammen, mein System meldete Hochalarm. In einer Nachtfahrt wurde ich unter Sirenen ins Krankenhaus eingeliefert. Es ging nichts mehr. Mein Körper verweigerte jegliche Funktionen. Zurück im Heimatort konsultierte ich weitere Ärzte, weil sich mein Zustand nicht bessern wollte. Nicht nur ein Burn-out, sondern auch eine Autoimmunerkrankung füllten meinen Lebensrucksack.

Dieser Schicksalsschlag ließ mich mit der Firmenübernahme nochmals hadern. Die Entscheidungsambivalenz schien sich fortzusetzen. War es klug, die Firma zu übernehmen? Ich konnte keinen inneren Frieden finden. Ich war in einem Schaltkreis der Selbstsabotage gefangen.

In dieser Zeit gab es unverhoffte Helfer, die mich mental unterstützten, um mein eigenes Fundament und das der Firma zu stärken.

Gesund werden und ankommen – die 5. Phase der Nachfolge

Trotz persönlicher Krise, trotz Rückschlägen in den Mitarbeiterreihen und Abwanderungen schrumpfte sich unsere Firma gesund. Zu einer Baumanufaktur mit wenigen Mitarbeitenden. Wir stiegen aus dem massiven Termin- und Kostendruck aus.

Mit dieser Firmenstruktur, die sich über viele Jahre ihren Weg suchte, bin ich in meiner Unternehmensmitte angekommen und fühle mich jetzt als Chefin einer kraftvollen Unternehmensgeschichte, die mit meiner ureigenen Geschichte gekoppelt ist. Und das Wichtigste zum Schluss: Ich bereue es nicht, die Firmennachfolge angetreten zu haben und bin stolz, Teil unserer Baugeschichte zu sein.

© deutschmann

NICOLE JASMIN KASSEL

Owner und CEO der Werhausen & Kassel GmbH sowie Initiatorin der Mission Nachfolge

Welche Fragen hast du dir gestellt, um über die Nachfolge zu entscheiden?

Die Frage, ob ich in das Unternehmen meines Vaters einsteige und damit auch die Nachfolge einläute, habe ich mir mehr als ein Mal gestellt. Denn es war lange Zeit gar keine Option bzw. kein Gesprächsthema, ob ich im Unternehmen meines Vaters arbeite. Das hatte sich erst nach meinem ersten Job in Köln entwickelt, das Wort Nachfolge hat mein Vater dabei allerdings nie in den Mund genommen. Mir war aber natürlich klar, wenn ich in seiner Company arbeite, dann will ich auch irgendwann an die Spitze! Von daher war mir die Tragweite dieser Entscheidung sehr deutlich bewusst.

Vor allem haben mich zwei Fragen umgetrieben:
„Kann ich das überhaupt?“ und
„Was, wenn ich scheitere oder ich mich doch dagegen entscheide, ist der ‚klassische Karriereweg‘ dann für mich vorbei?“

Vor beidem hatte ich große Angst, vor dem Scheitern und auch einer möglicherweise später einsetzenden Erkenntnis, dass das am Ende nicht mein Weg sein könnte.

Welches Wissen, das du nun hast, hättest du gerne bereits vor der Nachfolge gehabt?
Das Wissen um die Komplexität der Themen rund um die Führung eines Unternehmens. All die Aufgaben abseits der fachlichen Themen. Es gehört so viel dazu, ein Unternehmen zu führen, und die Transformation von einer Generation in die nächste erfordert noch mal ein ganz anderes Skillset. Wären mir diese Herausforderungen vorher bewusster gewesen, hätte ich mich unter Umständen noch mal anders auf gewisse Situationen vorbereiten können. Angefangen bei Themen wie Buchhaltung und Steuern über Vertrieb bis hin zu der Fähigkeit, sich und andere zu führen: Die Komplexität der Rolle der Unternehmerin ist enorm. So habe ich beispielsweise später im Nachfolgeprozess noch eine Coachingausbildung absolviert, um damit meine Kommunikations- und Führungskompetenzen zu verbessern und auch mit den schwierigeren und konfliktbehafteteren Situationen besser umgehen zu können.

Rückblickend hätte ich gerne dieses Wissen früher gehabt, das hätte unseren Nachfolgeprozess sicher noch mal anders gestaltet.

Was ist deiner Meinung nach das Schwierigste bei der Nachfolge?
Als das Schwierigste empfand ich, all die Herausforderungen in Balance zu bringen. Man muss sich selbst entwickeln und seine eigene Rolle finden. Das alleine ist ein spannender und herausfordernder Prozess. Gleichzeitig muss man die fachlichen Fähigkeiten, die es braucht, erlernen. Dann gilt es, sich die Rolle als zukünftige Chefin im Unternehmen zu erarbeiten. Dabei ist es entscheidend, der übergebenden Generation, also in diesem Falle meinem Vater, Wertschätzung entgegenzubringen, die eigenen Ziele zu entwickeln und umzusetzen, während man das Bestehende respektiert. Das ist ein Spagat, der wirklich herausfordernd ist. Auch oder besonders emotional.

Allein das ist eine riesige Herausforderung, deshalb kann ich immer empfehlen, den Prozess begleiten zu lassen, oder sich als Nachfolger:in zumindest eine/n Mentor:in zu holen. Denn es gibt nun mal nicht so viele Nachfolger:innen, mit denen man sich jederzeit austauschen kann. Aus diesem Grund habe ich dann auch gemeinsam mit meinem Mann die

Initiative „Mission Nachfolge“ gegründet, um Nachfolger:innen miteinander zu vernetzen und sie bei den herausfordernden Phasen des Prozesses zu unterstützen. Für uns beide eine echte Herzensangelegenheit.

DIE 3 PHASEN DER NACHFOLGE – VON DER EUPHORIE BIS ZUR VOLLSTÄNDIGEN EMANZIPATION

Nicht nur meine eigene Nachfolge verlief in Phasen. In vielen Gesprächen mit anderen Nachfolgern und Nachfolgerinnen, also den ehrlichen Gesprächen abseits von Panels und Vortragsbühnen, konnte ich immer wieder erfahren, dass der Nachfolgeprozess ein Prozess voller Höhen und Tiefen war. Und je mehr dieser Gespräche ich führte und mit meinen eigenen Erfahrungen verglich, desto deutlicher erkannte ich, dass es ein Muster gibt und sich die 3 Phasen in jeder Nachfolge finden lassen.

Besonders ausgeprägt sind diese sich abwechselnden Phasen meist, wenn es sich um die Nachfolge innerhalb der Familie handelt. Was nicht verwunderlich ist, denn innerhalb der Familie sind noch mal ganz andere Emotionen im Spiel, und man muss die unterschiedlichen Ebenen zwischen privat und Unternehmen managen. Das ist eine Herausforderung, die viel Fingerspitzengefühl und vor allem auch ein hohes Maß an Selbstreflexion – also der Auseinandersetzung mit sich selbst – erfordert.

Mein Weg in die Nachfolge. Ein ganz persönlicher Einblick.

Ich habe am 1.1.2010 als Mitarbeiterin im Beratungsunternehmen meines Vaters angefangen. Da war ich 27 Jahre alt. Zuvor hatte ich BWL an der RWTH Aachen studiert, zwei Jahre lang meine ersten Job- und auch Führungserfahrungen in einem Konzern gemacht. Bei uns war es nicht so, dass klar war, dass ich oder mein Bruder mal im Unternehmen meines Vaters arbeiten würden oder gar sollten. Zu Hause wurde nie über die Arbeit gesprochen, deshalb war mir auch sehr lange gar nicht klar, was mein Vater beruflich macht, geschweige denn war mir bewusst, dass er Unternehmer ist.

Erst als ich mir in meinem Konzernjob langsam die Fragen stellte, wie ich in Zukunft arbeiten und was ich erreichen will, wurde mir bewusst: Ich möchte definitiv etwas aktiv gestalten. Dann begannen Gespräche mit meinem Vater über berufliche Themen. Bevorzugt in einem sehr guten Tapas-Restaurant in Köln. Solche Gespräche hatten wir zuvor nie geführt, und langsam reifte bei mir nicht nur die Erkenntnis, dass das superspannend ist, was mein Vater da macht, sondern auch, dass es die Möglichkeit geben könnte, meine beruflichen Ziele bei ihm, vielleicht sogar irgendwann als seine Nachfolgerin, verwirklichen zu können.

Und so habe ich ihn irgendwann gefragt, ob er sich vorstellen kann, dass ich bei ihm arbeite. Und so war es dann entschieden.

Rückblickend muss ich sagen, dass wir vermutlich nie wirklich offen darüber gesprochen haben, welche Erwartungshaltung wir an den jeweils anderen haben, wie wir uns den Prozess vorstellen. Ich habe einfach am 1.1.2010 angefangen, und von da an entwickelte sich der Weg, während wir ihn gingen. Im Nachhinein glaube ich, dass es für uns gut gewesen wäre, den Prozess begleiten zu lassen, nicht nur über das Business, sondern auch über das Thema Nachfolge zu sprechen. Das hätte vieles erleichtert, besonders weil mein Vater und ich sehr unterschiedliche Arten der Kommunikation hatten. Und auch ein sehr unterschiedliches Bedürfnis nach Klarheit und Harmonie, was sehr häufig in Vater-Tochter-Konstellationen ein erschwerender Aspekt ist.

2019 wurde ich alleinige Geschäftsführerin, 2022 ist mein Vater dann aus dem Unternehmen ausgeschieden. Bis zu diesem Zeitpunkt habe ich die 3 Phasen

- Euphorie,
- kollegiales Miteinander,
- Emanzipation

mit allen Höhen und Tiefen durchlebt und hätte mir an vielen Stellen einen Rat, eine Begleitung gewünscht.

Heute bin ich stolz auf mich, diesen Weg gemeistert zu haben und freue mich, meine Learnings mit den Nachfolgern und Nachfolgerinnen von morgen zu teilen.

Es läuft super! Der typische Ausspruch in Phase 1.

Die erste Phase der Nachfolge bezeichne ich auch gerne als Honeymoon-Phase. Du bist stolz, diesen Weg gehen zu dürfen, stolz, ein hohes Maß an Vertrauen entgegengebracht zu bekommen.

Alles ist neu, du bist erst mal wieder „Lehrling“ und versuchst schnellstmöglich, das Unternehmen mit allen Abläufen kennenzulernen. Du bringst viele neue Ideen von außen mit und kannst dich selbst ausprobieren. Konflikte gibt es eher selten, da sich der/die Nachfolger:in in dieser Phase einfügt in ein bestehendes System und sich noch nichts verändert. Auch wenn du häufig bereits als Nachfolger:in vorgestellt wirst, werden noch keine oder nur kleine Verantwortungsbereiche übertragen, die Führung des Unternehmens liegt noch in der Hand der abgebenden Generation.

In dieser Phase ist die abgebende Generation meistens ebenso euphorisch, hat er/sie nun doch die Perspektive einer echten Unterstützung und späteren Nachfolge.

Sinnvoll wäre es, bereits an dieser Stelle einen gemeinsamen Plan zu machen, in welchem zeitlichen Rahmen und mit welchen Zielen die Nachfolge ablaufen soll. Denn erfahrungsgemäß ist es in dieser ersten Phase einfacher, zeitliche und inhaltliche Ziele, auch das Übergeben der Verantwortung bis hin zum Ausscheiden des Vorgängers bzw. der Vorgängerin, zu besprechen und einen gemeinsamen Weg festzulegen. Wenn diese Dinge zu Beginn nicht angesprochen werden, wird es im Laufe des Prozesses immer schwerer, insbesondere das Thema der wirklichen Übergabe und damit des Ausscheidens anzusprechen.

Gemeinsam nach vorne in der Phase 2.

In dieser Phase ist es nicht selten, dass das Thema Nachfolge nahezu in den Hintergrund rückt und die gemeinsame Arbeit am Unternehmen in der Priorität nach vorne tritt. Umso wichtiger, dass bereits in Phase 1 diese Themen besprochen wurden.

In dieser Phase, die ich gern auch die Arbeitsphase nenne, ist der/die Nachfolger:in zunehmend im Unternehmen integriert und akzeptiert. Beide Generationen arbeiten Hand in Hand, kollegial auf Augenhöhe. Durch diese doppelte Kraft bekommt das Unternehmen häufig einen richtigen Entwicklungsschub, beide Generationen genießen die Zusammenarbeit und das Lernen voneinander. Des Öfteren entstehen Innovationen, die das Unternehmen wachsen lassen oder den Eintritt in neue Märkte ermöglichen.

Der/die Nachfolger:in findet in dieser Phase meist den Bereich, der ihm/ihr besonders liegt. Wenn es keinen Plan gibt, bis wann welche Funktionen vor allem die Unternehmensführung betreffend erlernt bzw. übergeben werden sollen, passiert manchmal Folgendes: Die Zeit wird in dieser Phase nicht zielgerichtet genutzt, um auch die Bereiche zu erlernen, die einem nicht liegen. Das ist dann eine Fehlentwicklung, die später den/die Nachfolger:in vor echte Herausforderungen stellt.

Ich will mehr, ich will mich verwirklichen! Der Übergang in Phase 3 beginnt.

Irgendwann ist er da: Der Punkt, an dem man mehr will und es jetzt einen Schritt weiter gehen sollte. Denn man fühlt sich sicher und hat keine Lust mehr, der/die Junior:in zu sein, keine Lust mehr, ständig im Schatten zu stehen. Weil man selbst nach vorne und selbst die volle Verantwortung haben möchte.

Dieser Punkt kommt manchmal schleichend, manchmal ganz plötzlich. Er verändert die Dynamik zwischen den Generationen meist völlig.

War es eben noch gut und gewollt, dass beide Generationen Hand in Hand nebeneinander arbeiten, will man nun zunehmend, dass die Nachfolge auch langsam faktisch vollzogen wird. Dass der/die Abgebende sich langsam zurückzieht. Dass man nun auch das gesamte Unternehmen führen und selbst entscheiden kann.

Wenn dieser Punkt nicht erkannt, dieser nun beginnende Prozess der wirklichen Emanzipation nicht ausgesprochen, organisiert und im besten Fall begleitet wird, beginnen an diesem Punkt die Konflikte. Und ein schmerzhafter Prozess der Abnabelung, der, wenn er nicht einvernehmlich geschieht, auch für den Abgebenden unglaublich schwierig wird.

Gerade wenn die abgebende Generation nicht loslassen will und dem oder der Nachfolger:in keinen Raum gibt, dann beginnen unschöne Entwicklungen, die nicht selten das Potenzial haben, dass die Nachfolge doch noch scheitert. Und das passiert häufiger, als man denkt. Auch in meinem Fall war das ein herausfordernder Prozess.

Man braucht irgendwann einen klaren Cut, einen Moment, in dem die Nachfolge wirklich vollzogen wird. Nicht über Worte, sondern über Taten.

Erst wenn der/die Nachfolger:in wirklich in der Geschäftsführung angekommen ist, die Anteile übernommen und der bisherige Chef das Unternehmen verlassen hat, dann erst ist die Nachfolge wirklich abgeschlossen.

Mein Learning für die Nachfolger und Nachfolgerinnen von heute und morgen:

Wenn man Nachfolger:innen in den Medien sieht, schaut es immer nach einer einzigen Erfolgsstory aus. Weshalb man meinen könnte, wenn man gerade in einer schwierigen Phase steckt, gerade alles hinschmeißen möchte oder vielleicht einfach nur will, dass der Vorgänger oder die Vorgängerin endlich den Platz frei macht, dass man der oder die Einzige ist, bei dem/der es nicht so easy klappt.

Doch das Gegenteil ist der Fall. Ich glaube, in fast allen Nachfolgefällen gibt es diese schwierigen Phasen. Ja, auch Phasen der echten Verzweiflung, davon hatte ich auch ein paar. Doch es lohnt sich so sehr, etwas Bestehendes fortzuführen und ein Unternehmen in eine neue Generation zu überführen. Es ist anders als eine Gründung, bei der Nachfolge setzt man auf einem bestehenden Fundament auf und kann eine Geschichte weiterschreiben. Das empfinde ich als großes Privileg.

Auch wenn zwischendurch Zweifel aufkommen, bin ich mir sicher: In der Minute, in der du dich ganz zu Anfang für diesen Weg entschieden hast, in der Minute warst du bereit für diese Reise. Lasst euch nicht von diesem wundervollen Weg abbringen, glaubt an euch selbst, alles andere wird sich fügen.

Und macht früh genug einen realistischen Plan für die Nachfolge, damit im Laufe des Prozesses nicht auf einmal aus dem klaren Weg ein Irrweg wird.

LARISSA ZEICHHARDT

Geschäftsführende Gesellschafterin der LAT Gruppe

Was hat dich darauf vorbereitet, Nachfolgerin zu werden?

Meine drei Schwestern waren auf den Juniorentreffen des Bundesverbands der Familienunternehmer. Wir haben uns mit Nachfolger:innen ausgetauscht. Gemeinsam hatten wir ein paar Jahre vorher entschieden, vorsorglich aufzuschreiben, was wir tun, wenn unser Vater einfach umfällt. Das einfache „was wäre, wenn"-Spiel zu einer sorgenfreien Zeit hat uns rückblickend gerettet.

Mein Tipp: Große Risiken aufschreiben, dazu Lösungswege erarbeiten. Für die Nachfolge lohnt es sich, die ersten 100 Tage durchzudenken. Angefangen bei den kleinen Dingen: Wer kommuniziert was an die Mitarbeiter:innen, wer wendet sich an die Bank, große Auftraggeber:innen und Partner:innen. Die Nachfolge ist kein Alleingang, daher auch notieren: Welche Verbündeten gibt es im Unternehmen? Wer sucht das Gespräch mit dem Steuerberater, welche Wege gibt es, liquide zu bleiben? Vielleicht das Wichtigste: Wen kennen wir, der bei Fachfragen helfen kann? Wer einen Schritt weiter gehen möchte, notiert, mit welchem Ziel diese Aufgaben abgearbeitet werden und was dabei motiviert. Um Mut zu gewinnen, würde ich dann noch Folgendes dazuschreiben und deutlich markieren: Alle kochen nur mit Wasser.

Wer war deine wichtigste Mentorin bzw. dein wichtigster Mentor?
Ich arbeite gerne mit Expert:innen zusammen. Eine Nachfolge ist immer sehr emotional, ich glaube, es ist daher sinnvoll, sich coachen zu lassen. An den Entscheidungen der Eigentümerfamilie hängen in der Regel Arbeitsplätze, auch das sollte bedacht werden. Idealerweise stellt sich die Eigentümerfamilie gemeinsam (und vor der aktiven Nachfolge) diesem Prozess.

Wir haben die Nachfolge als Team geschafft und für den Zusammenhalt unter uns Eigentümern hat die Familienpsychologin Kirsten Baus gesorgt. Ich bin dankbar für den Zusammenhalt unter uns Geschwistern und möchte jedem raten, die Nachfolge nicht als Alleingang zu verstehen, sondern auf gute Moderatoren zu setzen.

Wie lief die Zusammenarbeit mit der Familie?
Als Familie trafen wir uns in der ersten Zeit der Nachfolge regelmäßig zu Hause. Gemeinsam mit unserer Mutter hatten wir uns vorgenommen, eine Familiencharta zu formulieren.

Es war nicht immer einfach, aber wir haben unsere Charta fertiggestellt. Etwa ein Jahr später auch mit der Familienpsychologin überarbeitet. Governance ist aus meiner Sicht ein zentraler Grundstein für den Familienfrieden und damit auch für die Zukunft des Familienunternehmens. Eine Nachfolge hat immer ein Konfliktpotenzial, es hat mir sehr geholfen, dass wir Themen offen angesprochen und ausdiskutiert haben.

Eine Übung, die aus der ersten Zeit hängen geblieben ist: der Perspektivwechsel. Ich kann meine Schwester besser verstehen, wenn ich laut sage, wie sie sich fühlt. Die Übung macht mir keinen Spaß. Trotzdem mache ich sie regelmäßig. Es hilft mir dabei, ihre Reaktion einzuordnen und Grenzen zu respektieren.

SCHWESTERNWIRTSCHAFT

An einem Morgen im April steht das Herz eines Meisters still. Heinz Laternser wacht nicht mehr auf. Über Nacht verlieren 94 Mitarbeiter:innen ihren Chef, mehrere Firmen den einzigen Geschäftsführer, einige davon den alleinigen Zeichnungsberechtigten. Vier junge Frauen ihren Vater.

Es gibt keinen Notfallkoffer, kein Testament, keine klare Nachfolgeregelung. Trotz Theorie jeder Nachfolgekonferenz. Diese Geschichten vom Chaos kannte ich aus Erfahrungsberichten. Die Praxis sollte ich sehr schnell kennenlernen. Meine drei Schwestern waren immer wieder Gast auf den Juniorentreffen des Bundesverbands der Familienunternehmer. Wir haben uns strukturell mit Nachfolger:innen ausgetauscht. Gemeinsam hatten wir ein paar Jahre vorher entschieden, vorsorglich aufzuschreiben, was wir tun, wenn unser Vater einfach umfällt.

Unseren Plan hatten wir mit einem Buntstift auf einen DIN-A4-Zettel geschrieben. Er glich mehr einer To-do-Liste, inklusive einer Zuordnung der Verantwortlichkeiten. Natürlich waren meine Schwestern und ich nicht sicher, ob unser Gekritzel hilft. Aber in der ersten Woche funktionierten wir dank diesem Plan wie Roboter, wir arbeiteten ohne Diskussion ab, was wir Jahre zuvor festgelegt hatten. Das spart eine Menge Energie, in einer Zeit, in der sich alles verändert und die Welt sich trotzdem weiterdreht, als wenn nichts gewesen wäre. Streiten hätte uns zu viel Kraft gekostet, in einer ohnehin emotional schwierigen Zeit war ich unheimlich dankbar dafür, dass wir mit einem vergleichsweise einfachen Werkzeug, dem bunten Zettel, viele potenzielle Streitfragen lange vor dem Tod meines Vaters geklärt hatten.

Mein Mantra in diesen ersten Monaten: Aufstehen, Aufräumen, Kommunizieren. Intern. Geht ein Patriarch, spricht sich das oft innerhalb von wenigen Stunden herum. Mit der traurigen Nachricht kommt schnell die Unsicherheit. Unsicherheit ist gefährlich. Wer ein Team halten will, sollte auf eine zügige und sehr klare Kommunikation setzen. Wir haben von Anfang an drei Dinge gesagt und gezeigt: Wir sind hier. Wir brauchen euch. Gemeinsam schaffen wir das.

Schaffen wir das? Wir wussten es nicht. Die Fakten fehlten. Das Vertrauen in uns wahrscheinlich auch. Das ist hinterher nur nicht mehr genau zu sehen. Es hat auf jeden Fall am Gleis keiner auf junge Frauen gewartet. Auf uns wurde eher gesetzt, weil es keine Alternative gab. Wer es konnte, ließ uns in dieser Zeit gerne spüren, dass wir der Aufgabe nicht gewachsen waren. Wenige Tage nach dem Tod unseres Vaters fand zum Beispiel das erste Treffen mit unserem Steuerberater statt. Unverblümt sprach er von schlechten Zahlen. Das wird nichts. Eine Stunde später folgte das erste Town Hall Meeting der LAT Unternehmensgeschichte. Das Format kannte ich aus meiner Konzernkarriere. Ein unternehmensweites Meeting mit einem Kernthema, zu dem das Management (in unserem Fall: vier Schwestern) Fragen beantwortet. Wir setzten uns in unseren Konferenzraum, es gab Kaffee.

Um 10:00 Uhr morgens riet der Steuerberater uns, das Erbe abzulehnen. Um 11:00 Uhr stand ich vor unseren Mitarbeitenden und verkündete, dass eine Nachfolgereglung existiert und alles weiter gehen würde wie gehabt. LAT ist bei uns in guten Händen, eure Arbeitsplätze sind sicher. Wir werden gemeinsam die Zukunft unseres Familienunternehmens gestalten. Glaubte mir jemand?

Meine Schwester saß neben mir. Sie schaute mit offenen Augen in die Runde. Sie wusste schon immer genau, was sie wollte. Ihr Mut steckte mich an.

Die Meeting-Show ging los. Unsere Lebensläufe hatten wir ausgedruckt und an eine Pinnwand gehängt. Wir hatten gute Schulen besucht, Erfahrungen in Unternehmen gesammelt. Konnten einige Sprachen sprechen und hatten ein gutes Netzwerk. Waren wir ausreichend qualifiziert? Die beste Antwort kam von einem Bauleiter: Alle kochen nur mit Wasser.

Rückblickend glaube ich, dass der Dialog mit unseren Mitarbeitenden viel entscheidender war. Mein Vater hatte es zu seiner Lebzeit geschafft, ein Team aufzubauen, das LAT auf dem Herzen tätowiert hat. So gesehen hat er die Firma auf die Nachfolge vorbereitet. Er hatte uns ein gutes Team hinterlassen. Ein Team, das hinter uns steht. Außerdem hatten wir ein Ass im Ärmel: Meine Schwester Arabelle, mit der ich die Doppelspitze bilde, hatte lange und leise an der Seite meines Vaters in der Firma gearbeitet. Sie kümmerte sich mit aller Kraft um das Tagesgeschäft. Ich räumte auf: Auf dem Papier war ich noch in einem Konzern angestellt, außerdem schwanger mit meiner zweiten Tochter. Ersteres sollte sich schnell ändern, zweites war mein Glück.

Es war unter uns Geschwistern vereinbart, dass unser Familienunternehmen die oberste Priorität einnimmt. Meine Konzernkarriere endete abrupt: Auf unserem bunten Zettel hatten wir schließlich eine Doppelspitze vereinbart. Ich hatte Glück, denn mein damaliger Chef hatte viel Verständnis für die Situation. Auch hier half der Dialog. Meine Nachfolge im Konzern war eingearbeitet, statt einer Kündigung reichte ich eine Krankschreibung ein. Ab sofort fuhr ich täglich mit meiner Schwester in unsere Verwaltung.

Das Erste, was wir gemeinsam gestalteten, war unser Arbeitsplatz: Den Chefschreibtisch verwandelten wir in eine Arbeitsinsel. Jedes Familienmitglied, auch unsere Mutter, arbeitete abwechselnd mit, wir besuchten nach und nach unsere Baustellen. Es ging nicht darum, alles richtig zu machen. Es ging um den Dialog. Um Sichtbarkeit. Es war unser Versuch, Handlungen für sich sprechen zu lassen, statt Hierarchien einzufordern.

Außerdem setzte ich auf Glaubwürdigkeit, ich bin heute noch ein großer Fan davon, Dinge einfach mal auszuprobieren. Dabei scheitere ich auch. Zum Beispiel, wenn ich ein schweres Werkzeug auf der Baustelle nicht mal anheben kann. Ich glaube, das ist okay.

Natürlich habe ich mich in dieser Zeit immer wieder gefragt, ob wir das schaffen können. Unsere betriebswirtschaftliche Aussicht war schwierig. Es ging um mehr als die Sicherung von Arbeitsplätzen, es ging auch um die Familien, mit denen wir groß geworden waren. Es musste einfach funktionieren.

Als Familie trafen wir uns regelmäßig zu Hause. Oft auch bei mir. Meine älteste Tochter stand in Windeln dabei. Gemeinsam mit meiner Mutter hatten wir uns vorgenommen, eine Familiencharta zu formulieren. Online gibt es einige Leitfäden zu dem Thema, wir nutzten eine Vorlage vom Verband der Familienunternehmer. Der Zusammenhalt in der Familie und unter uns Geschwistern war in dieser ersten Zeit entscheidend: Wir waren da, um Mut zu machen, um einen Weg aufzuzeigen. Wir mussten unseren Weg kennen, um Angestellten, Kund:innen und Partner:innen zu vermitteln, dass unsere Firma eine Zukunft hat.

Auf dem besagten Zettel hatten wir als Geschwister notiert, wer in unserem Umfeld Antworten hatte und helfen konnte. Es half, dass wir alle komplett verschieden waren und eine gesunde Streitkultur pflegten. Wir hatten uns außerdem schon Jahre vorher geeinigt, dass wir mit der Familienpsychologin Kirsten Baus arbeiten möchten. Unser „was wäre, wenn"-Spiel zahlte sich aus.

Wir entschieden uns für strategische Schwerpunkte, brachen alles in kleine, erreichbare Meilensteine herunter. Eine schwere Entscheidung trafen wir gemeinsam: Das Unternehmen soll zusammenziehen. Mit meiner kleinen Tochter im Kinderwagen besichtigte ich Mietobjekte. Außerdem standen Bankengespäche auf der Agenda. Stillen in einer Verhandlung? Ich hatte wenig Zeit darüber nachzudenken, ob es angemessen war oder nicht. Ich zog regelmäßig blank, schämte mich, war oft gespalten zwischen dem Mamasein und meinem unbedingten Willen, eine Zukunft für unser Familienunternehmen aufzubauen.

Unsere Verwaltung zog um in Mieträume auf der anderen Seite der Stadt. Unweit unseres Bauhofs. Jetzt hatten wir den Betrieb im Blick. Die Veränderung kam nicht bei allen gut an. Wir verloren Mitarbeiter:innen, die von der Veränderung genug hatten. Die Mieteinnahmen aus dem Firmengebäude halfen uns dabei, unsere Liquidität weiter zu stabilisieren.

Neben den Themen Innovation und Nachhaltigkeit stand Mitarbeitermotivation ganz oben auf unserer Agenda. Wir stellten eine Personalleiterin ein. Sie brachte das Thema „lebenslanges Lernen“ zu LAT. Außerdem digitaler: Um dezentral und einigermaßen flexibel arbeiten zu können, stellten wir auf papierloses Arbeiten um. Wir begannen, mit der Idee einer eigenen Baustellen-App zu spielen.

Wer eine harte Veränderung erlebt, stellt fest, dass danach jeder neue Schritt einfach(er) wird. Wir schalteten aus dem Umbaumodus in den Aufbaumodus. Strategisch wurde eine Führungsebene aufgebaut, ein gemischtes Team in Bezug auf Alter, Erfahrung und Geschlecht. Gemeinsam setzten wir langfristige Ziele. Als Geschwister machten wir einen „Check-in" mit der Familienpsychologin.

Wir haben ein kleines Family Office aufgebaut. Es gibt regelmäßige, gut strukturierte Gesellschafterversammlungen. Unsere Gewinne investieren wir in die Gruppe und in Start-ups, von denen wir lernen. Wir haben unsere Rollen gefunden – wir werden uns weiterentwickeln. Was noch wichtiger ist: Als vier Schwestern verbringen wir oft, gerne und regelmäßig Zeit miteinander.

Wir sind stolz auf LAT. Ein Elektromontageunternehmen mit 130 Mitarbeitenden, ein Familienunternehmen in zweiter Generation. Unser Unternehmen hat einen guten Ruf und einige Preise gewonnen. Das erfüllt mich mit Demut. Würde heute jemand auf uns wetten? Die Chancen stehen gut.

JULIA SCHITTLER

Geschäftsführerin der Vereinigte Weingüter Becker-Schittler

Was hat dich daran fasziniert, Nachfolgerin zu werden?

Ich wollte beruflich etwas mit Menschen und Natur machen. Diese Kombination zu finden ist schwierig. Also sagte ich mir: „Ich lerne den Beruf Winzerin einfach mal und wenn es mir doch nicht gefällt, lerne ich etwas anderes.“ Tatsächlich bin ich in diese Entscheidung – evtl. damit Nachfolgerin zu werden – einfach hineingesprungen und dachte nicht, dass es so extrem wird. Extrem, im Sinne von mitreißend.

Was fandest du vor der Übernahme am Unternehmen gut, was wolltest du unbedingt ändern?

Die beiden Weingüter waren gut laufende Betriebe. Vieles war schon da: Maschinen, Gebäude, Weinberge in einem bestimmten Alter mit klassischen Rebsorten wie Riesling oder Spätburgunder, aber auch mit neuen Rebsorten wie Sauvignon Blanc. Meine Eltern waren weltoffen und gingen bereits vor meinem Betriebseinstieg mit der Zeit. Daher hatte ich eine große, bereits funktionierende Spielwiese. Auch das Flaschenwein-Geschäft lief schon seit den 1980er-Jahren nebenbei. Es fehlte aber eine Person, welche das Weingut qualitativ umstellte, strukturierte und dem Weingut eine Geschichte gab. Klar, wir hatten eine Historie mit Wappen und Familienlinie, aber das meine ich nicht. Ich meine eine Story! Das wollte ich ändern und das habe ich schlussendlich auch.

Was ist deiner Meinung nach das Schwierigste bei der Nachfolge?
Es war und ist nicht das Schwierigste für mich, dem Familienunternehmen vorzustehen. Sondern die Vorstellungskraft zu haben, was man ändern möchte, wie es weitergehen soll. Das ist eine Herausforderung! Ich überlege sehr viel, ständig: „Was kann, was muss, was soll?“ Am Anfang hatte ich weniger Selbstvertrauen als jetzt, habe stark geschwankt, habe mich verunsichern lassen. Gerade bei langfristigen Veränderungen, die Zeit, Kraft und viel Geld kosten. Aber man muss investieren. Es lohnt sich auf jeden Fall! Auch wenn andere Familienmitglieder sagen: „Muss das jetzt sein? Es ist doch gut so, wie es ist!“ Ich hadere dann, ob es der richtige Weg ist. Und dann entscheide ich: „Wir machen das jetzt. Fertig. Aus. Das wird schon das Richtige sein!“ Und wenn ich das entscheide, dann ziehen sie auch alle mit. Und entweder es läuft gut, dann sagen sie gar nichts. Oder es läuft schlecht, dann sagen sie: „Hab´ ich doch gesagt.“ (lacht)

Wie lief die Zusammenarbeit mit der Familie?
Ganz ehrlich: Heute könnte ich sie alle ploppen! (lacht). Keine Familie ist perfekt! Aber wir sind ein gutes Team und diskutieren eigentlich jede wichtige Entscheidung zusammen. Meistens sonntags am Mittagstisch, da hat schon mal jeder eine andere Meinung – und jeder hat den Freiraum, diese auszusprechen. Am Ende muss einer bzw. eine entscheiden. Und das bin ich! Wenn man dann sauer vom Tisch aufsteht, dann geht man sich halt mal einen Tag aus dem Weg und am nächsten Morgen sieht wieder alles anders aus. Ich weiß auch, dass mein Papa megastolz auf mich ist. Er hat es mir noch nie direkt gesagt, aber ich weiß es über Kolleg:innen, Freund:innen, Kund:innen. Er redet gut über mich. Auch die Mama ist total überzeugt und macht alles mit.

VON WEGEN EINHEIRATEN – SELBST IST DIE FRAU

Ich wurde als 25-Jährige erste weibliche Geschäftsführerin des Weingutes. Wir sind ein Familienunternehmen in der 9. Generation. Ich bin die älteste Tochter und habe zwei jüngere Brüder. Meine Eltern haben nie gesagt, dass ich die beiden Weingüter – eines mütterlicher-, eines väterlicherseits – weiterführen muss. Sie sagten eher so etwas wie: „Wir sind dir nicht böse, wenn du nicht Winzerin lernen willst. Lern´ etwas anderes, etwas Gescheites." Sie und ich hätten in meiner Teenager-Zeit nie gedacht, dass ich mich auf diesem Hof so wiederfinde und so viel Ehrgeiz entwickeln würde. Damals habe ich bei den Handarbeiten im Weinberg oder beim Ausschenken am Weinstand nur geholfen, wenn ich gezielt gefragt wurde.

Nach der Mittleren Reife wollte ich aber unbedingt mit Natur und Menschen arbeiten. Also probierte ich den Winzerberuf einfach mal aus. Meine Lehrjahre waren wunderschön! Als 16-Jährige begann ich als Auszubildene im Wein- und Sektgut Dettweiler Karolinenhof in Wintersheim. Mein zweites Lehrjahr absolvierte ich bei Familie Eppelmann in Stadecken-Elsheim. Dann war ich ein Jahr bei Weingut Georg Gustav Huff in Schwabsburg. Der Familienzusammenhalt und der Austausch zwischen den Generationen faszinierte mich: „Boah, das will ich auch haben." Die Idee, dass ich einmal selbst die Weingüter meiner Eltern weiterführen würde, das war damals noch nicht in meiner Vorstellungskraft angekommen. Eigentlich dachten alle, dass ich irgendwo in einen Betrieb einheirate. Wie das so oft, nach wie vor, der Fall ist. Aber ich suchte mir als Lehrbetriebe Weingüter aus mit starkem Frauennachwuchs. Ob das Intuition war? Wahrscheinlich. Mein erster Ausbilder Werner Dettweiler ist Vater von drei Töchtern. Er sagte nicht kritisch, wie manch anderer Winzer über Frauen: „Oh Gott! Sie ist ein Mädchen und will Winzerin werden?" Er redete immer gut über seine Töchter und war überzeugt von ihnen. Zwei von ihnen sind heute Winzerinnen. Familie Huff zog generell Frauen den Männern vor. Motto: „Mit Mädchen ist es einfacher. Die wollen nicht immer nur Traktorfahren." Die Weinbranche ist eine Männerdomäne! War sie vor zwölf Jahren extrem, ist sie heute noch, aber es wird besser. Im Nachhinein wäre ich vielleicht gerne ins Ausland gegangen, aber ich war 16 Jahre alt, hatte gerade den Moped-Führerschein und die drei Weingüter prägten mich sehr.

Im Jahr 2015, nach meinen Lehrjahren, stieg ich als 25-jährige Junior-Winzerin zu Hause ein. Meine Eltern fragten mich zuvor: „Julia, in welchem Weingut willst du arbeiten?“ Dann entschieden wir: „Boah, wir fusionieren zu Schittler-Becker und dann ist Ruhe. Vor allem wird es organisatorisch und bürokratisch einfacher!“ Da meine Großeltern damals noch sehr fit waren, gab es zwar gegenseitige Hilfe der Teams untereinander, aber bis zu diesem Zeitpunkt noch keine Betriebszusammenführung. Das änderte sich. Und ich forderte: „Papa, wenn ich ab jetzt die Kellerarbeiten übernehme, dann will ich aber auch eine eigene Weinlinie machen.“ So haben wir es gemacht!

Im Jahr 2016 präsentierte ich meine ersten fünf Weine: Die 2015er Julia Schittler-Linie mit Muskateller, Sauvignon Blanc, Chardonnay, Riesling und Silvaner. Die Leute waren begeistert, die Nachfrage war da. Ich war sehr stolz! Man hat die Unterschiede geschmeckt. Die Kund:innen haben gemerkt, dass diese Weine eine andere Handschrift tragen. Die Weine waren filigraner, kühler, mineralischer und auch frisch. Weine, die mehr Leichtigkeit bringen, aber auch Länge haben. Die Mühe hatte sich gelohnt! Zuvor hatte ich eine coole Agentur aus Mainz engagiert für das Etikettendesign. Meine Eltern verstanden das zuerst nicht, aber sagten: „Lass sie machen.“ Ich reizte das Budget, das ich für meine eigene Linie zur Verfügung gestellt bekam, voll aus. In demselben Jahr, 2015, ging ich auch direkt mit meinen Weinen auf den Handel zu. Auch das lief ...

Ich übernahm im Laufe der Jahre mehr und mehr Führungsaufgaben und gab die Richtung vor. Es wuchs einfach so, ganz natürlich. Ein Beispiel: Im Jahr 2017 haben wir für meine Linie mit Handlese angefangen. Zuvor ernteten wir alle Trauben maschinell. Mein Papa ist ausgerastet! Klar, es war mitten in der Weinlese, da ist enorm viel los, alle stehen unter Stress. Zumal mein Vater auch noch Traubenlesemaschinen im Lohn für andere Winzer:innen fährt. Aber ich setzte mich durch! Ein weiteres Beispiel: Ich wollte meine Moste spontan vergären; also nicht mit Reinzuchthefen, sondern mit den natürlichen Hefen auf den Beerenhäuten. Das ergibt eine fantastische Aromatik, ist aber auch risikoreich: Der junge Wein kann stecken bleiben, sprich, die Hefen gären nicht weiter und verwandeln dann keinen Zucker mehr in Alkohol. Der erste „Pinot Blanc Guldenmorgen“, ein Lagenwein vom Zornheimer Berg, gärte beispielsweise nicht weiter. 20 Tage lang ruhte der Wein – und ich konnte kaum schlafen! „Siehst du“, habe ich dann verärgert zu hören bekommen. Aber als es im Frühjahr wärmer wurde, wurden die Hefen wieder aktiv und der Pinot Blanc gärte durch, bis er fast ganz trocken war. Wir haben den Wein später für einen damals für uns ungewöhnlich hohen Preis angeboten und er war innerhalb weniger Monate ausgetrunken. Jetzt sagt niemand mehr etwas gegen Spontangärung. Und wir lesen alle höherwertigen Weine mit der Hand. Heute werde ich gefragt: „Hast du genug Lesehelfer:innen?“

Im Jahr 2022 ist mein Bruder Dominik mit ins Weingut eingestiegen. Er ist acht Jahre jünger als ich und eigentlich dachten wir alle, er will in der IT-Branche arbeiten. Das hat er auch ein Jahr gemacht. Dann fiel ein Kellergehilfe aus und ich bat Dominik um Hilfe. Da hat er gemerkt: „Weinmachen ist doch gar nicht so verkehrt!“ Ich half ihm, coole Ausbildungsbetriebe zu finden. Als er mit der Ausbildung 2022 fertig war, stieg auch er ein und wir verwandelten das Weingut in eine GbR. Mein Bruder und ich besitzen zusammen nun mehr Anteile als unsere Eltern. Sie erzählen das bei den Winzerkolleg:innen ganz offen und die sagen dann: „Krass, habt ihr keine Angst, dass sie das gegen die Wand fahren oder bankrottgehen?“ Nein, haben sie nicht. Sie sehen es gelassen, geben uns viele Freiheiten und wollen sich auch langsam mehr ins Privatleben zurückziehen. Mein Bruder und ich, wir verstehen uns super und bilden nun gemeinsam die 9. Generation. Wir haben gerade einen neuen Keller gebaut. Unseren Maschinenpark modernisieren wir immer weiter. Seit dem Jahr 2022 sind wir von „Fair´n Green“ nachhaltig zertifiziert. Wir arbeiten darauf hin, CO2 neutrales Weingut zu werden. Und wir haben noch viele weitere Ideen.

HANNAH WEITZ

Weitz Paletten

Was hat dich darauf vorbereitet, Nachfolgerin zu werden?

Da meine Aufgaben in meiner jetzigen Position breit gefächert sind, ist es vermutlich von Vorteil, dass die Lebensjahre in meinen 20ern beruflich abwechslungsreich waren. Egal, ob Voll- oder Teilzeit, Lehr- oder Arbeitszeit, jede Erfahrung hat mich ein Stückchen weitergebracht.

Ich war nach dem Abitur einige Jahre beim Fernsehen, wo ich kreatives Arbeiten erlernt habe. In der Gastronomie wurde mir das Mantra „Der Kunde ist König" eingetrichtert. Meinem analytischen Denken hat das Studium, das auf meinen Fernsehjob folgte, gutgetan. Während mir in meinem Wirtschaftsstudium greifbare Modelle und Vorgehensweisen an die Hand gegeben wurden, hat mich mein Psychologiestudium emphatischer gemacht. Parallel zu meinem Studium habe ich in der Marketingabteilung eines niederländischen Onlinehändlers gearbeitet und dort eine andere Arbeitskultur als die deutsche kennengelernt. Die Worte „Komt goed" („Wird schon gut gehen.") fielen hier regelmäßig und prägten die allgemeine Atmosphäre. Bei all den kleinen und größeren Schwierigkeiten, die einem im (Familien-)Unternehmen begegnen, ist es nicht die schlechteste Einstellung, erstmal davon auszugehen, dass schon alles gut wird. Denn wenn ich den täglichen Problemen zu viel Bedeutung zumesse, steigt mein Stresslevel auf ein ungesundes Maß und ich verliere den Blick fürs Wesentliche.

Wer war deine wichtigste Mentorin bzw. dein wichtigster Mentor?
Mit Anfang Zwanzig in meiner Zeit beim Fernsehen hatte ich das Glück, einen Chef zu haben, der mich in den richtigen Momenten geschubst und wenn es nötig war, unterstützt hat. So zum Beispiel, als ich Schwierigkeiten damit hatte, mit einer Praktikantin über ihre unzureichende Leistung zu sprechen. Als dieses Gespräch nicht konstruktiv verlief, haben wir zusammen mögliche Reaktionen besprochen, aus denen ich eigenständig auswählen durfte. Jetzt wo ich selbst Chefin bin, versuche ich diesen Führungsstil zu beherzigen. Nicht nur zu fordern und die eigene Meinung aufzuzwingen, sondern die Menschen zu unterstützen, selbst Entscheidungen zu treffen für die sie Verantwortung tragen und aus denen sie lernen können.

Und auch die für mich absolut wichtigste Lehre stammt von ihm: „Alle kochen nur mit Wasser." Es hat zwar nochmal ein paar Jahre und Erfahrungen gedauert, diese Aussage wirklich zu verinnerlichen und zu beherzigen. Doch seit der Groschen gefallen ist, fällt es mir deutlich leichter, mich nach vorne zu wagen. Vor allem in Momenten, in denen ich mir nicht schon im Vorfeld sicher bin, dass die Bewältigung einer Aufgabe im Rahmen meiner Fähigkeiten liegt.

Was ist deiner Meinung nach das Schwierigste bei der Nachfolge?
Was ich an der Nachfolge herausfordernd finde, ist die eigenen Ziele und Träume mit dem zu verbinden, was schon besteht. Man baut nicht seine eigene Idee auf und sucht sich die „passenden" Mitstreiter dafür, sondern da ist schon viel vorhanden, was sehr eingeschworen ist. Ideen, Wünsche, Abläufe und natürlich die Mitarbeiter, die an eine gewisse Art des Arbeitens und eine bestimmte Herangehensweise an Prozesse gewöhnt sind.

ENTSCHEIDUNGSFRAGE NACHFOLGE: JA? NEIN? VIELLEICHT!

Bevor ich mit meiner „Nachfolge-Geschichte“ beginne, sollte ich erst einmal klarstellen, dass die Entscheidung hierzu noch gar nicht endgültig gefallen ist. Ich bin in meine jetzige Position mehr (oder vielleicht auch weniger) hineingerutscht. Die Firma meiner Mutter zu übernehmen, war lange nicht das finale Ziel, sondern wurde zwischen ihr und mir immer als Option gehandelt. Kein Wunder, schließlich bin ich in, um und mit dieser Firma aufgewachsen.

Ein Jahr nach meiner Geburt rief meine Mutter „Weitz Paletten“ ins Leben. Als würde es nicht reichen, sich um ein Baby zu kümmern. Diesen Willen, immer ein bisschen mehr auf sich zu nehmen, als vielleicht sinnvoll ist, habe ich mir definitiv von ihr abgeschaut. Das mag hin und wieder zu Komplikationen führen, schafft aber vor allem Möglichkeiten. Ähnlich wie die generelle Entscheidung zur Selbstständigkeit. Wenn man als Kind am Küchentisch über Jahre einen Auszug der Hochs und Tiefs des Unternehmertums miterlebt, kann das zugleich motivierend als auch abschreckend wirken. Durch meine vorherigen Berufe habe ich zum Glück die Erfahrung gemacht, dass das Leben in Anstellung seine ganz eigenen Hürden mit sich bringt. Mir war früh klar, dass ich demgegenüber auf jeden Fall etwaige Unannehmlichkeiten der Selbstständigkeit bevorzuge. An Nachfolge hatte ich da allerdings noch nicht gedacht. Denn auch wenn das immer wieder mal mehr und mal weniger im Raum stand, war es doch erst 2020 so weit, dass meine Mutter und ich ganz klar und deutlich darüber sprachen, dass ich in ihrer Firma arbeiten werde.

Ich kann nicht genau sagen, woran es lag, dass wir dieses Gespräch recht verspätet in meinen Endzwanzigern führten. Mit Sicherheit bin ich jemand, der sich gerne alle Optionen offenhält. Im elterlichen Betrieb in der dörflichen Heimat zu arbeiten, klang immer nach dem Gegenteil davon. Zudem wollte meine Mutter mich nie in die Situation bringen, in der ich das Gefühl hatte, ich müsste mit in die Firma einsteigen. Aufgrund der Umstände im Jahr meines Uni-Abschlusses 2020 (Corona-Pandemie ...), kam es dann aber doch so, dass ich einige Monate mit im Betrieb arbeitete. Immer unter der Prämisse zu schauen, ob es das Richtige für mich ist und ob ich die Richtige für den Betrieb bin.

Während meines Studiums habe ich viel gelesen, mich mit Theorien und Fallstudien befasst und hatte einen eher abstrakten Zugang zum Unternehmertum. Währenddessen wollte ich nichts mehr, als alles, was mir sinnvoll schien, sofort anzuwenden und auszuprobieren. Als ich dann in der „echten Welt" ankam, war es nicht so, dass die Leute diesen Ideen gegenüber grundsätzlich verschlossen gewesen wären. Ich vergaß einfach sehr schnell, dass es sie überhaupt gab. Die ersten Monate waren für mich zunächst eine Zeit zum Ankommen. Nach neun Jahren zurück nach Hause ziehen. Aus den Niederlanden zurück nach Deutschland kommen. In einer Branche arbeiten, in der ich vorher noch gar keine Erfahrung sammeln konnte. Und vor allem, mit meiner Familie statt lediglich mit Arbeitskollegen zusammen zu arbeiten. Das war neu für mich.

Nach der ersten Eingewöhnungszeit ging es mir im nächsten Schritt hauptsächlich darum, den Betrieb kennenzulernen. Das hört sich zwar so an, als hätte ich einen Plan gehabt, der aufeinander aufbaut, aber ehrlich gesagt war das nicht der Fall. Das waren Entscheidungen, die ich aus dem Bauch heraus gefällt habe, basierend auf meinen anfänglichen Erfahrungen im Betrieb. Es bringt mir schließlich nichts, wenn ich mir im Büro eine neue Planung und Organisation für die Produktion ausdenke, ich aber weder weiß, wie es bisher lief, noch die Mitarbeiter auf die Veränderung vorbereitet sind. Da schien es mir logisch, selbst mit in die Praxis zu gehen. Außerdem wollte ich sowieso alles von der Pike auf lernen und zeigen, dass ich mir für nichts zu schade bin. Ich wollte nicht die Uniabsolventin sein, die niemand ernst nimmt, weil man nicht mal weiß, ob ich mir die Hände dreckig machen kann.

Also habe ich mit den einfacheren Dingen angefangen. Bretter nach dem Sägen abnehmen, Sägespäne aus Containern schippen, den Hof kehren, Palettenkufen zusammenschießen. Dann habe ich mich daran gewagt, mit den Kollegen zusammen Paletten zu bauen und selbst die Sägen zu bedienen. Danach kam der Staplerschein. LKW beladen. Holz abladen. Ich kann nach dieser Zeit eindeutig sagen, dass ich dafür nicht geboren bin. Aber es hat funktioniert. Das Beste daran? Ich weiß jetzt, WIE es funktioniert. Mir kann keiner in den Basics unseres Betriebs ein X für ein U vor machen. Und das fühlt sich gut an. Als ich noch beim Fernsehen gearbeitet habe, nervte es mich, wenn meine Vorgesetzten keine Ahnung von der Materie hatten. Was will mir jemand erzählen, wie ich am Set zu arbeiten habe, wenn diese Person sich erst gar nicht traut, selbst Regie zu führen? Warum also sollte sich jemand von mir anhören, wie man einen Arbeitsablauf optimieren kann, wenn der Mitarbeiter genau weiß, dass ich die Paletten nicht mal halb so schnell zusammengeschossen bekäme wie er? Ich habe keine Ahnung, ob ich mit diesen Basics und dem Profilieren zu viel Zeit verschwendet habe, die ich besser für planerische Prozesse im Büro verwendet hätte. Aber dafür ist jetzt Zeit. Jetzt weiß ich, was ich von unseren Mitarbeitern brauche und erwarten darf. Statt mich ausschließlich auf den Wissensschatz meiner Mutter zu stützen, habe ich meine eigenen Erfahrungen gesammelt. Ich weiß, wen wir jetzt, morgen und übermorgen einstellen müssen, um uns nach vorne zu bringen. Den ersten größeren Schritt in diese Richtung haben wir mit der Firma 2022 gemacht, als wir einen neuen Vorarbeiter eingestellt haben. Dadurch bleibt mir mittlerweile viel mehr Zeit fürs Büro. Zum Beispiel bin ich so neben dem täglichen Geschäft auf eine Digitalisierungsförderung aufmerksam geworden, woraufhin wir dieses Jahr eine neue Software integrieren werden. Sie wird die Schnittstelle zwischen Büro und Produktion fehlerfreier machen und den organisatorischen Anteil meiner Arbeit um einiges verkürzen.

Das sind alles Beispiele vieler kleiner Schritte, die langsam zu etwas Großem heranreifen. Was dabei in der Nachfolge definitiv ein Vorteil ist, sind die familiären Bande und der Halt, den sie einem auf diesem kleinteiligen Weg bieten. Auch wenn es sicherlich erst ungewohnt war, mit der eigenen Familie zusammen zu arbeiten. Denn wir führen schon mal ziemlich hitzige Diskussionen und haben alle sehr viel Meinung. Das ist im Betrieb natürlich nicht zielführend. Deshalb versuchen wir, von dieser Art der Kommunikation Stück für Stück wegzukommen. Ich glaube, sich mit Kommunikationstechniken und der Wirkung unserer Wörter auseinanderzusetzen, hat sowohl im geschäftlichen Kontext (Kollegen, Kunden, Lieferanten), als auch im Privaten (Familie & Freunde) einen nicht zu unterschätzenden positiven Effekt. Während uns das innerbetrieblich immer besser gelingt, schwappt die neue (deutlich ruhigere) Methode auch ins Private über – was ein ziemlich angenehmer Nebeneffekt ist.

Genau wie die Tatsache, dass man unternehmerische Herausforderungen mit Menschen angeht, die einem nahestehen. Das alles ist schließlich ein riesengroßer Prozess, der sich schon mal ziehen kann wie Kaugummi. Da ist es gut zu wissen, dass die Menschen in deinem Umfeld die gewisse extra Portion an Motivation haben, dich zu unterstützen. Ich halte nichts mehr von Geschichten, in denen alles immer super einfach klingt und so wirkt, als könne ein Mensch allein Berge versetzen. „Ich weiß auch nicht, wie er das schafft." „Sie ist so begabt." „Er ist halt einfach ein Macher." Diesen Eindruck möchte ich niemals vermitteln. Denn spätestens beim zweiten oder dritten Nachfragen findet man heraus, dass die Person wohl doch nicht alles im Alleingang und mit minimaler Kraftanstrengung bewältigt hat. Die letzten Jahre habe ich deshalb vor allem zwei für mich wertvolle Erkenntnisse gewonnen. Erstens kann man nicht alles allein schaffen, deshalb ist es wichtig, andere Menschen für die eigene Sache zu begeistern und zu motivieren. Zweitens muss man ausreichend Kraft aus sich selbst schöpfen können, um das zu leisten. Deshalb versuche ich, meinen Tank nicht mehr leer werden zu lassen. Zeichnet sich dies ab, muss eine Veränderung her. Wenn man selbst der Motor für andere ist, sollte man diesen Motor pflegen und sich das holen, was man dafür braucht. Das können zum Beispiel Veränderungen in den Abläufen, in der Kommunikation, in den Arbeitsaufgaben oder einfach ein paar Tage Urlaub sein.

Denn man ändert grundsätzlich nichts daran, dass es großartige Zeiten gibt, die anspornen und glücklich machen, genau wie es anstrengende Zeiten gibt, in denen nichts zu funktionieren scheint und die Motivation verloren zu gehen droht. Bei den vielfältigen Aufgaben, die es zu bewältigen gilt, ist es wichtig, gut vorbereitet zu sein und vor allem nicht allein auf weiter Flur zu stehen. Doch genau das ist in einem Familienbetrieb ja zum Glück gegeben, weshalb ich immer deutlicher dazu tendiere, dass Nachfolge die richtige Entscheidung für mich ist.

UNTERSTÜTZER:INNEN

Die Herausgeberinnen danken allen Unterstützer:innen des Buchs. Den nachfolgenden Landesfrauenräten und Behörden ist es wichtig, Frauen in Wirtschaft, Wissenschaft und Gesellschaft sichtbar zu machen. Sie wünschen sich ein gutes Ökosystem für Gründerinnen und Unternehmerinnen. Wir alle können etwas dafür tun. Ganz nach dem Motto von Jane Goodall:

„Du kannst etwas verändern – jeden Tag und zu jeder Zeit!"

RheinlandPfalz
MINISTERIUM FÜR FAMILIE, FRAUEN, KULTUR UND INTEGRATION

RheinlandPfalz
LANDESAMT FÜR SOZIALES, JUGEND UND VERSORGUNG

FRAUENRAT NRW

bfa LANDES-FRAUENRAT BREMEN
Bremer Frauenausschuss

LFR Hessen
LandesFrauenRat

frauenrat :: saarland
Bündnis für Fraueninteressen

Landesfrauenrat Niedersachsen e.V.

EuroTechInnovation

KONTAKT FÜR FRAGEN UND ANREGUNGEN

Claudia Rankers
Rankers Family Office, Landesfrauenrat Rheinland-Pfalz
Höllweg 29, 65439 Flörsheim
c.rankers@rankers-cie.de
+49 151 11646935
www.landesfrauenrat-rlp.de

Prof. Dr. Nadine Kammerlander
Institut für Familienunternehmen und Mittelstand
WHU – Otto Beisheim School of Management
Burgplatz 2, 56179 Vallendar
nadine.kammerlander@whu.edu
+49 2616509781
www.whu.edu/Familienunternehmen